常州市
园林病虫害防治图鉴

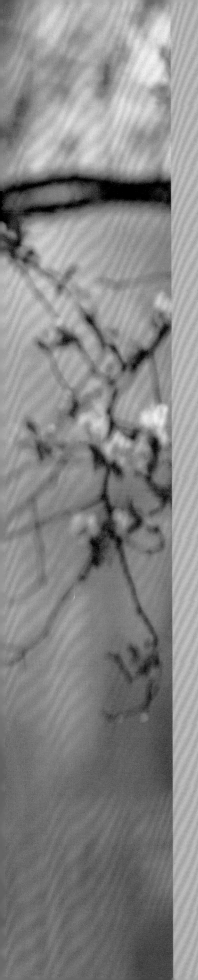

常州市
园林病虫害防治图鉴

主编 / 刘皎华

上海科学技术出版社

图书在版编目（CIP）数据

常州市园林病虫害防治图鉴 / 刘皎华主编. -- 上海：
上海科学技术出版社，2021.1
ISBN 978-7-5478-5188-3

Ⅰ．①常… Ⅱ．①刘… Ⅲ．①园林植物－病虫害防治
－常州－图谱 Ⅳ．①S436.8-64

中国版本图书馆CIP数据核字(2020)第253735号

常州市园林病虫害防治图鉴

主编　刘皎华

上海世纪出版（集团）有限公司
上 海 科 学 技 术 出 版 社　出版、发行
（上海钦州南路 71 号　邮政编码 200235　www.sstp.cn）
上海中华商务联合印刷有限公司印刷
开本 787×1092　1/16　印张 26.5
字数 600 千字
2021 年 1 月第 1 版　2021 年 1 月第 1 次印刷
ISBN 978-7-5478-5188-3/S·216
定价：200.00 元

编委会名单

主 任

吴建荣

副主任

吴 捷　阙广平　廖东初　司洪庆　史小平

委 员

谢星安　戚维平　赵夕荣　骆志宏　裴荣俊　俞国庆
陈继峰　张建刚　杨晓青　岳勇平　陈 涛　潘淑娟

主 编

刘皎华

副主编

朱 振　陈继峰

技术顾问

杨忠岐　郝德君　张翌楠

参编人员

许玉兰　丁佳元　赵 鑫　陆春杰

图片提供

李文霞　徐刘平　杜 康　黄建军　张 琳　蒋 挺
何小军　顾文娟　徐 奕　章丽晖　于 哲　钱颖婷
刘海亚　徐 意　谈 峰　刘义国

序

　　常州市是我国江南一座美丽而历史悠久的城市。说它历史悠久，可从圩墩村新石器遗址考古发掘出距今 6 000 多年新石器时代的石器、陶器、玉石饰品，以及石纺轮、陶纺轮和红烧土块中的稻壳佐证。常州市名胜古迹园林公园众多，历史和现代文化名人荟萃。知名的历史和园林景点有圩墩新石器遗址公园、春秋淹城遗址公园、天宁寺、红梅阁、文笔塔、北宋藤花旧馆、苏东坡舣舟亭、太平天国护王府遗址等。由于特殊的地理位置和环境，常州市的园林绿化十分美观，四季翠绿，楼台亭阁、红砖绿瓦中点缀着片片绿色，小桥流水潺潺，尽显出别具一格的建筑和园林风格。它和苏州园林一起，组成了闻名世界的我国江南水乡园林风格，颇受国人和世界人民的欣赏和推崇，也给常州市人民创造了舒适和美好的生活、工作环境。

　　多年来，常州市一直十分重视生态环境建设，把生态文明理念贯穿始终，持之以恒地打造文明城市，大搞园林绿化，治理河流和环境污染，做到了"春季百花争艳、夏季绿草成茵、秋季硕果累累、冬季树木葱茏"。一个令人赏心悦目、生态环境美好的新常州展现在人们眼前。常州市因此而先后被评为全国森林城市、全国园林城市、全国文明城市等。这些荣誉和成绩的取得，离不开常州园林人的辛勤努力和奉献，离不开他们的聪明和才智。是他们精心地呵护着每一棵树木，管理着每一株花草，才使得常州林木郁郁葱葱，才创造出花繁叶茂的美丽城市景观。特别是常州市绿化管理指导站在刘皎华副站长的带领下，认真践行"以生物防治为主的林木病虫害防治"理念，预防为主、科学防控，保证了常州市园林绿化树木、花卉的健康生长和生态效益的发挥，为建设"美丽常州"做出了突出贡献。在长期防治园林植物病虫害的实践中，他们总结经验，整理和撰写出这本《常州市园林病虫害防治图鉴》，用于帮助业内工作者识别病虫害、了解病虫害、知晓科学防治技术和提高防治水平。

"盖将开物以成务，必先分类而知名。"要防治病虫害，首先需要认识和准确鉴定它们。园林植物病虫害种类多，危害严重；许多种类个体很小，难以发现和识别。书中的照片是作者们亲手拍摄的生态照片，既有害状，又有形态特征，对于生产防治第一线的工作者鉴定和识别病虫害种类很有帮助。书中总结了他们多年的防治经验，并列出了常见病虫害防治月历，对于防患于未然，贯彻"防"重于"治"的理念很有意义。本书不仅可作为常州市园林保护工作者的工具书，对指导我国南方甚至全国园林病虫害防治具有重要的参考价值；也可作为从事园林植保研究的科技人员和有关大专院校师生们的参考书。

在本书出版之际，我很高兴为它作序并推荐给全国广大园林植物保护工作者。

中国林业科学研究院首席专家

国务院参事

全国政协委员

2020 年 12 月

前 言

近 20 年来，常州市城乡绿化事业快速发展，城市新增了大批公园、街头绿地、城郊防护林等，城市绿地面积增加迅速，2016 年常州市获得"森林城市"称号，到 2018 年底城市绿地面积已达 10 477 公顷。

城市园林绿化在建设的过程中，各地苗木的涌入导致与之伴生的绿化有害生物在发生品种和数量上有了新的积蓄。目前园林植保存在常见高发的有害生物品种多、面积广、频次高；病虫害发现、防治不及时；森林生态学应用层次低，对绿地内栖息的其他生物保护和应用不足；植保信息落后，植保手段单一；植物病虫的防治仍以化学防治为主等问题，植保发展水平明显落后于高速发展的城市生态环境建设。

2015 年 6 月至 2017 年 6 月、2019 年 1 月至 2020 年 10 月，在常州市城市管理局（常州市园林管理局）的大力支持下，常州市绿化管理指导站先后开展了两次常州市园林植物病虫害调查研究。通过调查，共发现常州地区园林绿地常见高发的虫害 257 种、病害 61 种，全部以高清照片收录编写在本书中；另外还收集了鳞翅目、半翅目、鞘翅目和部分直翅目的害虫 237 种，并制作成标本展示，建成常州市园林植物有害生物数据库，成为常州市园林植保员培训基地的重要资源储备。

党的十八大以来，我国生态文明建设到了一个新的高度。2007 年徐公天老先生提出，植保工作是贯穿园林绿化全过程的一个系统工程，必须坚持"预防为主、科学防控、依法治理，促进健康"的十六字方针。相同地域范围内的植物，同一种病、虫每年受生长小环境条件、当地气温的影响，其发生数量、危害时间等有所波动。但总体而言，就虫害来说，其主要寄主、越冬代活动期，每一代繁殖期、暴发期等的变化都是有规律可循的，病害亦如此。《常州市园林病虫害防治图鉴》在认真观察常州市病虫的发生规律、为害症状、寄主植物等内容的基础上，还注重防治方法的科学性、实用性和可操作性。常见高发病虫害以防治月历的形式突出每月植保工作重点，旨在指导植保人员把"预防理念"贯穿到日常工作中，把园艺、物理、生物等防治措施通过月度、季度工作编制实施计划，以减少疏漏和园林损失，提高非植保专业从业人员的植病诊断能力，促进植物保护技术的发展，使常州园林绿化达到环境安全、经济高效、生态协调、持续发展的目标。

本书由中国林业科学研究院森林生态环境与保护研究所杨忠岐教授、南京林业大学郝德君教授、北京农业职业学院张翌楠教授审阅，并提出了宝贵意见，在此表示衷心感谢！

由于水平所限，本书存在的不足之处，恳请各位读者指正。

刘皎华

常州市绿化管理指导站副站长

高级工程师

2020 年 9 月

目 录

第一章

常见病虫害防治月历

第二章

常见害虫和害螨

第一节　刺吸性害虫和害螨 040

第二节　食叶性害虫和有害动物

第三节　蛀干性害虫

第四节　地下害虫

第三章
常见病害

第一章

常见病虫害防治月历

1 月常见病虫害与防治

< 1 月常见害虫、害螨防治 >

本月日平均气温 4.1℃左右，为常州市的隆冬季节。害虫多以蛹、茧、若虫、老熟幼虫隐藏在枯叶层、浅土层、砖瓦砾内、树干皮缝、嫩枝、芽鳞内越冬，如刺蛾、袋蛾的茧，以及金龟子的幼虫等。通过冬季深翻松土、清除枯枝叶和乱砖瓦砾、修剪带虫枝和叶等园艺措施可以消灭大量越冬害虫。本月有部分害虫在小环境庇护下仍处于活动为害状态，如海桐木虱、竹茎扁蚜，但因为温度低、种群活动能力降低、发育时间长、种群虫龄整齐，开展化学防治效果好。

1 月常见害虫、害螨及防治措施

害虫/害螨名	防 治 措 施	页 码	备 注
海桐木虱	化学防治	093	
黑刺粉虱	修剪带虫枝叶	100	
石楠盘粉虱	修剪带虫枝叶	104	
草履蚧	修剪发生区林层枝条，保持林内通风透光；清除枯枝、落叶或深翻土壤	102	
紫薇绒蚧	冬季整形修剪时刷除枝干上的越冬成虫	106	其他蚧壳虫本月都可采用园艺方法减少越冬虫源
日本壶蚧	修剪带虫枝叶	107	
日本龟蜡蚧	修剪带虫枝叶	110	
红脊长蝽	发生区彻底清园，清除枯枝、落叶，消灭越冬场所	075	
悬铃木方翅网蝽	刮除翘裂树皮，开展冬季整形修剪	078	
竹茎扁蚜	疏剪带虫竹；化学防治	044	
杭州新胸蚜	修剪带虫枝叶	045	
黄刺蛾	冬季清园、灭虫茧	154	刺蛾科的虫害冬季主要防治措施
茶袋蛾	修剪带虫囊枝叶	163	袋蛾科虫害冬季主要防治措施
白星花金龟	翻土灭幼虫	299	
薄翅锯天牛	砍伐病危林木，消除虫源	269	
桑天牛	修剪带虫枝叶	273	

（续表）

害虫/害螨名	防治措施	页码	备注
竹横锥象甲	修剪带虫竹	286	
紫薇梨象	修剪果枝集中粉碎处理。	256	冬季修剪是紫薇梨象最简单有效的防治措施
浙江黑松叶蜂	修剪或摘除越冬虫茧	266	
枸杞金氏瘤瘿螨	修剪带虫枝叶	121	冬季修剪是这一类虫害的有效措施
木樨瘤瘿螨	修剪带虫枝叶	122	
柳刺皮瘿螨	修剪带虫枝叶	123	

1月常见病害防治

本月是很多病害的越冬季，也是很多叶斑病、生理性病害最佳的防治期，通过回缩重修减少病叶、病枝，促进健康枝萌发；彻底清除病残体，减少越冬病菌源；施冬肥、基肥增强树势，增强来年植株抗病性。如狭叶十大功劳白粉病、茶梅叶斑病等病害，通过冬季园艺管理结合化学防治，能达到彻底控制病害的发生。

1月常见病害及防治措施

病害名	防治措施	页码	备注
树木腐朽病	清除病重树；修剪病重枝；病枝、干去腐杀菌	316	
罗汉松枯叶病	修剪枯枝、病叶、彻底清园，施冬肥、化学杀菌3~4次	320	
悬铃木白粉病	清除落叶，行道树树池点穴施冬肥	323	增强生长势有效降低明年病害的发生
桧柏－梨锈病	修剪桧柏上的越冬担孢子	324	
香樟黄化病	树池打孔，点状施长效基肥	331	
根癌病	扒除根部15~30厘米深土层，挖除根瘤并集中收集处理；根部喷杀菌剂后伤口涂愈合剂，再回填配置土壤	334	深翻土壤，促进根部土壤的透气性
桃生理性流胶病	做树圈，改良土壤、疏松肥沃	332	
茶梅叶斑病	修剪病枝、叶；彻底清除枯枝、落叶，集中焚烧处理；化学杀菌3~4次	339	其他板块状种植的灌木类植物的白粉病或其他叶斑病本月的防治措施相同
狭叶十大功劳白粉病	施基肥、化学防治	342	

（续表）

病 害 名	防 治 措 施	页 码	备 注
核果类植物细菌性穿孔病	修剪保持通风透光；清除落叶、枯枝；施冬肥；化学防治3~4次	351	
樱花褐斑穿孔病	修剪保持通风透光；清除落叶、枯枝；施冬肥；化学防治3~4次	349	
栀子花黄化病	施冬肥	363	
竹丛枝病	清除病竹，集中焚烧处理；间老竹，保持竹林通风透光；施冬肥	367	
月季黑斑病	清除病残叶；施冬肥；化学防治3~4次	369	兼防其他月季病害
沿阶草炭疽病	清除枯叶、病株，彻底清园；化学防治3~4次	379	

2月常见病虫害与防治

＜ 2月常见害虫、害螨防治 ＞

本月日平均气温5.8℃左右，气温略有回升，白天最高气温有时可以突破15℃。在月底，连续几个晴朗天气后部分蚜虫、海棠木虱和草履蚧就有零星发生。本月上旬和中旬应加紧冬季清园、敲击虫卵、修剪虫枝等园艺措施。如遇暖冬，在下旬还应注重暴发性虫害发生区域的植保巡查，如发现越冬代大量发生需及时进行局部化学防治。但在化学防治前还应充分查询天气预报，结合虫情巡查结果制定合理的防治措施，因为本市2~3月份随时都有可能发生倒春寒，对虫害有很好的自然控制作用，可减少化学农药的使用。

2月常见害虫、害螨及防治措施

害虫/害螨名	防 治 措 施	页 码	备 注
草履蚧	修剪发生区林层枝叶，小环境好的区域已有一定的发生量，需采取防治措施	102	
茶袋蛾	修剪虫枝、摘虫囊	163	本月冬季园艺防治措施，如清园、修剪、翻土、施基肥等工作应加紧在中旬之前完成
柳雪毒蛾	树干皮缝中寻找越冬幼虫	168	
白星花金龟	翻土灭幼虫	299	

（续表）

害虫/害螨名	防治措施	页码	备注
薄翅锯天牛	砍伐病危林木，减少越冬虫源	269	本月冬季园艺防治措施，如清园、修剪、翻土、施基肥等工作应加紧在中旬之前完成
桑天牛	结合冬季整形修剪，修剪带虫枝叶；虫孔注药灭杀越冬幼虫	273	
锈色粒肩天牛	种植紫穗槐诱木林	282	
柳沟胸跳甲	解除诱虫草帘，集中焚烧	260	
竹横锥象甲	修剪带虫竹	286	
浙江黑松叶蜂	修剪带虫茧枝条或摘除虫茧	266	

‹ 2月常见病害防治 ›

本月病害的防治仍以园艺综合防治为主，应抓紧时间开展冬季清园，清除病枝、病叶、枯枝落叶等工作。清园工作结束后，去年病害发生区应抓紧时间进行2～3次化学杀菌。残荷、芦苇等水生植物，在冬季观赏期结束后应抓紧时间修割枯枝叶，拖出园区集中处理，促进春季新芽叶的萌发，减少水生植物病害发生。冬绿型草坪冬季病害和部分发生早的病害可以开始进行化学预防，如草坪草白粉病、垂柳锈病等。

2月常见病害及防治措施

病害名	防治措施	页码	备注
雪松枯梢病	修剪病枝	318	
水杉赤枯病	彻底清除枯枝落叶	319	
柳树锈病	清除落叶、化学防治	326	
茶梅叶斑病	修剪病枝、叶；彻底清除枯枝落叶，集中焚烧处理；施基肥；化学防治3～4次	339	本月底之前完成回缩修剪，再迟影响新叶萌发
狭叶十大功劳白粉病	修剪病枝、叶；彻底清除枯枝落叶，集中焚烧处理；施基肥；化学防治3～4次	342	
根癌病	在1月份防治措施上根灌2～3次杀菌剂	334	
竹丛枝病	修剪清除病竹、施基肥	367	
荷花斑枯病	清除越冬残荷	376	本月结束水生植物修割工作
草坪白粉病	化学防治	381	

3 月常见病虫害与防治

3 月常见害虫、害螨防治

本月日平均气温 10.3℃左右。本月气温以相对稳定的态势上升，虽仍有反复，但日平均温度保持在 10℃左右，加上江南特有的湿度，在本月中、下旬很多虫害开始恢复，需加强巡查和监测，结合气象因素，合理制订防治计划。

本月需要在上旬完成虫情测报灯或频振式诱虫灯的安装，开始植物新一年生长周期的虫情监测工作。3 月中、下旬在蚜虫、木虱、果蝇等防治区完成色板的安装。在寄主植物嫩叶初发时安装色板，能很好地防治以成虫越冬的大多数虫害在早春发生。

3 月常见害虫、害螨及防治措施

害虫/害螨名	防治措施	页码	备注
大青叶蝉	叶蝉科害虫在 3 月中旬前悬挂黄板	087	黄板需 20～30 天更换一次
海桐木虱	挂黄板、如 1～2 月份未进行化学防治，本月上旬应及时进行	093	
合欢羞木虱	3 月中旬挂黄板，诱捕越冬成虫	094	
中国喀梨木虱		095	
樟个木虱	3 月下旬进行树体针剂防治	098	
浙江朴盾木虱	3 月下旬叶芽萌动时进行树体针剂防治	099	
黑刺粉虱	3 月下旬进行树体针剂防治	100	
石楠盘粉虱	3 月下旬化学防治	104	
草履蚧	及时检查粘虫带，发现粘满应立即更换，保持粘虫效果；3 月上旬监测虫情及时进行化学防治	102	现天敌红环瓢虫需保护，停止化学防治
红脊长蝽	诱虫灯诱杀成虫	075	
竹纵斑蚜	3 月底树体针剂防治第一代干母	050	
栾多态毛蚜	3 月底树体针剂防治第一代干母	051	本月下旬多种蚜虫进入防治期，高大乔木可选择树体针剂的方式进行防控
桃粉大尾蚜		065	
桃蚜	挂黄板、化学防治	066	
月季长管蚜		067	
樱桃瘤头蚜	摘除虫瘿并粉碎处理，面广、量大时采用化学防治	068	

（续表）

害虫/害螨名	防治措施	页码	备注
东方蝼蛄	安装诱虫灯诱杀成虫	310	3月底进入成虫期
大叶黄杨斑蛾	化学防治低龄幼虫	130	
茶袋蛾	袋蛾科越冬代幼虫3月下旬化学防治	163	
黄杨绢野螟	安装诱虫灯；下旬化学防治越冬幼虫	186	
小地老虎	安装诱虫灯；灌水后化学防治	308	
桃虎象	3月底进行化学防治	257	
樟叶蜂	修剪虫茧、面广、量大时在3月下旬化学防治幼虫	265	

3月常见病害防治

本月常州地区雨水多，易形成春涝。土壤积水、排水不畅导致植物根系腐烂，影响春季新叶萌发，削弱植物生长势，更易被病害侵染。因此，本月关注天气情况，做好雨天排水工作。去年病害发生区需及时开展早春新叶萌发期的病害化学防治工作。早春化学防治也需连续做3~4次，每次间隔7~10天，并注意交替用药。冬季回缩修剪的植物应加强水肥管理，促进新叶、新枝萌发整齐有力，提高景观效果的同时增强抗病能力。

3月常见病害及防治措施

病害名	防治措施	页码	备注
树木腐朽病	下旬开始药剂预防	316	早春部分植物新萌芽叶应及时预防病菌侵染。因刺吸式口器虫害引起的病毒病应及时治虫
桧柏-梨锈病	修剪桧柏上的担孢子	324	
根癌病	切除根瘤、化学防治	334	
桃生理性流胶病	春雨季排水管理，避免积水	332	
八角金盘疮痂型炭疽病	修剪初发病枝叶	335	
石楠白粉病	化学防治	340	
红叶石楠炭疽病	清除严重病株、药剂预防	341	
狭叶十大功劳白粉病	水肥管理，促进新叶萌发；下旬开始新叶期病菌化学防治	342	
核果类植物细菌性穿孔病	下旬开始新叶期化学预防	351	
杜鹃叶肿病	修剪初发病叶、药剂预防	359	

（续表）

病 害 名	防 治 措 施	页 码	备 注
桃缩叶病	下旬开始药剂预防	361	早春部分植物新萌芽叶应及时预防病菌侵染。因刺吸式口器虫害引起的病毒病应及时治虫
竹丛枝病	清除初发病竹	367	
牡丹灰霉病	中、下旬开始发叶前用药剂预防；加强水肥管理，避免春雨积水	368	
月季花叶病毒病	消灭刺吸式口器虫害	370	
月季锈病	修剪初发病芽、病枝、化学防治	372	
沿阶草炭疽病	下旬开始药剂预防	379	
葱兰炭疽病	下旬开始药剂预防	380	
草坪白粉病	化学防治	381	
草坪黏霉病	增施磷钾肥，适当药剂预防	386	
扶芳藤白粉病	疏剪过密枝条，下旬开始药剂预防。及时修剪上层植物，保持林下通风透光	387	
过路黄丝核菌立枯病	下旬增施磷钾肥	390	

4 月常见病虫害与防治

＜ 4 月常见害虫、害螨防治 ＜

本月日平均气温 14.9℃左右。月初，虫害如同翅目的蚜科以暴发的态势发生第一代若虫，其他越冬代若虫或成虫也开始孵化或产卵。4～11 月绝大多数害虫要发生几代甚至几十代，因此在本月及时进行防治可有效控制上半年甚至全年的发生数量。黑翅土白蚁也进入成虫婚飞期和幼虫期，需加强监测，及时防治。各种病害的越冬孢子也开始侵染和传播，并表现出明显病症。

4 月常见害虫、害螨及防治措施

害虫／害螨名	防 治 措 施	页 码	备 注
大青叶蝉	化学防治	087	加强寄主植物周围杂草的清除工作。减少蚜虫迁飞寄主和鳞翅目害虫结茧、化蛹的庇护场所
桃一点斑叶蝉		088	
柿广翅蜡蝉		091	
合欢羞木虱		094	
中国喀梨木虱		095	

（续表）

害虫/害螨名	防 治 措 施	页 码	备 注
梧桐裂木虱	化学防治	097	加强寄主植物周围杂草的清除工作。减少蚜虫迁飞寄主和鳞翅目害虫结茧、化蛹的庇护场所
樟个木虱		098	
浙江朴盾木虱	继续上月开展树体针剂防治	099	
紫薇绒蚧	化学防治	106	
绿绵蚧	修剪带虫枝；4月下旬开始化学防治	111	
纽绵蚧		112	
拟蔷薇白轮蚧		113	
杜鹃冠网蝽	化学防治	077	
樟脊冠网蝽		080	
朴绵叶蚜		047	
桃粉大尾蚜		065	
桃蚜		066	
樱桃瘤头蚜	修剪虫瘿	068	
黑翅土白蚁	信息素诱捕成虫、灭杀幼虫	311	
卷球鼠妇	傍晚撒药灭越冬虫	125	
同型巴蜗牛	化学防治、傍晚撒药	126	
杨雪毒蛾	化学防治越冬幼虫	170	
曲纹紫灰蝶	修剪苏铁老叶消灭越冬虫源	252	
小地老虎	化学防治	308	
棉铃虫	摘除刚被幼虫钻蛀的花苞，集中粉碎处理	218	
黑绒鳃金龟	安装频振式诱虫灯诱捕成虫	300	
黄褐异丽金龟		302	
星天牛	4月底开始释放花绒寄甲防治老熟幼虫、蛹	280	
云斑天牛		284	
柳沟胸跳甲	化学防治成虫	260	
桃虎象	早晚喷药防治成虫	257	
樟叶蜂	化学喷雾防治第一代幼虫	265	
浙江黑松叶蜂		266	
红带网纹蓟马	树体针剂防第一代若虫	080	

< **4 月常见病害防治** <

本月下旬是各类叶斑病、白粉病、炭疽病全年发病初期，也是进行预防的佳期，如月季黑斑病、大叶黄杨白粉病、红叶石楠炭疽病、葱兰炭疽病等。以上病害除了及时开展化学防治，随时清除落叶、疏剪等措施外，使上、中、下林层保持通风透光也是降低或缓解病害发生的重要园艺措施。本月下旬春花植物、道路机非隔离带植物、去年病虫严重长势未恢复的植物，通过追肥增强生长势，能有效提高抗病能力和恢复能力。如上旬香樟新叶初展，此时进行叶面追肥能有效改善香樟黄化病的症状。

4 月常见病害及防治措施

病 害 名	防 治 措 施	页 码	备 注
罗汉松枯叶病	化学预防	320	
悬铃木白粉病	化学预防	323	
桧柏–梨锈病	梨树化学防治	324	
香樟黄化病	硫酸亚铁500~800倍+1‰尿素叶面喷施。4月上旬开始，每周喷1次，连续3~4次	331	
桃生理性流胶病	化学防治	332	
八角金盘疮痂型炭疽病	修剪病叶、化学防治	335	
山茶灰斑病	化学防治	337	
红叶石楠炭疽病	化学防治	341	
狭叶十大功劳白粉病	化学防治；追肥增强生长势	342	
月季白粉病	化学防治	348	
核果类植物细菌性穿孔病	化学防治	351	
女贞叶斑病	化学防治	353	各类植物白粉病、炭疽病、其他叶斑病本月上中旬开始进行化学预防
紫荆角斑病	化学防治	355	
贴梗海棠角斑病	化学防治	356	
杜鹃红斑病		357	
杜鹃褐斑病	化学防治	358	
杜鹃叶肿病		359	
桂花叶枯病	化学防治	360	
栀子花黄化病	追施含铁元素复合肥	363	
牡丹灰霉病	清除初发病叶	368	
月季黑斑病	清除初发病叶、化学防治	369	增加土壤的透气性，增施磷、钾肥，增强植物抗性

5 月常见病虫害与防治

5 月常见害虫、害螨防治

本月日平均气温约为 21.6℃，在常州是各种虫害开始高发的月份。蚜虫、木虱、网蝽科、螟蛾科的害虫 4 月份如没及时采取措施防治，本月将进入上半年发生盛期。本月雨水少时，螨虫（如柑橘全爪螨、朱砂叶螨）也将进入全年第一个发生盛期，且寄主植物多，发生面广、量大，需加强监测，结合气象预报合理制定防治计划。

下旬，鳞翅目的夜蛾科、刺蛾科、天蛾科，鞘翅目的星天牛、云斑天牛、锈色粒肩天牛等害虫的越冬代也开始孵化或羽化。管理等级低的绿地，本月需加强植保监测和日常巡查，根据监测结果及时制订一次全面的普防计划。药剂可选择长效和速效的药品 2～3 种混合使用，延长药防时间。也可针对某类虫害使用特效药剂进行防治，如每月使用一次绿色威雷防治多种天牛成虫。全面药防后 3～5 天内要加强日常巡查，发现漏防和小面积的病虫发生要及时补喷。

中心城区游客和行人密集的公园、道路则可通过释放特定寄主的天敌、性诱剂，及时更换色板、增加诱虫灯数量，人工摘除初发病虫的叶片、虫苞等方法控制病虫蔓延，减少化学农药的使用。一些病虫以特定杂草为夏寄主，如月季长尾蚜的有翅蚜 4 月下旬至 5 月上旬迁回夏寄主唐松草上为害，因此本月要加强各类杂草的清除工作。

5 月常见害虫、害螨及防治措施

害虫 / 害螨名	防 治 措 施	页 码	备 注
斑衣蜡蝉	化学防治	089	高大乔木木虱、蚧壳虫、网蝽、蚜虫等刺吸式口器害虫的防治首选树体针剂的方式较为环保。需注意事项：①施针尽量选择在主干一级分叉点下 30 厘米内进行，可有效避免钻孔引起的树干开裂问题。②蚜虫、网蝽等注药期以在若虫期为佳，有翅成虫期施针效果差
合欢羞木虱	化学防治	094	
梧桐裂木虱	树体针剂防治	097	
黑刺粉虱	5 月下旬树体针剂防治	100	
日本壶蚧	5 月初树冠喷雾初孵幼虫，10 天一次，连续喷雾防治 2 次	107	
含笑壶蚧	树体针剂防治	108	
绿绵蚧		111	
纽绵蚧	乔木可用树体针剂防治；灌木喷雾防治	112	
黄杨芝糠蚧		115	
红脊长蝽	化学防治第一代幼虫	075	

（续表）

害虫/害螨名	防治措施	页码	备注
娇膜肩网蝽	5月初化学喷雾防治；乔木针剂防治	076	高大乔木木虱、蚧壳虫、网蝽、蚜虫等刺吸式口器害虫的防治首选树体针剂的方式较为环保。需注意事项：①施针尽量选择在主干一级分叉点下30厘米内进行，可有效避免钻孔引起的树干开裂问题。②蚜虫、网蝽等注药期以在若虫期为佳，有翅成虫期施针效果差
杜鹃冠网蝽		077	
悬铃木方翅网蝽		078	
樟脊冠网蝽		080	
中国槐蚜	5月化学防治回迁蚜	070	
双线嗜粘液蛞蝓	化学防治	127	
东方蝼蛄	灌水、化学防治	310	
重阳木锦斑蛾	本月为第一代发生期，低龄幼虫期应及时化学防治，可有效降低全年的发生率	133	以后每月发生1代，虫口密度大，需加强监测和防治
油桐尺蛾		138	
国槐尺蛾		142	
丝棉木金星尺蛾		149	
黄刺蛾	本月中下旬加强监测，刺蛾初孵化未扩散且量少时摘叶、修剪处理即可；袋蛾少量发生时摘除虫袋即可；面广、量大时，随时准备化学防治	154	
褐边绿刺蛾		155	
扁刺蛾		157	
迹斑绿刺蛾		158	
丽绿刺蛾		159	
中国绿刺蛾		160	
桑褐刺蛾		162	
茶袋蛾		163	
大袋蛾		164	
小袋蛾		165	
红缘灯蛾	发生量大时，化学防治	166	
棉大卷叶螟		182	
竹织叶野螟		183	
黄杨绢野螟		186	
桃蛀螟	安装性诱剂，监测虫情，防治成虫	296	疏枝和修剪部分重叠叶片能减轻虫情

（续表）

害虫 / 害螨名	防 治 措 施	页 码	备 注
小线角木蠹蛾	中、下旬成虫羽化，安装性诱剂，监测虫情和防治成虫	292	
柑橘潜叶蛾	修剪初害虫枝，量大面广时化学喷雾防治	202	
淡竹笋夜蛾	清除被虫为害的退笋	295	
葱兰夜蛾	加强监测，根据虫情开展化学防治	217	
棉铃虫	摘虫苞集中粉碎处理，寄主种植面积大时化学防治	218	
薄翅锯天牛	6月前砍伐濒危树	269	
锈色粒肩天牛	本月成虫羽化，飞至紫穗槐上补充营养，清晨可人工抓捕成虫，或在紫穗槐上喷微胶囊药剂防治成虫	282	紫穗槐需形成群落气势，诱虫效果才会良好
云斑天牛	中旬在树干和一、二级分枝喷微胶囊制剂防治成虫	284	也可释放花绒寄甲防治未羽化的虫蛹
蔷薇三节叶蜂	化学防治幼虫，修剪带卵或初孵幼虫枝叶	264	
浙江黑松叶蜂	化学防治幼虫	266	
花蓟马	加强监测，中下旬种群密度上升时开始化学防治	082	
柑橘全爪螨	本月为第一个为害高峰期，雨水少时需化学防治	116	根据气象预报安排防治
朱砂叶螨		118	

‹ 5月常见病害防治 ›

本月温度是各类病菌孢子繁殖适宜期，杜鹃褐斑病、八仙花褐斑病、草坪褐斑病、八角金盘褐斑病、地被植物白绢病等在月初时开始初发，有些病害一旦发生就来势汹汹难以控制，如草坪褐斑病、月季黑斑病等。因此，本月病害防治重在园艺措施与化学防治并行。

首先，春花类植物如杜鹃、蔷薇、大花月季、茶花、茶梅等在月底前进行一次花后修剪，修剪的重点除了残花、结果枝，还有病叶和病枝，以及疏剪过密枝，确保这一类植物在保持最美形态的同时，植株之间能保持通风透光。其次，彻底清除落叶。最后，追肥。草坪、球形植物、机非隔离带、板块状种植的灌木结合日常浇灌追施液态肥，追肥量为30克/（米²·月），可15天一次，分两次追施。

化学预防在月初进行，易感病植物每10~15天一次，连续防治3~4次。本月大叶黄杨白粉病、草坪锈病已是发病高峰期，应加强巡查，及时进行修剪、挖除病重植株，避免病害蔓延。

5月常见病害及防治措施

病 害 名	防 治 措 施	页 码	备 注
树木腐朽病	刮除子实体、化学防治	316	
罗汉松叶枯病	修剪病枝	320	
悬铃木白粉病	化学防治	323	
桧柏－梨锈病	梨树化学防治	324	
根癌病	5月初至中旬再进行2次根灌杀菌	334	黄梅雨季来临前松土，促进根系生长
桃生理性流胶病	黄梅雨季排水和树圈松土	332	
茶梅叶斑病	化学防治	339	
紫薇白粉病	5月中旬开始化学预防	344	
月季白粉病	化学防治	348	
女贞叶斑病	清除落叶；化学防治	353	
栀子花黄化病	叶面施肥	363	及时对上层林木或板块自身进行疏枝，保证通风透光，可有效降低发病率
栀子花叶斑病	化学防治	364	
金丝桃褐斑病	化学防治	365	
八仙花炭疽病	摘除初发病叶、化学防治	366	
牡丹灰霉病	化学防治	368	
月季黑斑病	化学防治	369	
月季锈病	5月初开始化学防治	372	
月季灰霉病	摘除初发病叶、病花、化学防治	374	
荷花黑斑病	修剪初发病叶、化学防治	375	本月中旬初发，需及时修割病叶，喷药防治才能控制病情
荷花斑枯病	修剪初发病叶、化学防治	376	
草坪褐斑病	5月初开始3~4次化学预防；疏草打孔、控制草坪高度；早晨灌溉；补充磷钾肥等	382	科学养护、开展综合防治是防治有效的关键
过路黄丝核菌立枯病	及时挖除初发病害植株，灌药防治	390	

6 月常见病虫害与防治

6 月常见害虫、害螨防治

本月日平均气温约为 25℃，我市将进入梅雨季节。部分蚜虫迁移至杂草上越夏为害，需加强绿地内杂草的清除。星天牛、云斑天牛成虫羽化盛期，除了药防，树干涂白也能很好地阻止这两种天牛在根颈部产卵为害。鳞翅目食叶性害虫进入全年第一个为害盛期，如刺蛾科、袋蛾科、舟蛾科、尺蛾科等害虫高发，5 月底未进行防治的绿地，本月初需加强监测并及时进行化学防治。防治前应开展全园区虫情发生状况调查，如有需要可扩大防治范围，可多种虫害兼防。日本龟蜡蚧、红蜡蚧在月初进入全年化学防治关键期，要抓紧时间进行防治。斜纹夜蛾进入初发期，用斜纹夜蛾性诱剂进行种群密度监测，有利于观察该虫的发生情况和较准确制定防治计划。

6 月常见害虫、害螨及防治措施

害虫 / 害螨名	防 治 措 施	页 码	备 注
蛴螬	化学防治	084	与其他虫害兼防
黑蚱蝉		085	
蝼蛄		086	
红带网纹蓟马	化学防治期，从月初开始加强巡查，虫口上升即组织防治，20 天防治一次、连续防治 2 次以上	080	
吹绵蚧	清除落叶、化学防治	105	
日本龟蜡蚧	月初开始化学防治，连续防治 2 次	110	
红蜡蚧		108	
双线嗜粘液蛞蝓	高发区化学防治	127	与其他虫害兼防
大造桥虫	鳞翅目食叶性虫害在上、中旬进行化学防治	139	刺蛾科、毒蛾科全年第一代幼虫期进入化学防治期，防治时可兼顾其他同期发生的虫害，一起防治
国槐尺蛾		142	
黄刺蛾		154	
褐边绿刺蛾		155	
迹斑绿刺蛾		158	
丽绿刺蛾		159	
中国绿刺蛾		160	

（续表）

害虫／害螨名	防 治 措 施	页 码	备 注
桑褐刺蛾	鳞翅目食叶性虫害在上、中旬进行化学防治	162	刺蛾科、毒蛾科全年第一代幼虫期进入化学防治期，防治时可兼顾其他同期发生的虫害，一起防治
茶袋蛾		163	
大袋蛾		164	
小袋蛾		165	
红缘灯蛾		166	
人纹污灯蛾		167	
柳雪毒蛾		168	
肾毒蛾		171	
盗毒蛾		173	
点玄灰蝶		251	
桃蛀螟	坏桃收集处理；化学防治	296	
樟巢螟	幼虫低龄期化学防治	189	
咖啡木蠹蛾	修剪虫枝或蛀孔注药防治幼虫	289	
小线角木蠹蛾	蛀孔注药防治	292	
咖啡透翅天蛾	化学防治	195	
柑橘潜叶蛾	修剪初害虫枝、化学防治	202	
黏虫	关注种群发生量，随时准备化学防治	204	
超桥夜蛾		205	
臭椿皮蛾		215	
棉铃虫	摘除花蕾；化学防治	218	
斜纹夜蛾	本月开始性诱剂监测发生状况	227	
杨小舟蛾	下旬种群密度上升时化学防治	230	
杨扇舟蛾		231	
白星花金龟	高发区用白僵菌防治幼虫	299	高发区可用烂水果堆制诱杀成虫
铜绿异丽金龟		304	
薄翅锯天牛	在寄主树干绑白僵菌粉胶环防成虫	269	
桃红颈天牛	对寄主植物主干和分枝喷微胶囊制剂防治成虫	270	
桑天牛		273	
星天牛		280	寄主根部涂白阻止成虫在根颈部产卵

（续表）

害虫/害螨名	防治措施	页码	备注
锈色粒肩天牛	对寄主植物主干和分枝喷微胶囊制剂防治成虫	282	紫穗槐诱捕成虫
云斑天牛		284	
二带遮眼象	化学防治期，早晚喷药效果佳	258	较难防治，需加强监测
花蓟马	种群密度上升时化学防治	082	

＜ 6月常见病害防治 ＜

　　连续暴雨和闷热导致土壤积水、板结，光照减弱、林间不透风等是雨季过后生理性病害高发的主要原因，如香樟黄化病、桃树流胶病、乔木根腐病等。所以，本月应在雨季来临前预先做好低洼地、沟渠的疏通和雨季时整个绿地范围内的积水巡察和排水应急工作。本月板块状种植的植物或林下植被的病害将达到全年的最盛期，应关注天气预报，抓住雨歇日及时补喷保护药剂进行预防。同时，病弱植物可以抓住雨季追施磷、钾肥，增强植物抗病能力和病后的恢复能力。

6月常见病害及防治措施

病害名	防治措施	页码	备注
根癌病	雨停后，立即化学防治2~3次	334	雨季过后即刻松土，松土后药物促根一次并遮阴保护根部
桃生理性流胶病	刮除树干流胶或根部瘤状物，立即化学防治2~3次	332	
山茶灰斑病		337	
山茶炭疽病		338	
茶梅叶斑病		339	
石楠白粉病		340	
红叶石楠炭疽病	及时清除落叶；修剪病叶、病花、病枝；追施磷、钾肥；继续化学防治	341	病重树及时挖除
狭叶十大功劳白粉病		342	
紫薇白粉病		344	
红叶小檗白粉病		345	
大叶黄杨白粉病		346	
黄杨炭疽病		347	
月季白粉病		348	

（续表）

病 害 名	防 治 措 施	页 码	备 注
女贞叶斑病		353	
紫荆角斑病		355	
贴梗海棠角斑病		356	
杜鹃红斑病		357	阳光暴晒区可遮阴防护
杜鹃褐斑病		358	
栀子花炭疽病		362	
金丝桃褐斑病	及时清除落叶；修剪病叶、病花、病枝；追施磷钾肥；继续化学防治	365	花后及时修剪，清理板块下枯枝落叶
八仙花炭疽病		366	
牡丹灰霉病		368	种植区保持通风透光；土壤疏松、排水良好
月季黑斑病		369	
月季灰霉病		374	
桃叶珊瑚日灼病	雨季过后阳光直射区要遮阴防护	378	
草坪褐斑病	化学防治	382	
草坪蘑菇圈病	打孔、排水；去除蘑菇子实体	384	进入高发期
过路黄丝核菌立枯病		390	

7月常见病虫害与防治

< 7月常见害虫、害螨防治 <

　　本月日平均气温约为 29.7℃，常出现极端高温、超强台风、暴雨、干旱等极端天气。台风常导致被蛀干害虫为害的乔木折断，如意杨、柳树、悬铃木等。大多数适应高温的虫害发育周期缩短，世代积累明显，种群密度达到全年发生盛期，为害加剧，常造成寄主整片树林叶片焦枯或连续几千米叶片被吃光，如舟蛾科的杨扇舟蛾；尺蛾科、蚜科的很多种开始出现滞育越夏，如金星丝棉木尺蠖、栾树多态毛蚜等；也有的迁飞至夏寄主越夏为害，如桃蚜、国槐蚜等。本月如遇高温干旱天气，真螨目的叶螨科、缨翅目的蓟马科害虫将进入全年的盛发期，日常浇水抗旱时应对常见寄主的树冠进行喷淋，能有效降低发生率。白星花金龟、铜绿异丽金龟进入成虫期，它们新一代幼虫为害即将开始，蛴螬、大地老虎等地下害虫可在清晨灌足水，傍晚的时候施药防治提高化学防治效果。随着害虫种群密度的增加，天敌品种和数量也迅速增加，此时进行化学防治前需仔细观察，如发现大量天敌出现应尽可能保护天敌，停止化学防治。

7 月常见害虫、害螨及防治措施

害虫/害螨名	防 治 措 施	页 码	备 注
青蛾蜡蝉	修剪产卵枝条，集中粉碎处理	090	
日本壶蚧		107	
含笑壶蚧		108	
日本龟蜡蚧	乔木进行树体针剂补充防治	110	
红蜡蚧		108	
绿绵蚧		111	
纽绵蚧		112	
大造桥虫		139	
国槐尺蛾		142	
木橑尺蛾		147	
桑尺蛾		148	
丝棉木金星尺蛾		149	
茶袋蛾		163	
大袋蛾		164	袋蛾进入暴发期，需加强防治
小袋蛾		165	
人纹污灯蛾	尺蛾科、袋蛾科、毒蛾科等鳞翅目食叶性的虫害需加强监测，根据虫情随时进行化学防治	167	
柳雪毒蛾		168	
肾毒蛾		171	
盗毒蛾		173	
丽毒蛾		175	
菜粉蝶		236	
点玄灰蝶		251	第一代幼虫为害初期，及时采用摘叶或化学防治即可全面控制虫害发生
曲纹紫灰蝶		252	
茶长卷蛾		178	
棉大卷叶螟		182	
竹织叶野螟		183	

（续表）

害虫/害螨名	防 治 措 施	页 码	备 注
桃蛀螟	化学防治	296	及时采摘被蛀幼桃收集处理
樟巢螟	及时摘虫巢，集中焚烧处理	189	
咖啡木蠹蛾	修剪带虫枝	289	
小线角木蠹蛾	性诱剂诱杀成虫，蛀孔注药防治幼虫	292	
咖啡透翅天蛾	化学防治	195	
斜纹夜蛾	性诱剂监测种群密度	227	
杨小舟蛾	加强种群密度监测，开展化学防治	230	也可在月初舟蛾科虫害产卵高峰期释放赤眼蜂卵卡进行防治
杨扇舟蛾		231	
白星花金龟	白僵菌粉幼虫，成虫聚集区化学防治	299	
铜绿异丽金龟	化学防治成虫、幼虫	304	高发区可安装频振式诱虫灯诱杀成虫
薄翅锯天牛	白僵菌粉胶环防成虫	269	
桃红颈天牛		270	
桑天牛	敲击产卵孔，杀虫卵、初孵化幼虫；树干和一二分枝喷微胶囊制剂防治成虫	273	
黄星桑天牛		277	
星天牛		280	
锈色粒肩天牛		282	群植诱木紫穗槐诱杀成虫
竹横锥象甲	修剪灭幼虫、化学防成虫	286	

7月常见病害防治

黄梅过后我市将进入高温、频繁暴雨或干旱、台风频繁的天气。雨后闷热、通风透气不良、暴晒等天气利于很多病害的发生，如日灼病、根腐病、灌木的各类叶斑病等，与松科植物相邻的意杨锈病也即将暴发。此时病、虫的共同为害将直接导致树木、地被大量死亡，尤其是道路绿化中的绿篱、色块、草坪、地被等的叶片常出现大面积枯黄或死亡，景观损毁。本月应尽量避免对植物进行重修剪，尤其是板块状种植的植物，重修剪之后如遇高温、干旱天气易导致伤口感病焦枯，新枝萌发不整齐，留茬老枝枝枯等现象。草坪应注意灌溉时间的选择，尽量选择在清晨浇水，减少在傍晚和中午浇水，可减少病害的发生。

7 月常见病害及防治措施

病害名	防治措施	页码	备注
水杉赤枯病	化学预防	319	
罗汉松叶枯病	化学预防	320	
桧柏－梨锈病	梨树修剪病叶，集中焚烧处理	324	
杨树锈病	中、下旬进入高发期，化学防治3～4次	327	与松科植物相邻的意杨林易感病。应加强巡查，及时防控
鹅掌楸褐斑病	及时清除病叶、落叶	328	
香樟炭疽病	及时清除落叶	330	
桃生理性流胶病	刮除流胶；疏松土壤	332	
山茶灰斑病		337	
山茶炭疽病	及时清除落叶集中焚烧处理；化学防治3～4次	338	
茶梅叶斑病		339	
黄杨炭疽病	化学防治	347	
樱花褐斑穿孔病		349	黄梅雨季过后，裸露板结的种植土需及时中耕松土，长势不佳的植物可结合浇灌追施液态肥，以磷、钾肥为主，增强植物对高温恶劣性气候的抵抗力
女贞叶斑病		353	
紫荆角斑病		355	
贴梗海棠角斑病		356	
杜鹃红斑病	及时清除病株的落叶；修剪病叶、枝；新萌发枝叶化学预防2～3次	357	
杜鹃褐斑病		358	
杜鹃叶肿病		359	
栀子花炭疽病		362	
栀子花叶斑病		364	
八仙花炭疽病		366	
牡丹灰霉病	拔除病重植株、修剪病叶；化学防治2～3次	368	
月季黑斑病	及时清扫落叶；化学防治2～3次	369	
桃叶珊瑚日灼病	全光照下的喜阴植物需遮阴保护	378	遮阳网应腾空架设，网面离植物间距不得少于10厘米
过路黄丝核菌立枯病	挖除病株；化学防治	390	

8月常见病虫害与防治

本月日平均气温约为27℃。上旬立秋，下旬处暑，白天温度仍以高热为主，但从处暑节气开始晚上的温度明显下降。本月鳞翅目的很多虫害进入下半年的发生盛期，如刺蛾科部分种将进入全年第二个为害盛期；舟蛾科的杨小舟蛾、巢蛾科的合欢巢蛾、斑蛾科的重阳木锦斑蛾、夜蛾科的黏虫、斜纹夜蛾等也将进入盛发期；养护粗放的绿地稍不注意就会暴发，在短期内将整片树林、草坪的叶片吃光。螨类暴发则会使整片树林失绿呈焦枯状，柿广翅蜡蝉每年4月、7月、8月是若虫孵化高峰期，尤其以8月为害为盛。本月要加强巡查，及时发现及时防治，减少越冬代的虫口基数。本月也会出现大量天敌，如绒茧蜂等，在虫害不暴发的前提下，如发现有天敌出现，可采用修剪虫枝、虫苞、敲击产卵刻槽或采用树体针剂的方法，也可释放一些天敌如赤眼蜂、肿腿蜂、捕食螨等控制虫害的发生，保护当地天敌种群的繁衍。

8月常见害虫、害螨及防治措施

害虫／害螨名	防 治 措 施	页　码	备　注
蛴螬	修剪带卵枝条，集中粉碎处理	084	及时修剪产卵枝是防治这一类虫害最简捷的方法
黑蚱蝉		085	
柿广翅蜡蝉		091	
马氏粉虱	摘除虫叶、化学防治	102	
日本壶蚧	树体针剂补防	107	
含笑壶蚧		108	
日本龟蜡蚧		110	
红蜡蚧		108	
拟蔷薇白轮蚧	喷药防治	113	
娇膜肩网蝽	下旬为害逐渐加剧，应加强监测，随时化学防治	076	
杜鹃冠网蝽		077	
悬铃木方翅网蝽		078	
樟脊冠网蝽		080	

（续表）

害虫 / 害螨名	防治措施	页码	备注
中国槐蚜	化学防治回迁蚜	070	
卷球鼠妇	傍晚撒药，灭当年虫	125	
重阳木锦斑蛾	越冬代出现，发生量大时化学防治	133	及时消灭杂草，减少蚜虫迁飞寄主和鳞翅目害虫结茧、化蛹的庇护场所
黄刺蛾		154	
褐边绿刺蛾		155	
扁刺蛾		157	
迹斑绿刺蛾		158	
丽绿刺蛾		159	
中国绿刺蛾		160	
桑褐刺蛾	刺蛾科进入全年第二个为害盛期，化学防治	162	
茶袋蛾		163	
大袋蛾		164	
小袋蛾		165	
红缘灯蛾		166	
人纹污灯蛾		167	
杨雪毒蛾		170	
柳雪毒蛾		168	
樟巢螟	虫巢内幼虫尚小，防治以摘虫巢，集中销毁为宜	189	本月虫巢已经很坚固，月底之前完成虫巢清除是最佳防治方案
咖啡木蠹蛾	修剪带虫枝、蛀孔注药防治	289	
小线角木蠹蛾	蛀孔防治幼虫注药	292	
斜纹天蛾	中下旬部分绿地进入盛发期，加强监测，种群密度上升时开始化学防治	198	
黏虫		204	
超桥夜蛾		205	
臭椿皮蛾	下旬开始进入第二个盛发期，化学防治	215	
葱兰夜蛾		217	
大地老虎		307	
棉铃虫		218	

（续表）

害虫/害螨名	防治措施	页码	备注
杨小舟蛾	暴发时有发生，需加强监测	230	
杨扇舟蛾		231	
双斑锦天牛	成虫期化学防治	272	
桃红颈天牛	成虫期化学防治	270	
桑天牛		273	发现当年新产生的刻槽和蛀孔，可修剪防治
黄星桑天牛	本月这些天牛处于成虫期、产卵期和幼虫初孵期。可采用喷微胶囊制剂防虫或敲击产卵刻槽和初孵幼虫蛀孔消灭卵和幼虫，也可释放川硬皮肿腿蜂防治幼虫	277	释放肿腿蜂防治应避免同时化学防治。释放时间应在8月中旬，否则防效差
橘褐天牛		278	
星天牛		280	
锈色粒肩天牛		282	
云斑天牛		284	
竹横锥象甲	本月是成虫期、产卵期和幼虫期，修剪带虫竹，防治幼虫，喷微胶囊制剂防成虫	286	
红带网纹蓟马	为害高峰期，加强监测，必要时化学防治	080	
花蓟马		082	
柑橘全爪螨		116	
朱砂叶螨		118	

< 8月常见病害防治 <

与7月相似的气候条件，如雨后暴晒、闷热、通风不良等导致有些植物的病害在本月发病严重。板块状种植的灌木前几个月已发病，但未及时进行科学防治的，本月将进入全年发病的高峰期，如金叶女贞叶斑病、茶花褐斑病、茶梅叶斑病、杜鹃褐斑病等。本月发病严重的板块出现大面积枝干光秃，或叶片残缺、焦黑。草坪本月病害、虫害高发，加上高温多雨的天气使得草坪进入全年养护难度最大的月份，需及时修剪控制草坪高度，科学灌溉，及时化学防治才能维持良好的景观效果。因从9月开始大多数植物将进入全年第二个生长期，所以从本月下旬开始需对已感病的植物进行化学防治，以降低即将萌发的秋枝秋叶的发病率。

8月常见病害及防治措施

病 害 名	防 治 措 施	页 码	备 注
水杉赤枯病		319	
罗汉松叶枯病		320	
悬铃木白粉病	及时清除落叶，严重时化学防治3~4次	323	
银杏枯叶病		321	
鹅掌楸褐斑病		328	
香樟炭疽病		330	
桃生理性流胶病	刮除流胶；疏松土壤	332	
石楠白粉病		340	
狭叶十大功劳白粉病		342	
紫薇白粉病	因9月为灌木白粉病第二个盛发期，故本月下旬开始提前化学防治	344	加强夏季清园工作，及时清扫落叶、病叶，中、轻度修剪病枝、病叶，并集中收集深埋或焚烧处理。配合化学防治，降低秋叶发病率
红叶小檗白粉病		345	
大叶黄杨白粉病		346	
月季白粉病		348	
女贞叶斑病		353	
紫荆角斑病		355	
贴梗海棠角斑病		356	
杜鹃红斑病		357	
杜鹃褐斑病		358	
杜鹃叶肿病		359	
山茶灰斑病		337	
山茶炭疽病	发病盛期，需加强病残体、落叶的清除，同时化学防治3~4次	338	
茶梅叶斑病		339	
栀子花炭疽病		362	
栀子花叶斑病		364	
八仙花炭疽病		366	
牡丹灰霉病		368	出现大量死株，要及时清除
月季黑斑病		369	
月季锈病		372	
月季灰霉病		374	

（续表）

病 害 名	防 治 措 施	页 码	备 注
桃叶珊瑚日灼病	全光照下的板块遮阴保护	378	遮阳棚不能直接覆盖在植物上。早晚灌溉
草坪褐斑病	草坪、地被植物病害盛发期，需控制草坪高度，及时化学防治	382	出现大量斑秃，需及时清除枯死植株
过路黄丝核菌立枯病		390	

9 月常见病虫害与防治

< 9 月常见害虫、害螨防治 <

　　本月日平均气温约为 23.5℃，气温明显下降，温度适宜，很多植物进入第二个生长期，开始抽梢萌叶。草坪害虫，如斜纹夜蛾、淡剑贪夜蛾、葱兰夜蛾、蛴螬等逐渐进入全年为害最猖獗时期。黑刺粉虱、吹绵蚧、竹茎扁蚜、梨二叉蚜、夹竹桃蚜等刺吸式口器害虫进入全年第二个发生高峰，月初及时悬挂色板进行防治，有大量若虫孵化为害时，在上、中旬需及时组织化学防治。乔木可选择树体针剂防治，以减少越冬成虫虫口数。樟巢螟的老熟幼虫在本月底和下月陆续出巢下地结茧越冬，因此应在 9 月中旬之前完成虫巢的清除工作，集中焚烧或粉碎处理。

9 月常见害虫、害螨及防治措施

害虫 / 害螨名	防 治 措 施	页 码	备 注
柿广翅蜡蝉	修剪产卵枝条、若虫暴发时进行化学防治	091	
黑刺粉虱	全年第二或三代若虫孵化期，修剪带虫枝叶或化学防治	100	乔木采用树体针剂进行防治，灌木可及时修剪初孵若虫枝条防治
石楠盘粉虱		104	
吹绵蚧		105	
紫薇绒蚧		106	
拟蔷薇白轮蚧		113	
杜鹃冠网蝽	树体针剂防治	077	
悬铃木方翅网蝽		078	
樟脊冠网蝽		080	
竹茎扁蚜	全年第二个为害高峰期，修剪带虫竹或化学防治	044	

（续表）

害虫/害螨名	防治措施	页码	备注
秋四脉绵蚜		041	
夹竹桃蚜		057	
橘蚜		058	
梨二叉蚜	回迁蚜开始为害，月初挂色板或发生严重时化学防治	059	
莲缢管蚜		061	
桃蚜		066	
月季长管蚜		067	
中国槐蚜		070	
油桐尺蛾		138	
大造桥虫		139	
国槐尺蛾		142	
丝棉木金星尺蛾		149	
茶袋蛾		163	及时清除寄主周围杂草，减少蚜虫迁飞寄主和鳞翅目害虫结茧及越夏场所
大袋蛾		164	
小袋蛾		165	
人纹污灯蛾		167	
柳雪毒蛾	本月仍有暴发可能，加强监测，随时药剂补防，准备诱捕越冬老熟幼虫的准备	168	
肾毒蛾		171	
盗毒蛾		173	
丽毒蛾		175	
菜粉蝶		236	
点玄灰蝶		251	
茶长卷蛾		178	
棉大卷叶螟		182	
竹织叶野螟		183	
黄杨绢野螟		186	
樟巢螟	本月上、中旬的防治仍以摘虫巢，集中销毁为宜	189	

（续表）

害虫/害螨名	防 治 措 施	页 码	备 注
黏虫		204	
超桥夜蛾		205	
淡剑贪夜蛾		211	
淡竹笋夜蛾	草坪和地被各类夜蛾高发期，加强监测，随时化学防治	295	草坪、地被化学防治前先灌足水，可提高防治效果
葱兰夜蛾		217	
大地老虎		307	
斜纹夜蛾		227	
银纹夜蛾		229	
桑天牛		273	
橘褐天牛	仍在成虫期，树干喷微胶囊制剂防治	278	
星天牛		280	
云斑天牛	前期未采取防治措施，本月进行蛀道注药防治	284	

< 9月常见病害防治 <

本月日均温度下降明显，早晚温差大，植物到了一年中新的生长旺盛期，有的病害随着温度降低，秋梢抽出，为害降低，如杜鹃褐斑病、杜鹃红斑病等；有的病害则进入全年又一个高峰期，如紫薇白粉病、月季白粉病、月季黑斑病、月季锈病、狭叶十大功劳白粉病等，这一类仍在发病的灌木可在本月月初进行一次中度重修，修剪掉病枝、病叶，修剪后留茬枝条上的病叶也尽可能清除干净，再彻底清除落叶，最后进行 3~4 次化学防治，可最大程度保障秋梢枝叶的健康。重修剪后的植物尤其是板块植物要加强水肥管理，修剪后可每月根灌氮磷钾均衡复合肥（稀释液）30 克/（米^2·月），连续 2 次，增强植物的生长势和抗病能力。

9月常见病害及防治措施

病 害 名	防 治 措 施	页 码	备 注
悬铃木白粉病		323	
银杏枯叶病	清除落叶，适当化学防治；施肥；化学防治	321	
桧柏–梨锈病		324	
柳树锈病		326	

（续表）

病 害 名	防 治 措 施	页 码	备 注
鹅掌楸褐斑病	清除落叶，适当化学防治；施肥；化学防治	328	病菌为害降低
香樟炭疽病		330	
梨褐斑病		333	
山茶灰斑病		337	
山茶炭疽病		338	
茶梅叶斑病		339	
石楠白粉病	化学防治，施肥，增强树势	340	病害高发期，加强上层林木的疏枝修剪，增强林间通风透光性
红叶石楠炭疽病		341	
狭叶十大功劳白粉病		342	
紫薇白粉病		344	
红叶小檗白粉病		345	
大叶黄杨白粉病		346	
核果类植物细菌性穿孔病	清理落叶、病叶；叶面追肥，增强树势	351	
樱花褐斑穿孔病		349	
紫藤叶斑病	发病盛期，清除落叶、病叶，化学防治	352	
女贞叶斑病		353	
紫荆角斑病	化学防治	355	
贴梗海棠角斑病	清除病叶、落叶，适当化学防治；施肥	356	病菌为害降低，加强施肥、清除病叶等园艺养护，降低秋梢的发病率
杜鹃红斑病		357	
杜鹃褐斑病		358	
杜鹃叶肿病		359	
栀子花炭疽病		362	
栀子花黄化病		363	花后及时修剪残花、病枝、病叶，以及过密枝；增施氮磷钾均衡复合肥
栀子花叶斑病		364	
金丝桃褐斑病		365	
八仙花炭疽病		366	
牡丹灰霉病		368	
月季黑斑病		369	
月季锈病		372	
桃叶珊瑚日灼病	修剪病叶	378	早晚灌溉

（续表）

病 害 名	防 治 措 施	页 码	备 注
草坪白粉病	病害高发期，化学防治；施肥	381	
草坪褐斑病		382	
草坪蘑菇圈病		384	
草坪黏霉病		386	

10 月常见病虫害与防治

< **10 月常见害虫、害螨防治** <

本月日平均气温约为 18.7℃，气温明显转凉，适宜植物生长，蚜科的部分害虫回迁至第一寄主产生性蚜，交配产卵开始越冬。如秋四脉绵蚜、桃蚜、桃粉大尾蚜等，提前安装色板诱杀回迁蚜，释放异色瓢虫卵卡可减少化学防治次数。部分蚜虫、木虱、夜蛾科虫害继续保持高发的态势，如栾树多态毛蚜、月季长管蚜、海桐木虱等，也可释放异色瓢虫防治。鳞翅目的部分害虫在月底陆续下树越冬，如重阳木锦斑蛾、柳雪毒蛾等。月底开始涂白可防止幼虫下树越冬。"涂白"配方（质量比）：生石灰∶硫磺粉∶食盐∶水＝10∶1∶0.1∶20～40。乔灌木涂白前先根据树干粗细整理出树圈，树圈内清理杂树杂草，细细翻土。涂刷树干皮缝要填满涂白料，形成一层均匀的保护层，包括树脚裸露根系都要刷到。统一高度，起到美观的效果。也可每 7～10 天向植物枝干均匀喷洒 3～5 度波美石硫合剂，连续喷 3～4 次也能很好的阻止幼虫下树。也可在树干基部绑扎草帘引诱越冬幼虫，翌年 2 月份之前集中烧毁稻草，能消灭大量越冬态害虫。

10 月常见害虫、害螨及防治措施

害虫 / 害螨名	防 治 措 施	页 码	备 注
海桐木虱	全年最后一代成虫期盛发期，色板诱捕	093	发生量大时及时化学防治
中国喀梨木虱		095	
梧桐裂木虱		097	
黑刺粉虱		100	
吹绵蚧	若虫为害期，修剪防治或化学防治	105	
紫薇绒蚧		106	

（续表）

害虫／害螨名	防治措施	页码	备注
秋四脉绵蚜	回迁蚜为害	041	也可释放异色瓢虫卵卡防治
紫薇长斑蚜	仍处高发期，需化学防治	048	
栾多态毛蚜	全年第二个为害盛期，月初化学防治	051	
桃蚜	回迁蚜产生性蚜，交配产卵越冬，安装色板防治	066	
桃粉大尾蚜		065	
月季长管蚜	第二个为害高峰期，修剪带虫枝叶或化学防治	067	
樱桃瘤头蚜	第二个为害高峰期，化学防治	068	
双线嗜粘液蛞蝓	化学防治	127	
重阳木锦斑蛾	绑扎草帘诱捕越冬老熟幼虫	133	鳞翅目越冬害虫诱杀时要加强巡查，发现诱杀效果不理想需及时调整诱捕器密度、更换诱芯，发现诱捕失败，虫害发生率高时需及时化学防治
柳雪毒蛾	树干绑扎草帘诱捕越冬幼虫	168	
黏虫		204	
葱兰夜蛾	幼虫高发期，适时化学防治	217	
大地老虎		307	
棉铃虫	高发期，修剪被害花蕾。	218	
斜纹夜蛾	高发期，性诱剂和化学防治	227	
桑天牛	新刻槽，随时发现随时修剪	273	
柳沟胸跳甲	草帘诱捕成虫	260	
竹横锥象甲	修剪带虫竹	286	
浙江黑松叶蜂	开始修剪越冬虫枝、消灭虫茧	266	

10 月常见病害防治

本月冬绿型草坪病害较为明显，如黑麦草白粉病、褐斑病、草坪蘑菇圈病等，要注意肥水管理，肥料以增施磷、钾肥为主，加强草坪草的抗性。大花月季进入全年第二个最佳赏花期，但黑斑病和白粉病仍时有发生，需及时进行病枝、病叶的修剪清除工作，随时发现随时清除。

10 月常见病害及防治措施

病害名	防治措施	页码	备注
核果类植物细菌性穿孔病	加强落叶清扫；化学防治 2～3 次	351	
樱花褐斑穿孔病		349	

（续表）

病 害 名	防 治 措 施	页 码	备 注
月季黑斑病		369	
草坪白粉病		381	
草坪褐斑病	发现病株及时修剪病残体；化学防治 2～3 次；施氮磷钾均衡复合肥	382	
草坪蘑菇圈病		384	高发期，打孔灌水减缓症状
草坪黏霉病		386	
过路黄丝核菌立枯病		390	高发期

11 月常见病虫害与防治

＜ 11 月常见害虫、害螨防治 ＞

本月日平均气温约为 11.5℃。本月日平均温度与 3 月份相似，部分蚜虫，如栾树多态毛蚜、杜鹃网蝽等仍有发生，继续为害植物的秋梢；杭州新胸蚜本月侨蚜回迁产生性蚜，性蚜交配后产卵在叶芽内，本月需加强监测，在性蚜期及时化学防治。地下害虫如当年孵化的夜蛾幼虫、金龟子幼虫仍在为害草坪或小灌木的根茎。其次，扁刺蛾、葱兰夜蛾、斜纹夜蛾等虫害遇到适宜的温度和湿度仍有发生，继续为害秋梢秋叶，仍需注意并防治。"立冬"节气之前，完成树木的"涂白"工作才能较好地起到阻止越冬害虫的作用。11 月下旬，清理诱虫灯，关灯保养。

11 月常见害虫、害螨及防治措施

害虫／害螨名	防 治 措 施	页 码	备 注
斑衣蜡蝉	刮除越冬卵块	089	
麻皮蝽	诱捕越冬成虫	071	
杭州新胸蚜	回迁蚜飞回，产生性蚜产卵，化学防治	045	悬挂色板
栾多态毛蚜	暖冬，仍有幼虫发生，加强监测	051	

＜ 11 月常见病害防治 ＞

进入初冬气候，很多病菌已经停止侵染，大多数病害以菌丝体、分生孢子或孢子盘在落叶、病枝、病叶组织中开始越冬。但密闭的小环境内各类白粉病仍有发生，能继续侵染。及时清扫落叶，随时清除病残体。因 12 月我市将进入严冬季节，本月月底前露地栽培的南方植物需进行防冻保护。铁树、加拿利海枣等可用稻草绑扎后外层再用塑料薄膜进行包扎防护，以免发生冻害。

11 月常见病害及防治措施

病 害 名	防 治 措 施	页 码	备 注
悬铃木白粉病	落叶随产随清	323	
桃生理性流胶病	刮除流胶	332	根部松土
荷花黑斑病	及时修剪残枝残叶	375	
草坪白粉病	化学防治	381	冬绿型草坪修剪用集草袋
草坪蘑菇圈病	及时清除蘑菇子实体	384	

12 月常见病虫害与防治

＜ 12 月常见害虫、害螨防治 ＞

本月日平均气温约为 5.3℃。从 12 月到翌年 2 月是常州市的冬季，天气寒冷。本月害虫以越冬态（老熟幼虫、茧、蛹）在植物皮缝、芽缝、枯叶层越冬。冬季的雨雪和冷风对越冬害虫有较强的杀伤力，通过修剪和清园等园艺措施，结合天气、环境因子可消灭部分越冬害虫。

（1）翻土：对林下土壤或裸露空地进行深翻，清理沟渠，让躲藏在土壤中越冬的老熟幼虫或虫茧暴露出来受冻死亡，如蛴螬、斜纹夜蛾幼虫等。一些害虫在树干、树枝上结茧、产卵越冬，如刺蛾虫茧、袋蛾虫茧等可直接敲击或刮除。

（2）清园：螨类成虫、樟巢螟茧、杨小舟蛾蛹等分布在枯枝落叶层下、表土上的石块下，认真清扫落叶、杂草、乱石堆可消灭这一类越冬态害虫。

（3）修剪：红蜡蚧、日本龟蜡蚧、藤壶蚧、紫薇绒蚧等蚧类固定在枝条上越冬，修除病虫严重的枝条，可以减少病虫的越冬基数。

12月常见害虫、害螨及防治措施

害虫/害螨名	防 治 措 施	页 码	备 注
斑衣蜡蝉	刮除卵块；修剪虫枝	089	
青蛾蜡蝉		090	
柿广翅蜡蝉		091	
海桐木虱	疏剪过密枝；化学防治越冬若虫	093	
石楠盘粉虱	修剪；化学防治	104	
草履蚧	冬季清园、翻土	102	
紫薇绒蚧	刮除枝干上越冬蚧虫	106	
日本壶蚧	疏剪带虫枝叶	107	
含笑壶蚧		108	
日本龟蜡蚧		110	
红蜡蚧		108	
绿绵蚧		111	
纽绵蚧		112	
拟蔷薇白轮蚧		113	冬季清园需全面细致、不留死角，结合整形修剪、翻土、除草、整理支撑、施肥等园艺工作开展虫害防治
黄杨芝糠蚧		115	
红脊长蝽	清园灭成虫	075	
竹茎扁蚜	修剪带虫竹；化学防治	044	
杭州新胸蚜	化学防治	045	
竹纵斑蚜	竹林疏剪老竹、病竹和过密竹；清园	050	
大造桥虫	冬季清园；翻土；灭茧、蛹、越冬老熟幼虫	139	
国槐尺蛾		142	
丝棉木金星尺蛾		149	
黄刺蛾		154	
褐边绿刺蛾		155	
扁刺蛾		157	
迹斑绿刺蛾		158	
丽绿刺蛾		159	
中国绿刺蛾		160	
桑褐刺蛾		162	
茶袋蛾		163	

（续表）

害虫 / 害螨名	防 治 措 施	页 码	备 注
大袋蛾	冬季清园；翻土；灭茧、蛹、越冬老熟幼虫	164	冬季清园需全面细致、不留死角，结合整形修剪、翻土、除草、整理支撑、施肥等园艺工作开展虫害防治
小袋蛾		165	
杨小舟蛾		230	
杨扇舟蛾		231	
白星花金龟	翻土；灭幼虫	299	
黑绒鳃金龟		300	
黄褐异丽金龟		302	
铜绿异丽金龟		304	
薄翅锯天牛	砍伐濒危树	269	
桑天牛	修剪虫枝，粉碎处理	273	
竹横锥象甲		286	
紫薇梨象	修剪果枝，集中粉碎处理	256	冬季修剪果枝是防治该虫的最便捷有效的方法

12 月常见病害防治

冬季，根据病菌越冬特性，采取园艺措施的同时，配合化学防治对很多病害能起到明显治愈效果。因此，入冬后应立即开展植物的病害防治工作。

（1）修剪：针对生长季已发生严重的病害，如狭叶十大功劳白粉病、大叶黄杨白粉病、红叶石楠炭疽病等，采取中、重度的回缩修剪，同时对留茬枝条上的病残叶进行清除。

（2）清园：可使用绿篱吹风机与人工清除相结合的方式，彻底清除绿地内的枯枝落叶、砖石垃圾，尤其是感病植物下面的枯枝落叶要彻底清除。

（3）化学防治：感病区彻底清园后，立即进行化学防治，连续防治 3 ~ 4 次，可适当扩大化学防治面积。

（4）施冬肥：乔灌木一般采用穴施，根据树的大小决定开穴数量和肥料用量。冬肥可用有机颗粒固体肥或微生物菌剂混合肥料，行道树树池内难以开穴，可使用固体棒肥。

12月常见病害及防治措施

病　害　名	防　治　措　施	页　码	备　注
悬铃木白粉病	清除落叶、冬季修剪，施冬肥	323	
香樟黄化病		331	
香樟炭疽病		330	
梨褐斑病		333	
根癌病	切除根瘤；化学防治	334	
桃生理性流胶病	松土、刮胶、涂杀菌剂和伤口保护剂	332	
八角金盘疮痂型炭疽病	修剪病叶；化学防治	335	
山茶灰斑病	清除落叶、摘除病叶、修剪病枝；化学防治	337	
山茶炭疽病		338	
茶梅叶斑病		339	
牡丹灰霉病		368	
杜鹃红斑病		357	
杜鹃褐斑病		358	
杜鹃叶肿病		359	灌木白粉病在冬季通过园艺修剪、施肥，清园，再结合化学防治，效果最佳
八仙花炭疽病		366	
红叶石楠炭疽病	中、重度回缩修剪；清除病叶、垃圾；化学防治	341	
狭叶十大功劳白粉病		342	
红叶小檗白粉病		345	
大叶黄杨白粉病		346	
黄杨炭疽病		347	
女贞叶斑病		353	
石楠白粉病		340	
栀子花炭疽病		362	
金丝桃褐斑病	清除落叶；化学防治	365	
竹丛枝病	修剪病竹；清园；化学防治	367	
樱花褐斑穿孔病	清园	349	
紫荆角斑病		355	
贴梗海棠角斑病		356	
桂花叶枯病		360	

（续表）

病 害 名	防 治 措 施	页 码	备 注
紫薇白粉病	清园	344	灌木白粉病在冬季通过园艺修剪、施肥，清园，再结合化学防治，效果最佳
沿阶草炭疽病		379	
葱兰炭疽病		380	

第二章

常见害虫和害螨

第一节

刺吸性害虫和害螨

1

[学科分类]

蚜总科
↓
瘿绵蚜科

秋四脉绵蚜

[学名] *Tetraneura nigriabdominals*（Sasaki），又名黑腹四脉绵蚜。

[主要寄主] 白榆、榔榆等榆科植物及禾本科植物。

[形态特征] 无翅胎生蚜体长约 2.3 毫米，近圆形，淡黄色，被一层薄薄的白粉，有翅孤雌胎生蚜体长约 2 毫米，头、胸黑色，腹部绿色，有横带。干母体长约 2 毫米，灰绿色，无翅。雄性蚜体长约 0.8 毫米，深绿色，狭长。雌性蚜体长约 1.3 毫米，肥圆，黑褐色，墨绿色或黄绿色，无翅。

[生活习性] 1 年发生十多代，以卵在榆科植物的枝干裂缝处越冬；4 月中下旬越冬卵陆续孵化为干母，干母均为有翅蚜，分散至榆树新叶上为害，形成虫瘿，一头干母形成一个虫瘿，产幼蚜 30 ~ 50 头，一片树叶可以有 1 或数个虫瘿；5 月上中旬虫瘿开始开裂，下旬达到盛期，有翅孤雌蚜自裂口处爬出，飞迁至禾本科植物或杂草根部为害滋生繁殖越夏；9 ~ 10 月有翅性母迁回榆树上为害，10 月下旬产生无翅雌蚜和雄蚜，交尾后产卵至枝干裂缝或粗糙树皮上越冬。

< 秋四脉绵蚜·干母产卵前的虫瘿 <

< 秋四脉绵蚜·后期虫瘿 <

防治方法

◆ 每年 4 月中旬开始加强巡查，发现榆科植物新叶形成虫瘿后立即修剪有虫瘿枝条，粉碎处理。

◆ 如雨水数量多，该虫发生量大，可在 4 月下旬干母产卵前用 4.5% 高效氯氰菊酯 1 500 ~ 2 000 倍或 5% 啶虫脒 1 500 ~ 2 000 倍或 10% 吡虫啉 1 500 ~ 2 000 倍喷雾防治。

2

柳倭蚜

[学名] *Phylloxerina capreae* Borner

[主要寄主] 垂柳、旱柳、高羊茅等。

[形态特征] 无翅孤雌胎生蚜体长约 0.8 毫米，梨形，浅黄绿色，体背处各节近边缘处有蜡孔群，被绒絮状蜡丝。卵长约 0.3 毫米，长卵形，初产时白色，后为淡黄绿色，半透明，有光泽。若蚜长约 0.5 毫米，长椭圆形，淡黄色或淡黄绿色，复眼 1 对，深红色。足 3 对发达，体节明显，体背有淡色毛4 纵列。

[生活习性] 1 年发生约 10 代，以卵在树皮缝隙内越冬，翌年 3 月底 4 月初孵化，4 月下旬成蚜出现，孤雌产卵繁殖，每蚜产卵 70～80 粒。1 年中以 5～9月为繁殖为害盛期，9 月中、下旬孤雌蚜产卵越冬。该虫分布于柳树树缝或高羊茅的新叶叶丛中，以口针刺吸韧皮部树液或茎叶汁液养分。固定为害，使柳树树干形成块状干疤，致树势衰弱，诱发柳树溃疡病或天牛的入侵。

< 柳倭蚜·若蚜 <

防治方法

◆ 冬季清园时，在往年有该虫发生的寄主植物树皮上找到越冬卵块，用扫帚扫刷卵块后喷洒3～5波美度石硫合剂，能大大减少来年发生基数。

◆ 4月中、下旬第一代若蚜孵化期用4.5%高效氯氰菊酯1 500～2 000倍或5%啶虫脒1 500～2 000倍或森得保1 000～1 500倍液喷雾防治。

< 柳倭蚜·越冬卵分布 <

< 柳倭蚜·成蚜产卵 <

[学科分类]

蚜总科
↓
扁蚜科

3

竹茎扁蚜

[学名] *Pseudoregma bambusicola*（Takahashi），又名居竹伪角蚜。

[主要寄主] 慈孝竹、凤尾竹等。

[形态特征] 有翅胎生蚜成虫体长约3毫米，椭圆形，触角5节，前翅中脉分叉，基段消失。无翅孤雌胎生蚜体长约3毫米，椭圆形，黑褐色，体被白色蜡粉。

[生活习性] 1年发生数代，世代重叠，以无翅孤雌蚜和若蚜在竹竿上越冬，少数在竹竿端部及竹丛基部土表越冬。翌年2月中下旬开始活动，孤雌生殖若蚜，若蚜共4龄，低龄若蚜行动迅速，3月新笋出土后若蚜转移至新笋为害，并向邻竹转移为害，完成1个世代约1个月。5月中下旬为全年第一个为害高峰，9月中下旬为全年又一个为害高峰。无翅孤雌蚜活动能力弱，固定后仅在小范围内活动为害。竹茎扁蚜群集为害，影响竹子生长，产生大量排泄物，诱发煤污，污染环境。

< 竹茎扁蚜·无翅孤雌蚜越冬态 >

< 竹茎扁蚜·为害状 >

< **竹茎扁蚜·老龄若蚜** <

防治方法

◆ 每年冬季修剪有虫竹，保持竹丛通风透光。

◆ 1 月底若虫开始活动前用花保 100 倍或绿颖 300 倍或 5% 啶虫脒 1 500 ~ 2 000 倍或 50% 吡蚜酮 3 000 ~ 4 000 倍或 10% 吡虫啉 1 500 倍液喷雾防治。

4

[学科分类]

蚜总科
↓
扁蚜科

杭州新胸蚜

[学名] *Neothoracaphis hangzhouensis* Zhang

[主要寄主] 第一寄主是蚊母树，第二寄主槲栎、白栎、槲树等。

[形态特征] 有翅孤雌胎生雌蚜（迁飞蚜）体长 1.3 ~ 2.1 毫米，头、胸黑色。有翅孤雌生殖雌虫（侨蚜），体长 0.6 毫米，体色灰黑色至漆黑色，体被有不规则白色蜡块。无翅孤雌胎生雌蚜（干母）共 4 龄，1 龄若虫体黄绿色或淡黄绿色，体长约 0.6 毫米，未入虫瘿，2 龄若虫入虫瘿，体嫩黄色，分泌白色翼状蜡片，干母成蚜体嫩黄色，腹部肥大，体长 1.3 ~ 1.5 毫米。卵长椭圆形，长约 0.8 毫米，初产时淡黄绿色，后为墨绿色。

[生活习性] 1年繁殖代数不详，以卵在芽缝中越冬，翌年3月中旬卵孵化为干母，孵化盛期3~4天，初孵干母在蚊母叶背取食为害形成虫瘿，4月下旬成熟干母在虫瘿内孤雌胎生有翅迁飞蚜，5月虫瘿陆续破裂，有翅迁飞蚜从虫瘿破裂处迁往第二寄主越夏繁殖为害。11月中旬至12月下旬侨蚜回迁蚊母，繁殖雌雄性蚜，交尾后产卵于蚊母芽缝中越冬。

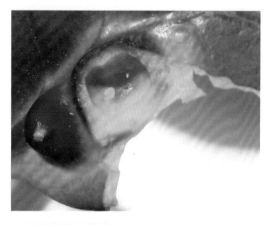

< 杭州新胸蚜·干母 <

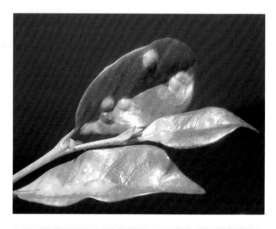

< 杭州新胸蚜·虫瘿初期 <

< 杭州新胸蚜·孤雌胎生蚜若虫 <

< 杭州新胸蚜·为害后期 <

防治方法

◆ 分2次于11月中旬和12月中旬侨蚜回迁期用5%啶虫脒1500~2000倍或50%吡蚜酮3000~4000倍或10%吡虫啉1500倍液喷雾防治，减少越冬基数。

◆ 3月底，蚊母新叶初发10毫米左右，浅红色嫩叶上出现黄白色小点时（1龄干母若虫固着为害时）用以上药剂再防治一次。

5

[学科分类]

蚜总科
↓
斑蚜科

朴绵叶蚜

[学名] *Shivaphis celtis* Das，又名朴绵斑蚜。

[主要寄主] 朴属植物。

[形态特征] 无翅孤雌蚜体呈长卵形，长约2.3毫米，灰绿色，腹部有黑色斑纹，体表密被白色蜡粉和蜡丝。有翅孤雌胎生蚜体长约2.2毫米，体黄色至淡绿色，腹部有斑纹，翅脉黑褐色，体被蜡粉蜡丝。

[生活习性] 1年发生数十代，以卵在朴树嫩枝绒毛或粗糙树皮上越冬。翌年3月卵孵化为干母，以后孤雌胎生多代，蚜体覆盖蜡粉蜡丝形如小棉絮球，初在嫩枝和叶背为害，5～6月数量猛增，为害严重，分泌大量蜜露如小雨纷飞，有翅蚜在林中飞舞时身上的蜡絮飘落，诱发严重的煤污病。10月开始出现性蚜，交配产卵越冬。

< 朴棉叶蚜·为害状 <

< 朴棉叶蚜·若蚜 <

防治方法

◆ 冬季加强清园和修剪，使寄主植物林间通风透光，林下无杂草垃圾。喷洒3～5度波美石硫合剂或绿颖300倍液，杀死越冬卵。

◆ 3月底用5%啶虫脒1500～2000倍或50%吡蚜酮3000～4000倍或10%吡虫啉1500倍液喷雾防治。

6

紫薇长斑蚜

[学名] *Tinocallis kahawaluokalani*（Kirkaldy）

[主要寄主] 紫薇。

[形态特征] 无翅孤雌胎生蚜雌蚜体长约1.6毫米，椭圆形，黄绿色或黄褐色，头、胸部有黑斑，腹背部有灰绿和黑色的斑；触角细长，黄绿色；有翅孤雌胎生雌蚜体长2.1～2.5毫米，黄或黄绿色，长卵形，具黑色斑纹，腹节背板各具黑色中瘤1对；翅脉镶黑边，前翅前缘及顶端各有较大的灰绿色斑。有翅雄性蚜体较小，色深，尾片瘤状。

[生活习性] 1年发生十多代，以卵在紫薇芽腋、树皮缝隙或其他寄主上越冬；翌年5月下旬至紫薇叶片上繁殖和为害，产生无翅孤雌胎生蚜；8月发生数量最多，为害最严重的，炎热夏季或连续阴雨虫口密度下降；11月上旬产生有翅蚜，迁飞至其他寄主当年生枝条繁殖产卵越冬。

‹ 紫薇长斑蚜·为害状（及捕食性天敌瓢虫幼虫）›

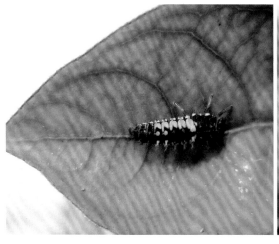

< 紫薇长斑蚜天敌·瓢虫幼虫及蛹 <

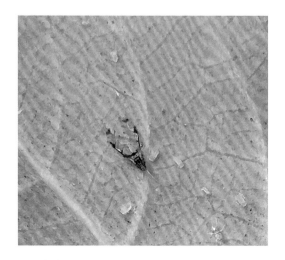

< 紫薇长斑蚜·成虫 <　　　　< 紫薇长斑蚜·若虫 <

防治方法

◆冬季加强清园和修剪，清除杂草、刮除翘裂的树皮，减少越冬虫源。

◆6月紫薇长斑蚜发生数量逐渐增加时有天敌出现，如有天敌发生可不进行化学防治。

◆6月中旬用绿颖300倍或5%啶虫脒1500～2000倍或50%吡蚜酮3000～4000倍或10%吡虫啉1500倍液喷雾防治。

竹纵斑蚜

[学科分类]

蚜总科

↓

斑蚜科

[学名] *Takecallis arundinariae*（Essig）

[主要寄主] 竹类。

[形态特征] 无翅孤雌胎生蚜体长约 2.2 毫米，长卵形，淡黄色或乳白色，复眼大，红色。有翅孤雌胎生蚜体长约 2.5 毫米，长卵圆形，淡黄色至黄色，背被薄白粉；第一～七腹节背面各有黑褐色纵斑 1 对。

[生活习性] 1 年发生近 20 代，以卵越冬，第一代在 3 月中旬至 5 月中旬，5～6 月虫口数量最大。

< 竹纵斑蚜·为害状 >

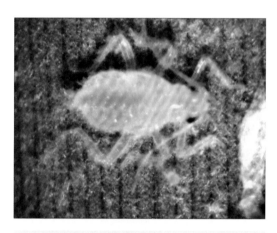

< 竹纵斑蚜·无翅孤雌胎生蚜 >

防治方法

◆ 冬季清理竹园，清除林下落叶枯枝，疏剪老竹、枯竹、病竹，保持竹林通风透光，上一年发生严重的竹园清园后喷洒 3～5 度波美石硫合剂或绿颖 300 倍，减少越冬虫源。

◆ 发生严重的竹林，4 月中旬用 5% 啶虫脒 1 500～2 000 倍或 50% 吡蚜酮 3 000～4 000 倍或 10% 吡虫啉 1 500 倍液喷雾防治。

8

蚜总科
↓
毛蚜科

栾多态毛蚜

[学名] *Periphyllus koelreuteriae*（Takahashi）

[主要寄主] 栾树、黄山栾树、日本七叶树等。

[形态特征] 无翅孤雌胎生蚜体长约 3 毫米，长卵圆形，黄绿色，腹部分节明显且边缘稍上卷，腹部 1～6 节背面有深褐色的"品"字形斑纹。有翅胎生蚜体长 3.3 毫米，头、胸黑色，腹部绿色、黄绿色。1～6 节的中斑与侧斑融合为一黑色横带，两对翅在体背呈屋脊状。越夏滞育型蚜初产时体白色透明，微小而扁平，进入滞育期后体色淡黄色、黄褐色，扁平椭圆形，体表有少量透明蜡质，似薄薄的云母片，腹、背部有明显的斑纹。无翅性母体长 1.7～2.3 毫米，体褐色。有翅性母体长 2.5～2.9 毫米，体黄绿色，长椭圆形。雌性蚜体长 3.2～4 毫米，长菱形，无翅，体褐色或灰褐色。雄性蚜体长 2.2～2.7 毫米，有翅，体褐色，行动活泼。卵长 1 毫米左右，长圆柱形，初产时浅绿色，后为墨绿色。干母体长 2.5 毫米左右，卵圆形，无翅，初产时黑色，后渐变为青绿色或暗黑色。

[生活习性] 1 年发生 5～6 代，其中春季 3 代，秋季 2～3 代。以卵在芽孢附近、树皮伤疤、枝干缝隙处越冬，翌年早春旬平均温度达 6.5℃时卵陆续孵化为干母，当旬平均温度达 8.2～11.2℃时是孵化盛期，因为早春温度起伏大，第一代干母的发育时间最长可达 22～29 天，干母孵化后不喜移动，待 3 月下旬栾树新芽萌动，新叶初萌发时干母即转移到嫩梢上为害新芽、新叶；4 月上旬出现孤雌胎生蚜，4 月下旬至 9 月以滞育蚜为主越夏，有性蚜在 11 月初开始交配产卵越冬，如初冬温度高在 12 月初会出现第六代。全年 4～5 月，10～11 月为全年两个为害高峰。栾多态毛蚜喜为害嫩芽、嫩叶，导致新梢萎缩，新叶不展，同时，其排泄的蜜露为油质胶状物，易诱发煤污，污染周边环境。

《 **栾多态毛蚜·有翅胎生蚜** 《

< 栾多态毛蚜·孤雌胎生蚜（春季） <

< 栾多态毛蚜·无翅雌性蚜（深秋） <

< 栾多态毛蚜天敌·瓢虫 <

< 夏季滞育型蚜被天敌蚜茧蜂寄生 <

< 栾多态毛蚜天敌·草蛉卵 <

防治方法

◆ 保护天敌瓢虫、草蛉，减少全面喷药防治。

◆ 树体针剂防治：早春 3 月底，栾树新叶初萌时，采用树体针剂进行防治，有效控制全年的发生量；在 10 月中下旬，监测栾树多态毛蚜下半年的发生量，如量大时，再进行一次树体针剂的防治。

◆ 化学防治：3 月底用 4.5% 高效氯氰菊酯 1 500 ~ 2 000 倍或 5% 啶虫脒 1 500 ~ 2 000 倍或 10% 吡虫啉 1 500 倍液喷雾防治。下半年 10 月中下旬用绿颖 300 倍或 50% 吡蚜酮 3 000 ~ 4 000 倍或 10% 吡虫啉 1 500 倍液喷雾防治。

◁ 栾多态毛蚜·蜜露污染路面 ▷

9

[学科分类]

蚜总科
↓
毛蚜科

柳黑毛蚜

[学名] *Chaitophorus salinigra* Shinji

[主要寄主] 垂柳、旱柳、杞柳、龙爪柳等柳属植物。

[形态特征] 无翅孤雌蚜体长 1.4 毫米，头及各胸节间明显分离，体表粗糙，腹部各节斑黑色。有翅孤雌胎生蚜体长卵形，长 1.4 毫米，黑色，头部具粗糙刻纹，胸部有突起及褶皱纹，体毛尖锐，节间斑明显黑色。

[生活习性] 1 年发生 20 多代，以卵在枝上越冬，翌年 3 月初柳树发芽时越冬卵孵化，初期在柳叶正反面沿叶脉为害，严重时盖满全叶，盛发时柳树枝干、地面爬行，导致大量落叶，5 ~ 6 月种群密度最大。全年多数世代为无翅孤雌胎生蚜，仅 5 ~ 6 月有有翅胎生蚜发生，扩散迁飞为害，雨季种群数量明显下降，11 月上中旬性蚜出现，交配产卵越冬。

[防治方法] 参考栾多态毛蚜的防治方法。

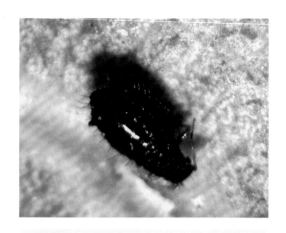

< 柳黑毛蚜·无翅孤雌蚜 <

< 柳黑毛蚜·越夏滞育蚜被天敌寄生 <

< 柳黑毛蚜的天敌·瓢虫幼虫 <

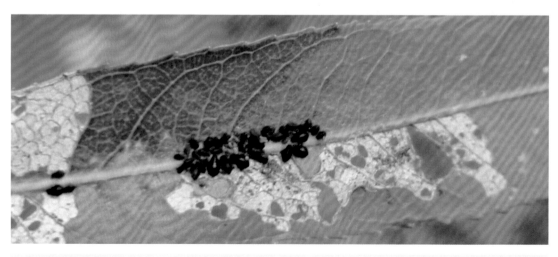

< 柳黑毛蚜·为害状 <

10

白杨毛蚜

[学科分类]

蚜总科
↓
毛蚜科

[学名] *Chaitophorus populeti*（Panzer）

[主要寄主] 意杨、毛白杨等杨柳树植物。

[形态特征] 无翅孤雌胎生蚜体长约2.4毫米，初产若蚜白色，后为绿色，体被浅色长毛，腹背部有深绿色"U"形斑纹。有翅孤雌胎生蚜体长约2.1毫米，体绿色，头、胸黑色，体毛粗长而尖锐，背腹部有黑斑。若蚜初龄若蚜白色，后为淡绿色。

[生活习性] 1年发生10多代，以卵在芽腋、枝干和树皮缝隙中越冬，翌年3月杨树萌发时越冬卵开始孵化，干母多在杨树新叶背面为害，5～6月产生大量有翅孤雌胎生蚜扩大为害，6月后易产生煤污病，10月下旬～11月中旬产生性蚜，交尾产卵越冬。

[防治方法] 参考栾多态毛蚜防治方法。

< 白杨毛蚜·为害状 <

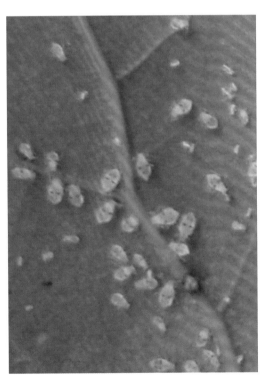

< 白杨毛蚜·初孵若虫 <

11

[学科分类]

蚜总科
↓
蚜科

禾谷缢管蚜

[学名] *Rhopalosiphum padi*（Linnaeus）

[主要寄主] 桃、李、榆叶梅等李属植物，禾本科、蒲草科、香蒲科植物。

[形态特征] 无翅孤雌胎生蚜体长约 1.9 毫米，宽卵形，体色多变，常见绿色或墨绿色或深紫色，杂以黄绿色，体被薄粉，表皮有清晰的网纹。有翅孤雌胎生蚜体长约 2.1 毫米，长卵形，头、胸黑色，腹部绿至深绿色。无翅若蚜 1 龄体淡黄色略带紫色，头、复眼红色，2 龄体黑绿或淡紫红色，头、复眼暗红色，3 龄体淡紫红色或淡墨绿色，头、复眼暗褐色。

[生活习性] 1 年发生数代，以卵在第一寄主芽腋和枝条缝隙中越冬，第一寄主为李属植物，6~7 月迁飞至第二寄主禾本科或香蒲属植物上为害，全年在第一寄主上为害严重，10 月下旬回迁至第一寄主为害秋梢，产生性蚜后产卵越冬。

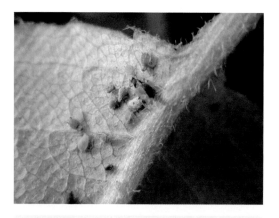

< 禾谷缢管蚜·有翅孤雌胎生蚜和若蚜 <

< 禾谷缢管蚜·为害状 <

防治方法

◆ 夏季及时清除各类杂草和水生杂草，减少越夏寄主。保护益虫异色瓢虫、草蛉和食蚜蝇。

◆ 4 月初用绿颖 300 倍或 50% 吡蚜酮 3 000 ~ 4 000 倍或 10% 吡虫啉 1 500 倍液喷雾防治。

12

[学科分类]

蚜总科
↓
蚜科

夹竹桃蚜

[学名] *Aphis nerii*（Boyer de Fonscolombe）

[主要寄主] 夹竹桃。

[形态特征] 无翅孤雌胎生蚜体长约 2.3 毫米，卵圆形，黄色或金黄色，触角深褐色，为体长的 2/3，中额瘤和额瘤隆起，体表有网纹，腹管长筒形，黑色。有翅孤雌胎生蚜体长 2.1 毫米，长卵形，体黄色，头、胸黑色，腹部有黑色斑纹，中额瘤和额瘤隆起，触角为身体的 3/4。翅脉正常。若蚜形似成蚜，无翅。

[生活习性] 1 年发生 10 多代，以若蚜在夹竹桃叶片或枝条上越冬，翌年 3 月下旬开始活动，5～6 月种群密度剧增，繁殖速度快，叶片正反面和嫩枝上布满虫体，分泌蜜露，诱发煤污病。夏季高温多雨种群密度明显下降，9～10 月是全年第二个为害高峰期，产生性蚜，交尾产卵孵化为若蚜后越冬。

‹ 夹竹桃蚜·为害状 ‹

防治方法

◆ 10 月下旬花后及时修剪，一是使植株保持良好树形，通风透光，不利于若虫越冬；二是 10 月后修剪越冬虫枝，减少越冬虫源。

◆ 保护天敌异色瓢虫和草蛉，在蚜虫发生高峰期注意观察，发现有益虫出现可避免使用化学农药。

◆ 4 月上旬使用绿颖 300 倍或 50% 吡蚜酮 3 000 ~ 4 000 倍或 10% 吡虫啉 1 500 倍液喷雾防治。

‹ 夹竹桃蚜天敌·异色瓢虫 ›

‹ 异色瓢虫成虫 ›

13

[学科分类]

蚜总科
↓
蚜科

橘蚜

[学名] *Toxoptera citricida*（Kirkaldy）

[主要寄主] 柑橘、桃、梨、柿等。

[形态特征] 无翅孤雌胎生蚜体长约 1.2 毫米，体卵圆形，黑色，复眼红褐色。有翅孤雌胎生蚜体深褐色，有 2 对无色透明的翅膀，前翅中脉 3 叉。若虫体深褐色，复眼红黑色。

[生活习性] 1 年繁殖 1 ~ 20 代，以卵越冬，翌年 3 月下旬至 4 月上旬孵化为干母后转移至新梢为害。春夏之交日均温度 24 ~ 27℃最适宜繁殖，秋季

次之，夏季高温干旱不利于生长，种群密度明显下降。若虫4龄，遇环境不适宜生长发育时立即产生有翅孤雌胎生蚜迁飞到其他条件适宜的作物或寄主上繁殖为害，11月底性蚜交配产卵越冬。成虫、若虫聚集在新叶、嫩梢和花蕾上刺吸为害，导致被害叶片卷曲、新梢枯萎、花蕾脱落，并诱发煤污病。

[防治方法] 参照夹竹桃蚜的防治方法。

> 橘蚜·无翅蚜 <

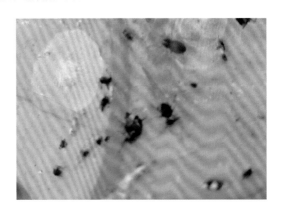

> 橘蚜·有翅蚜 <

14

梨二叉蚜

[学科分类]

蚜总科
↓
蚜科

[学名] *Schizaphis piricola*（Matsumura），又名梨蚜、梨卷叶蚜。

[主要寄主] 第一寄主梨、第二寄主狗尾草、茅草等。

[形态特征] 无翅孤雌胎生蚜体长约2毫米，近纺锤形，体黄褐色、黄绿或绿色，常被白色蜡粉，背有一条翠绿色纵线，腹管长筒状，黑色。有翅孤雌胎生蚜体长约1.5毫米，头、胸、口器、腹管和尾片均为黑色，复眼暗红色，腹部黄绿色至绿色，背有一条翠绿色纵线，前翅中脉二分叉，故称二叉蚜。若虫体小，绿色，体型似无翅孤雌胎生蚜。

[生活习性] 1年发生约20代，以卵在梨树芽腋、枝条裂缝处越冬。翌年3月初梨树萌芽露绿时卵孵化，若蚜为害花芽、花蕾和嫩叶，造成叶片向正面纵卷成筒状，尤其以新梢幼叶受害最重，4月下旬至5月上旬达到全年为害高峰。5月下旬产生有翅蚜，迁飞到第二寄主狗尾草越夏繁殖多代为害。9～10月有翅蚜回迁梨树产生性蚜，交尾后产卵越冬。

< 梨二叉蚜·为害新叶纵卷成"饺子"状 <

< 梨二叉蚜·若蚜 <

< 梨二叉蚜天敌·食蚜蝇幼虫 <

防治方法

◆ 梨二叉蚜的天敌食蚜蝇、瓢虫、蚜茧蜂、草蛉常在4月中旬出现的，需加以保护。

◆ 3月初梨树萌芽露绿，嫩叶初展时进行化学防治，可采用绿颖300倍液或50%吡蚜酮3 000 ~ 4 000倍液喷雾防治。

15

[学科分类]

蚜总科
↓
蚜科

莲缢管蚜

[学名] *Rhopalosiphum nymphaeae*（Linnaeus）

[主要寄主] 红叶李、桃、李、梅、荷花、睡莲、慈姑等。

[形态特征] 无翅孤雌胎生蚜体肥大，体长 2.5 毫米，卵圆形，常见棕色、褐色、褐绿色或黑褐，薄被白粉，体背有纹，粗糙。有翅孤雌胎生蚜体长卵形，长约 2.3 毫米，头、胸部、触角黑色、腹部褐绿色、黑褐色。若蚜形似无翅孤雌胎生蚜，但体型较小。

[生活习性] 1 年发生 20 多代，以卵在蔷薇科小乔木红叶李等芽腋间越冬，翌年 3 月卵孵化，4～5 月上旬在第一寄主红叶李、桃、梅等植物上繁殖为害，4 月下旬出现有翅孤雌胎生蚜迁飞至第二寄主荷花、睡莲等水生植物上越夏繁殖为害。10 月下旬迁回到第一寄主秋梢上繁殖为害，产生性蚜，交尾产卵越夏，该蚜虫喜食嫩茎嫩叶，对第一寄主和第二寄主都产生很大为害，夏季高温干旱不利其生长，种群密度明显下降。

防治方法

◆ 黄板诱杀，4 月下旬、5 月中旬、9 月下旬、10 月中旬有翅蚜迁飞时安装黄板诱杀。

◆ 保护天敌瓢虫、食蚜蝇、蚜小蜂等，或者 3 月下旬在果园区释放天敌异色瓢虫卵。

◆ 4 月初用绿颖 300 倍或 50% 吡蚜酮 3 000～4 000 倍或 10% 吡虫啉 1 500 倍液喷雾防治。

< 莲缢管蚜·若蚜为害荷花 <

‹ 莲缢管蚜·无翅孤雌胎生蚜 ›

16

[学科分类]

蚜总科
↓
蚜科

棉蚜

[学名] *Aphis gossypii* Glover

[主要寄主] 棉花、芙蓉、石楠、木槿、石榴、扶桑、臭椿、柳、梧桐、大叶黄杨、枇杷、海棠、悬铃木、茶花、菊花、牡丹、萱草等多种植物。

[形态特征] 干母体长约1.6毫米，茶褐色触角5节，为体长之半。无翅孤雌胎生蚜体长1.5～1.8毫米，卵圆形，春季体深绿、黄褐、黑、棕、蓝黑色，夏季体黄、黄绿色，秋季体深绿、暗绿、黑色等，体外被有薄层蜡粉。有翅孤雌胎生蚜体长1.2～1.9毫米，黄、浅绿或深绿色，头、前胸背板黑色，腹部春秋黑蓝色，夏季淡黄或绿色。无翅雌性蚜体长1～1.5毫米，灰黑、墨绿、暗红、或赤褐色；触角5节；后足胫节发达；腹管小而黑色。有翅雄性蚜体长1.3～1.9毫米，深绿、灰黄、暗红、赤褐等色，触角6节，卵椭圆形，初产时橙黄色，后变黑色，有光泽。有翅若蚜体被蜡粉，两侧有短小翅芽，夏季体淡黄色，秋季体灰黄色。无翅若蚜1龄体淡绿色，2龄体蓝绿色，3～4龄体蓝绿、黄绿色，夏季体多为黄绿色，秋季多为蓝绿色。

[生活习性] 1年发生20多代，以卵在芽腋、枝杈等处越冬，越冬寄主以木槿最为常见。翌年3～4月孵化为干母，在越冬寄主上进行孤雌胎生，4～5月产生有翅胎生雌蚜，迁往夏寄主(菊花、扶桑、棉花、蜀葵、萱草等)上为害，10月产生有翅迁移蚜飞到冬寄主上，交配产卵后越冬。

防治方法

◆ 加强冬季清园，合理修剪，做到通风透光，减少虫口密度。

◆ 物理防治：利用黄色粘胶板诱粘有翅蚜虫。

◆ 生物防治：保护和利用天敌如瓢虫、草蛉、食蚜蝇、蚜茧蜂、蚜小蜂等的自然控制。

◆ 化学防治：早春蚜虫越冬卵初孵化的3月底4月初用5%啶虫脒1 500～2 000倍或50%吡蚜酮3 000～4 000倍或10%吡虫啉1 500倍液喷雾防治。

< 棉蚜·为害夏寄主萱草 <

< 棉蚜·夏季无翅孤雌蚜（镜下）<

17

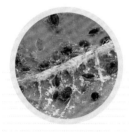

[学科分类]

蚜总科
↓
蚜科

柳蚜

[学名] *Aphis farinose* Gmelin

[主要寄主] 垂柳、旱柳等。

[形态特征] 无翅孤雌胎生蚜体长约 2.1 毫米，体色多变，蓝绿、绿至黄绿色，腹管白色，偶有橙褐色。有翅孤雌胎生蚜体长约 1.9 毫米，头、胸黑绿色，腹部黄绿色，腹管黑色。

[生活习性] 1 年发生数代，以卵越冬，翌年 3 月群集柳树嫩梢及叶片背面为害，尤其喜欢根生萌蘖枝及修剪后萌出的嫩枝。每年的 5~7 月种群数量最大，为害最严重，夏季不发生雌雄性蚜，以孤雌胎生蚜繁殖越夏。

< 柳蚜·无翅孤雌胎生蚜（夏季）<

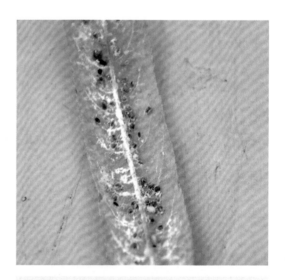

< 柳蚜·无翅孤雌胎生蚜被寄生 <

防治方法

◆ 保护天敌，5 月中下旬开始柳蚜的天敌很多，如瓢虫、草蛉、食蚜蝇、蚜小蜂等，应当注意观察加以利用，此时少用化学农药。

◆ 3 月中下旬，柳蚜发生初期用树体针剂进行防治或者用 4.5% 高效氯氰菊酯 1 500~2 000 倍或 5% 啶虫脒 1 500~2 000 倍或 10% 吡虫啉 1 500 倍液喷雾防治。

18

[学科分类]

蚜总科
↓
蚜科

桃粉大尾蚜

[学名] *Hyalopterus amygdali* Blanchard

[主要寄主] 桃、梅、李、杏、芦苇等。

[形态特征] 无翅孤雌胎生蚜体长约 2.3 毫米，长椭圆形，绿色，体表覆盖白色薄粉，腹管圆筒形，光滑，端部 1/2 灰黑色。有翅孤雌胎生蚜体长约 2.2 毫米，长卵形，头、胸黑色，胸背有黑瘤，腹部绿色，体表被白色薄粉。卵初产时绿色，后变为黑绿色。若蚜体型与无翅成蚜相似，体较小，体表被白色薄粉，4 龄无翅蚜，体色绿色或淡绿色，腹背部有明显的绿线 3 条。

[生活习性] 1 年发生 10 多代，以卵在桃树芽缝处越冬，3 月初寄主芽孢膨大时越冬卵孵化为干母，干母成熟产生干雌后大量繁殖后代。若蚜先群集在嫩叶、嫩枝上为害，孤雌胎生，4 ~ 5 月为繁殖为害高峰，此时出现有翅胎生蚜，6 月迁飞到其他寄主如芦苇上越夏繁殖为害，10 月下旬迁回到第一寄主上，出现性蚜，交尾后产卵越冬。

防治方法

◆ 黄板诱杀，4 月上中旬有翅蚜产生前挂黄板诱杀有翅蚜，每月更换一次。

◆ 3 月上中旬越冬卵刚孵化时用 4.5% 高效氯氰菊酯 1 500 ~ 2 000 倍或 5% 啶虫脒 1 500 ~ 2 000 倍或 10% 吡虫啉 1500 倍液喷雾防治。

◆ 保护天敌，4 月上中旬开始大量天敌出现，如瓢虫、食蚜蝇、寄生蜂等，注意观察避免化学用药，可在早晚用水枪喷射有虫枝叶，击落蚜体，起到防治虫害和保护天敌的作用。

桃粉大尾蚜·有翅孤雌胎生蚜和若蚜

19

[学科分类]

蚜总科
↓
蚜科

桃蚜

[学名] *Myzus persicae*（Sulzer），又名桃赤蚜、菜蚜、烟蚜。

[主要寄主] 桃、李、杏、梅、樱花、月季、十字花科植物、瓜叶菊、大丽花、菊花等。

[形态特征] 无翅孤雌胎生雌蚜体长约2.2毫米，卵圆形，春季黄绿色，背中线和侧横带翠绿色，夏季白色、淡黄绿色，秋季褐色至赤褐色。有翅孤雌胎生雌蚜体长约2.2毫米，头、胸部黑色，腹部深褐色、淡绿、橘红色；卵长椭圆形，初产时淡绿色，后变漆黑色。若蚜与无翅雌蚜相似，但体型较小，淡绿或淡红色，4龄若蚜体淡橘红色、红褐色、淡黄或淡绿色，复眼暗红至黑色，腹部大于胸部。无翅性蚜体长1.5～2毫米，赤褐色或橘红色，额瘤外倾，腹管圆筒形，稍歪曲。有翅雄性蚜与秋季回迁蚜相似，体型较小，腹部背面黑斑较大。

[生活习性] 1年发生10多代，以卵在桃树芽腋、树皮裂缝、枝梢处越冬，翌年3月开始孵化，以孤雌胎生方式迅速繁殖，群集在嫩芽上为害，展叶后在叶背为害，胎生若蚜；4～5月种群密度最大，受害植物嫩叶嫩梢卷曲，排泄物油状；5月产生有翅孤雌胎生蚜迁飞到蔬菜、花卉或其他农作物上为害；9～10月迁回桃树继续繁殖为害；11月产生性蚜，交尾后产卵越冬。

[防治方法] 参照莲缢管蚜防治。

< 桃蚜·无翅孤雌胎生若蚜 >

< 桃蚜·有翅孤雌胎生雌蚜 >

20

月季长管蚜

[学名] *Macrosiphum rosivorum* Zhang

[主要寄主] 月季、蔷薇、藤本月季、梅花等。

[形态特征] 无翅孤雌胎生蚜雌蚜体长约 4.2 毫米，长卵形，头部土黄至浅绿色，胸、腹部草绿色，有时橙红色，腹管长圆管状，端部有网纹，长达尾端。有翅孤雌胎生雌蚜体长约 3.5 毫米，草绿色，中胸土黄色，各腹节有中、侧、缘斑，第八腹节有大宽横带 1 个，腹管黑至深褐色。卵椭圆形，初产时草绿色，后为墨绿色。若蚜初为浅绿色，后为淡黄绿色。

[生活习性] 1 年发生 10 多代，以成蚜或若蚜在茎干、芽腋、半常绿的蔷薇宿叶上或落叶层、杂草上越冬；3 月中下旬越冬蚜开始取食嫩梢新叶，约 2 ~ 3 代后出现有翅孤雌胎生雌蚜；5 ~ 6 月为全年第一个为害高峰；7 ~ 8 月夏季高温种群数量明显下降；9 ~ 10 月为全年第二个为害高峰期。干燥、温暖的干燥暖冬气候有利于该蚜虫繁殖越冬。常导致寄主花蕾和嫩叶生长停滞，无法正常展叶，其排泄物污染叶片，诱发煤污病。

[学科分类]

蚜总科
↓
蚜科

‹ 月季长管蚜·为害花蕾 ›

‹ 月季长管蚜天敌·黑带食蚜蝇 ›

防治方法

◆ 冬季认真清园，消灭越冬环境，清除月季园内和四周的杂草枯叶，合理修枝，保持通风透光。

◆ 保护天敌。月季长管蚜常见天敌有食蚜蝇、草蛉和瓢虫，在天敌高发时期应减少用药或采用对天敌毒性小的化学农药。

◆ 冬季清园后每 15～20 天喷 3～5 度波美石硫合剂或绿颖 300 倍液。

◆ 去年秋季该虫高发园区及时用 4.5% 高效氯氰菊酯 1 500～2 000 倍或 5% 啶虫脒 1 500～2 000 倍或 10% 吡虫啉 1 500 倍液喷雾防治。

21

樱桃瘤头蚜

[学科分类]

蚜总科
↓
蚜科

[学名] *Tuberocephalus higansakurae*（Monzen）

[主要寄主] 樱花、樱桃。

[形态特征] 无翅孤雌蚜头部呈黑色，胸、腹背面为深色，各节间色淡，节间处有时呈淡色。体表粗糙，有颗粒状构成的网纹。额瘤明显，内缘圆外倾，中额瘤隆起。腹管呈圆筒形，尾片短圆锥形，有曲毛 3～5 根。有翅孤雌蚜头、胸呈黑色，腹部呈淡色。腹管后斑大，前斑小或不明显。卵椭圆形，初产时淡黄色，有光泽。虫瘿，形似花生壳，长 20～40 毫米，初期绿色带红晕，后期呈黄白色至黑褐色。

[生活习性] 1 年发生 10 多代，以卵在枝条芽腋处越冬。3 月上中旬樱桃盛花期时卵开始孵化，3 月中下旬樱桃落花第一片叶完全展开时为卵孵化盛期，第一代卵的孵化期 16～26 天，4 月中旬虫瘿基本成型，大多数虫瘿内仅一支干母，干母在虫瘿内继续取食繁殖下一代若蚜，虫瘿亦逐渐增大，5～6 月为全年种群密度高峰，9～10 月为全年第二个为害小高峰，10 月底 11 初性蚜交尾产卵越冬。

< 樱桃瘤头蚜·有翅孤雌胎生蚜 >

< 樱桃瘤头蚜·初期虫瘿 >

< 樱桃瘤头蚜·虫瘿内的有翅和无翅孤雌胎生蚜 >

防治方法

◆ 4月中旬有翅孤雌蚜飞出虫瘿前及时摘除新长出的虫瘿并销毁，能有效控制当年该虫的发生率。

◆ 3月中下旬在越冬卵孵化高峰时用 4.5% 高效氯氰菊酯 1 500 ~ 2 000 倍或 5% 啶虫脒 1 500 ~ 2 000 倍或 10% 吡虫啉 1 500 倍液喷雾防治。

22

［学科分类］

蚜总科
↓
蚜科

中国槐蚜

［学名］*Aphis sophoricola* Zhang

［主要寄主］槐。

［形态特征］无翅孤雌胎生蚜体卵圆形，黑褐色夹杂红褐色，被白粉，腹面多毛，腹管长圆筒形。有翅孤雌胎生蚜体长卵形，黑褐色，被白粉。

［生活习性］1年发生约20代，以无翅孤雌胎生蚜在地丁、野苜蓿上越冬；3～4月在越冬寄主上大量繁殖；5月迁飞槐树嫩枝上，常聚集在槐树10～15厘米长的嫩梢和嫩豆荚上，使嫩梢卷曲，嫩叶和嫩豆荚停止生长，5～6月为害最严重；6月后迁飞至杂草越夏繁殖为害；8月迁回槐树为害；9月末迁回越冬寄主繁殖越冬。

‹ 中国槐蚜·为害状 ‹

防治方法

◆ 减少越冬和越夏寄主，秋冬和夏季及时消灭杂草，特别是地丁和野苜蓿。

◆ 5月初刚迁回槐树时用4.5%高效氯氰菊酯1 500～2 000倍或5%啶虫脒1 500～2 000倍或10%吡虫啉1 500倍液喷雾防治。

23

[学科分类]

半翅目
↓
蝽科

麻皮蝽

[学名] *Erthesina fullo*（Thunberg）

[主要寄主] 榆树、合欢、柿、香椿、枣树、梨、柑橘等多种阔叶树木。

[形态特征] 成虫体长 21～24 毫米，体黑色，密布黑色刻点和不规则细黄斑；头部狭长，头部中央至小盾片基部有一条黄色细线；前胸背板前缘和前侧缘有黄色窄边；前侧缘前半部锯齿状侧角，三角形；腹部腹板黄白色，密布黑色刻点。卵长圆形，光亮，浅黄色或淡黄色。若虫体扁，被白色薄粉，触角4 节，黑褐色，节间黄红色。

[生活习性] 1 年发生 2 代，以成虫在墙缝、落叶、树皮缝隙、瓦砾中越冬。翌年 3 月成虫开始活动，4～5 月中旬产卵于寄主植物叶背，5～7 月第一代若虫孵化，若虫孵化后聚集在卵块四周，2 龄后分散为害。6 月中旬至 8 月上旬第一代成虫羽化，7～9 月第二代若虫孵化，9～10 月第二代成虫羽化，11 月中下旬陆续开始越冬。成虫飞翔能力强、趋光性弱，若虫和成虫均刺吸寄主植物叶片、枝液和幼果汁液为害，常造成叶片出现白色斑点或果园减产。

防治方法

◆ 冬季清园时清除寄主植物林下卫生死角，如瓦砾、砖等建筑垃圾，消灭其越冬场所。

◆ 成虫深秋越冬时可在寄主植物附近的墙角、砖缝等处安置捕虫网，草垛等，消灭越冬成虫。

◆ 5 月底发生严重的区域可在若虫初孵期选用 4.5% 高效氯氰菊酯 1 500～2 000 倍或 5% 啶虫脒 1 500～2 000 倍或森得保 1 000～1 500 倍液喷雾防治。

麻皮蝽·成虫

24

[学科分类]

半翅目
↓
蝽科

珀蝽

[学名] *Plautia fimbriata*（Fabricius），又名朱绿蝽。

[主要寄主] 柿、桃、梨、杏、柑橘、泡桐、枫杨、盐肤木等。

[形态特征] 成虫体长 8 ~ 12 厘米，卵圆形，绿色，具光泽，密被黑色细刻点，头鲜绿色，近三角形，触角 5 节，第二节绿色，第三 ~ 五节黄褐色，前胸背板两侧角较圆，与后侧缘同为红褐色，小盾片绿色。卵圆筒形，灰黄色。若虫体卵圆形，前胸背板绿褐色相间。

[生活习性] 1 年发生 2 代，以成虫在草丛中越冬，成虫有一定的趋光性。

< 珀蝽·若虫 <

< 珀蝽·触角形状 <

防治方法

◆ 成虫期可用诱虫灯诱杀。

◆ 冬季清园清除寄主林下枯枝落叶，扫灭部分越冬成虫。

◆ 成、若虫期发生量大时用 4.5% 高效氯氰菊酯 1 500 ~ 2 000 倍或 5% 啶虫脒 1 500 ~ 2 000 倍或森得保 1 000 ~ 1 500 倍液喷雾防治。

25

［学科分类］

半翅目
↓
缘蝽科

刺角普缘蝽

［学名］*Plinachtus dissimilis* Hsiao

［学科分类］卫矛。

［形态特征］成虫体长 14 ～ 15 毫米，体背面黑褐色，密被细小刻点，胸部黄色，触角 4 节。足的第二节红、白、黑三色相间。前胸背板侧角突出呈钝刺状，侧接缘各节黑黄相间。

《 刺角普缘蝽·成虫和成虫的触角、足、腹部形态

26

［学科分类］

半翅目
↓
缘蝽科

条蜂缘蝽

［学名］*Riptortus linearis*（Fabricius）

［主要寄主］桑、柑橘、十字花科、禾本科、豆科等植物。

［形态特征］成虫体型狭长呈条形，密布大小不一的刻点，体长12 ～ 15 毫米，体色黄褐色，头部三角形，前胸背板侧角突出成锐角，第三对足第二节肿大。侧接缘各节白色和褐色相间。

条蜂缘蝽·成虫 《

27

[学科分类]

半翅目
↓
缘蝽科

纹须同缘蝽

[学名] *Homoeocerus striicornis* Scott

[主要寄主] 合欢、紫荆、柑橘等。

[形态特征] 成虫体长 18～21 厘米，草绿色或淡黄褐色，头顶中央稍处有一个短纵的凹纹，前胸背板外缘黑色，外缘内侧有红色纵纹，侧角突出成锐角，上有黑色颗粒，小盾片草绿色，具微皱纹。成虫有一定的趋光性。

[生活习性] 1 年发生 2 代，以成虫在草丛内越冬，6、9 月是成虫盛发期。

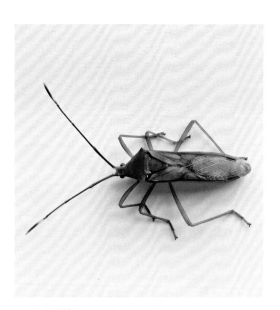

< 纹须同缘蝽·成虫

< 纹须同缘蝽·成虫头顶中央的凹纹 <

防治方法

◆ 冬季清园，消灭成虫越冬场所，减少越冬成虫数量。

◆ 成虫、若虫发生严重时用 4.5% 高效氯氰菊酯 1 500～2 000 倍或 5% 啶虫脒 1 500～2 000 倍或森得保 1 000～1 500 倍液喷雾防治。

28

[学科分类]

半翅目
↓
长蝽科

红脊长蝽

[学名] *Tropidothorax elegans*（Distant）

[主要寄主] 柳、刺槐、月季、花椒、鼠李等。

[形态特征] 成虫体长 8～11 厘米，长椭圆形，朱红色，具黑色大斑纹，密被白色绒毛，头、触角、足黑色，前胸背板中央朱红色或红色，纵脊由前缘直达后缘，后补纵脊两色各有一个大黑斑纹。各节腹板有红、黑相间的横带。卵呈长卵形，白黄，黄至黄褐色，光亮，壳上有纵纹。若虫老龄时前胸背板后部中央有突起 1 个，第五腹节腹板呈黄黑相间横纹。

[生活习性] 1 年发生 2 代，以成虫在瓦砾、土穴中越冬，翌年 3 月底成虫开始活动。4～5 月为卵期，成虫产卵于土缝或寄主根部，若虫聚集在寄主嫩叶、嫩梢为害。5 月底至 6 月出现成虫，群居性强，成虫有一定趋光性。

< 红脊长蝽·成虫 >

< 红脊长蝽·越冬成虫为害杜鹃 >

防治方法

◆ 物理防治：安装诱虫灯诱杀部分成虫。

◆ 化学防治：加强监测，4 月初发生量大时用 5% 啶虫脒 1 500～2 000 倍或 50% 吡蚜酮 3 000～4 000 倍或 10% 吡虫啉 1 500 倍液喷雾防治。

29

娇膜肩网蝽

[学科分类]

半翅目
↓
网蝽科

[学名] *Hegesidemus habrus* Drake

[主要寄主] 柳、杨树。

[形态特征] 成虫体长约3毫米，暗褐色，前翅透明，黄白色，具网纹状，前缘基部稍翘，翅上有"C"形暗色斑纹。卵长椭圆形，乳白、浅黄、浅红至红色。若虫4龄头黑色，腹部黑斑横向纵向断续分成3小块与尾须连接。

[生活习性] 1年发生4代，世代重叠，以成虫在枯枝落叶或树皮缝隙中越冬，翌年3月底越冬成虫开始活动，4月上旬成虫产卵于叶背主脉和侧脉内，并用黏稠状黑色液体覆盖产卵处，卵期10天左右。4月中旬第一代若虫出现，5月上旬第一代成虫出现。成虫、若虫喜聚集为害。

< 娇膜肩网蝽·高龄若虫

防治方法

◆冬季清园清除树下枯枝落叶。

◆4月中卜旬第一代若虫大量发生时用花保100倍或绿颖300倍或5%啶虫脒1 500 ~ 2 000倍或50%吡蚜酮3 000 ~ 4 000倍或10%吡虫啉1 500倍液喷雾防治。

< 娇膜肩网蝽·柳叶叶背为害状（卵和若虫）<

< 娇膜肩网蝽·柳叶叶面为害状 <

30

[学科分类]

半翅目
↓
网蝽科

杜鹃冠网蝽

[学名] *Stephanitis pyrioides*（Scott）

[主要寄主] 杜鹃。

[形态特征] 成虫体长 3 毫米左右，灰黄色，复眼大而突出，前胸背板发达，翅膜质透明，前翅布满网状花纹，两翅中间结合时有明显"X"状花纹。卵香蕉形，乳白色。若虫体暗褐色，长约 2 毫米，前胸发达，翅芽明显，复眼红色。腹部第二、四、五、七腹节各刺状物 1 根，体侧有刺状物各 1 对。

[生活习性] 1 年发生 5～6 代，世代重叠，以卵越冬，翌年 4 月下旬越冬卵孵化，4 月下旬新叶初萌发时越冬代成虫出现，5 月中旬第一代若虫盛发期。完成 1 个世代约 30 天，成虫和若虫群集在叶片背面刺吸为害，严重时被害叶片正面呈苍白色，排泄物与蜕下的皮壳使叶背出现黄褐色油状斑点，诱发煤污。

< 杜鹃冠网蝽·若虫叶背为害状 >

< 杜鹃冠网蝽·叶片正面为害状 >

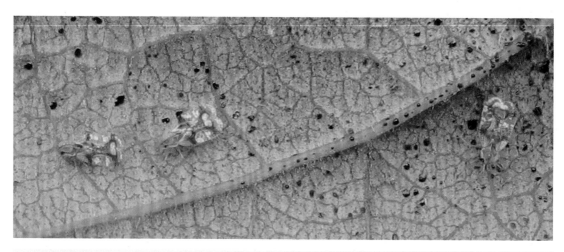

< 杜鹃冠网蝽·成虫 >

防治方法

◆ 4月中下旬花后及时修剪，疏剪枝条，保持通风透光，减少虫口密度。

◆ 4月下旬用4.5%高效氯氰菊酯1 500～2 000倍或5%啶虫脒1 500～2 000倍或森得保1 000～1 500倍喷雾防治。

31

悬铃木方翅网蝽

[学名] *Corythucha ciliata*（Say）

[主要寄主] 悬铃木属、构树、红叶李、红花檵等。

[形态特征] 成虫体乳白色，体长2.3～3.7毫米，宽2.1～2.3毫米，头部和腹面黑褐色，雌虫腹部饱满肥大，呈圆锥形，雄成虫个体略小于雌虫，腹部较瘦长，成虫盔状头兜发达。前翅膜质透明布满网状花纹，前翅延伸覆盖至虫体腹部末端，在两翅基部隆起处的后方有褐色斑纹。卵乳白色，顶部有卵盖，黑褐色。若虫共5龄，3龄若虫前翅翅芽开始出现，中胸部位盾片形成两个明显刺突，5龄若虫头部具5枚刺突，前胸背板出现头兜和中纵脊。

[学科分类]

半翅目
↓
网蝽科

[生活习性] 1 年发生 5 代，世代重叠，以成虫聚集在树皮缝隙中、根基部枯枝落叶或土层缝隙、寄主附近的建筑墙缝中越冬，翌年 3 月底 4 月初越冬成虫上树活动，4 月下旬开始产卵，5 月上旬出现第一代若虫，第一代若虫 17 ~ 18 天。每年 7 ~ 8 月为种群数量暴发期，10 月下旬大部分成虫正式越冬。悬铃木方翅网蝽在 2007 年被国家林业局列入"中度危险性林业有害生物名单"，成虫和若虫刺吸寄主植物叶片汁液，导致植物叶面产生黄色细小斑点，叶片背面出现锈色斑，影响寄主植物光合作用，导致寄主叶片早枯，严重时导致植株死亡，还传播 2 种真菌性病害悬铃木溃疡病和法国梧桐炭疽病。

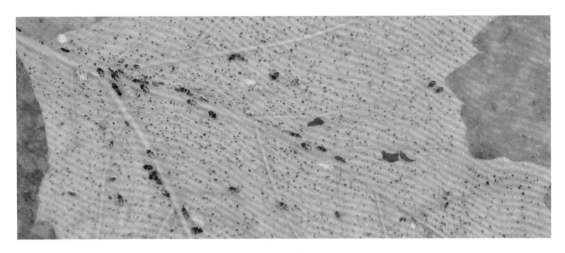

< 悬铃木方翅网蝽·5龄若虫和成虫为害状 >

防治方法

◆ 冬季彻底清园，清除寄主植物林下枯枝落叶，刮除主干和第一、二级分枝翘裂树皮，消灭越冬成虫，减少越冬成虫数量。

◆ 5 月中旬第一代若虫孵化高峰期使用 4.5% 高效氯氰菊酯 1 500 ~ 2 000 倍或 5% 啶虫脒 1 500 ~ 2 000 倍或森得保 1 000 ~ 1 500 倍液喷雾防治。

◆ 在 4 月下旬产卵期使用树体针剂进行防治。

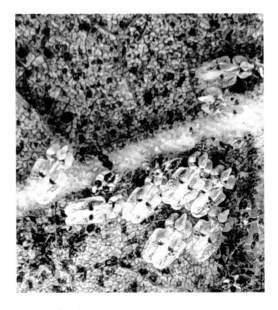

< 悬铃木方翅网蝽·成虫 >

32

[学科分类]

半翅目
↓
网蝽科

樟脊冠网蝽

[学名] *Stephanitis macaona* Drake，又名樟脊网蝽。

[主要寄主] 香樟。

[形态特征] 成虫体长 3.5 毫米左右，扁平，茶褐色；前翅白色，前翅膜质透明布满网状花纹，有光泽，前胸背板中央有薄片状长方形突环。卵长 0.35 毫米，浅黄色，稍弯曲，有黑色卵盖。若虫长 1.5 毫米，椭圆形。

[生活习性] 1 年发生 4 ~ 5 代，世代重叠，以卵在叶背组织内越冬。翌年 4 月卵孵化，7 ~ 9 月为种群密度猛增期，

[防治方法] 参照悬铃木方翅网蝽。

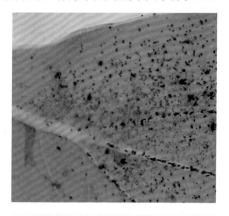

< 樟脊冠网蝽·若虫为害状 >

33

[学科分类]

缨翅目
↓
蓟马科

红带网纹蓟马

[学名] *Selenothrips rubrocinctus*（Giard）

[主要寄主] 水杉、法青、杨梅、合欢、蚊母、杜鹃、海棠、悬铃木等。

[形态特征] 成虫雌虫体长 1.0 ~ 1.4 毫米，体黑褐色，体表密布网状花纹；前胸宽矩形，表面密布扁菱形花纹；前翅灰黑色，翅面密布长度近似的微毛，缘毛极长；腹部背板第一至第八节前缘及两侧具网状刻纹，中后部平滑，第八节后缘栉毛发达。若虫初孵若虫体长 0.4 毫米，无色透明，头部稍后及腹部末端呈浅黄色，腹部背面前半部有 1 条十分明显的红色横带；老熟

时体长 1.1 ~ 1.2 毫米，橙黄色，腹部末端具有长毛 3 根，有时会分泌球形气泡举于腹端。

[生活习性] 1 年发生 5 ~ 6 代，以成虫、卵越冬；翌年 5 月间开始活动，取食并产卵。若虫爬行时腹部后半段常上举，并不断排泄。若虫、前蛹和蛹有群集性。5 月中下旬第一代若虫为害叶片，7 月下旬至 8 月下旬种群达到全年最高峰，9 ~ 10 月虫量迅速下降。世代重叠，5 ~ 11 月均可见各种虫态，而秋末成虫居多。卵产于叶肉内，产卵处稍隆起，有时有褐色水状物覆盖，干后呈鳞片状。干旱的季节或年份发生严重，郁闭度大、通风透光欠佳时受害更重。常州近 5 年发现该虫对水杉、法青的为害尤其严重，导致中、下部的叶片变成灰褐色，夏末就全株发黄，严重落叶。对杜英、杜鹃海棠、蚊母、月季等的为害，不仅使新梢和叶面枯黄、失去光泽或畸形，还有许多黑色或褐色排泄物，引起落叶，影响生长，以致死亡。

< 红带网纹蓟马·8月下旬水杉为害状 <

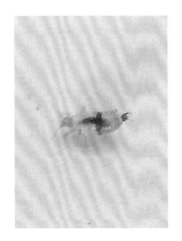

< 红带网纹蓟马·若虫 <

防治方法

◆ 冬春季清除田间杂草，消除越冬虫源。

◆ 化学防治：4 月底 5 月初越冬代的防治是关键，用 20% 吡虫啉水剂自制针剂在水杉第一分枝下绕树干每 8 ~ 10 厘米注射一针。灌木用 4.5% 高效氯氰菊酯 1 500 倍或 5% 啶虫脒 1 500 ~ 2 000 倍或 50% 吡蚜酮 3 000 ~ 4 000 倍液喷雾防治，喷洒农药时注意全株喷到，尤其是叶背和灌木内膛。发生严重的区域可 15 ~ 20 天喷一次，连续喷 2 ~ 3 次，即可控制。

34

花蓟马

[学科分类]

缨翅目
↓
蓟马科

[学名] *Frankliniella intonsa*（Trybom）

[学科分类] 缨翅目。

[主要寄主] 菊科、豆科、锦葵科、毛茛科、唇形科及堇菜科等多种植物。

[形态特征] 雌成虫体长约 1.3 毫米，褐色带紫；头胸部黄褐色，触角 8 节，粗壮，头短于前胸，后部背面皱纹粗；翅 2 对，前翅宽短。雄成虫体乳白至黄白色，体小于雌性。卵肾形，长约 0.3 毫米，一端较方且有卵帽。若虫 2 龄体长约 1 毫米，橘黄色，足及 9～10 腹节多带灰色，触角 7 节，并折向头、胸部背面前胸腹面，中、后胸及 1～8 腹节背、腹面体表每节有微颗粒数排。

[生活习性] 一年发生近 11～14 代，温室条件下终年发生，世代重叠，每代历时 15～30 天。成虫活跃，有较强趋花性，主要寄生在花内，怕阳光，卵产于以花为主的组织内，并以花瓣、花丝为多，其次是花萼、花柄和叶组织。每雌产卵约 80 粒，1～2 龄若虫活动力不强，3～4 龄若虫不食不动。在不同植株间可以互相转移为害，高温、干旱有利于大发生，多雨对其不利。

防治方法

◆ 清园时清除和烧毁残枝败叶，消除越冬场所。

◆ 早春（一般惊蛰前后）进行预防防治，可向寄主植物周边土壤中浇 10% 吡虫啉可湿性粉剂 1 000 倍液，消灭越冬成虫。

◆ 越冬代产卵前或 5～6 月和 8～9 月向花器喷洒具有内吸性、触杀性药剂，可选用 20% 啶虫脒 4 000～6 000 倍液喷雾或 10% 吡虫啉 1 500～2 000 倍液喷雾。

< 花蓟马·为害栀子花 >

35

黄斑大蚊

[学名] *Nephrotoma* sp.

[主要寄主] 荷花、香蒲等水生花卉植物。

[形态特征] 成虫体棕黄色，头黄色，具黑色中纵带；中胸黄色，背板"V"形沟明显，上具暗褐色宽纵带；足黄色，前翅黄色，光裸，脉显，近翅顶具痣；腹部背、腹中央及两侧具纵黑斑。卵长椭圆形，黑色光亮。幼虫老熟体浅灰褐色，头暗色，半缩于前胸内，体被规律刚毛。蛹体离蛹，腹部各节背、腹板后缘生刺1排，腹面刺大。

[生活习性] 1年发生2代，以老熟幼虫在土中越冬。幼虫为害花卉植物，5月化蛹、羽化，6月产卵，7~8月幼虫为害期，8月化蛹、羽化，9月产卵、孵化，10月幼虫越冬。

[防治方法] 6月和9月人工捕杀成虫。

[学科分类]

双翅目
↓
大蚊科

‹ 黄斑大蚊·成虫 ‹

36

[学科分类]

半翅目
↓
蝉科

蚱蟟

[学名] *Oncotympana maculicollis* Motschulsky，又名鸣鸣蝉。

[主要寄主] 悬铃木、茶、刺槐、椿、榆、梅、桃、樱花、桂花等。

[生活习性] 数年发生1代，雌成虫喜产卵在寄主植物木质化的小枝上，常造成寄主植物嫩梢枯萎。卵孵化后以若虫在土内越冬，吸食植物根部汁液为生，若虫在土中生活多年，6～8月雨后出土上树蜕皮羽化。

< 蚱蟟·雌成虫 <

< 蚱蟟·雄成虫 <

防治方法

◆冬季在发生为害区深翻土壤，减少越冬若虫成活率。

◆8～9月在为害区修剪有卵枝条。

37

黑蚱蝉

[学科分类]

半翅目
↓
蝉科

[学名] *Cryptotympana atrata*（Fabricius）

[主要寄主] 杨、垂柳、桑、桃、李、杏、樱花、桂花、榆等。

[生活习性] 数年发生1代。6月初若虫陆续上树羽化，成虫吸食寄主汁液为害，8月为产卵盛期，雌虫产卵在寄主粗壮的小枝上，常造成产卵枝枯黄易折。

< 产卵枝 <

< 黑蚱蝉·卵 <

< 黑蚱蝉·成虫 <

防治方法

◆ 8月上中旬桂花、樱花、李等寄主的枝条被产卵后很快会枯黄，此时应抢在卵孵化前修剪掉枯枝。

◆ 6～8月为成虫活动期，可用4.5%高效氯氰菊酯1 500倍或5%啶虫脒1 500～2 000倍液喷雾防治。

< 8月初黑蚱蝉产卵引起桂花枝枯现象 <

38

蟪蛄

［学名］*Platypleura kaempferi*（Fabricius）

［主要寄主］杨、垂柳、梅、桃、李、柿、桑等。

［生活习性］成虫体型较黑蚱蝉小很多，常州地区发生数量也少，每年发生较黑蚱蝉早一个月左右。

［防治方法］参照黑蚱蝉。

< 蟪蛄·展翅 <

< 蟪蛄·成虫 <

39

叉茎叶蝉

［学名］*Dryadomorpha pallid* Kirkaldy，又名淡色缘脊叶蝉。

［主要寄主］紫薇、喜树等。

［生活习性］1年发生3代，以卵越冬，4～5月陆续孵化为若虫，6～7月为成虫盛发期。若虫和成虫喜聚集寄主叶片背面吸食汁液为害，常造成寄主叶片出现斑点，叶片卷曲，后期产生煤污，叶片提前脱落。

防治方法

◆5月上旬若虫初发期用4.5%高效氯氰菊酯1500倍或5%啶虫脒1500~2000倍液喷雾防治。

< 叉茎叶蝉·成虫 <

40

大青叶蝉

[学名] *Cicadella viridis*（Linnaeus）

[主要寄主] 垂柳、杨树、柿、桃、李、禾本科植物等。

[生活习性] 1年发生3~5代，卵在树皮或嫩枝皮层内越冬，4月上旬开始孵化为害，若虫吸食植物初萌新叶为害，叶片被害后出现密集白色小斑点，成虫有趋光性，6~10月为发生盛期，10月底11月初雌虫产卵越冬。

[学科分类]

半翅目
↓
叶蝉科

防治方法

◆ 成虫在草丛或树皮缝隙内越冬，因此做好冬季清园工作，彻底清除枯叶杂草，消灭越冬成虫。

◆安装频振式诱虫灯诱杀。

◆4月上中旬用4.5%高效氯氰菊酯1500倍或5%啶虫脒1500~2000倍或50%吡蚜酮3000~4000倍液喷雾防治。

< 大青叶蝉·成虫 <

41

[学科分类]

半翅目
↓
叶蝉科

桃一点斑叶蝉

[学名] *Erythroneura sudra*（Distant），又名浮沉子。

[主要寄主] 桃、李、樱花、梅、海棠、月季等。

[生活习性] 1年发生6代，以成虫越冬。3月底上树吸食新萌嫩枝叶汁液为害；4月初产卵于嫩枝叶背主脉或叶柄内，受害叶片叶面出现密集白色小斑点；7～9月为发生盛期，导致寄主植物叶片枯黄早落。

< 桃一点斑叶蝉·成虫 <

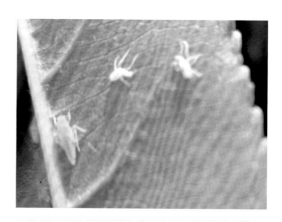

< 桃一点斑叶蝉·若虫 <

防治方法

◆3月底4月初用5%啶虫脒1 500～2 000倍或50%吡蚜酮3 000～4 000倍液喷雾防治。

< 桃一点斑叶蝉·为害状 <

42

斑衣蜡蝉

［学名］ *Lycorma delicatula*（White）

［主要寄主］椿、海棠、桃、李、杏、黄杨、苦楝、青桐、香樟、女贞、刺槐、珍珠梅、合欢等。

［生活习性］1年发生1代，以卵越冬。每年4月臭椿发芽前卵开始孵化，5月上旬为孵化盛期，6月底出现成虫，8月下旬成虫交配产越冬，9月为成虫活动高峰期。产于臭椿上的斑衣蜡蝉卵孵化率大大高于其他植物上所产的卵。成虫和若虫刺吸植物嫩枝吸食汁液为害，高温多雨会抑制成虫存活率。

［学科分类］

半翅目
↓
蜡蝉科

< 斑衣蜡蝉·初产卵块 >

< 斑衣蜡蝉·成虫在产卵 >

防治方法

◆ 冬季清园时集中消灭臭椿上的越冬卵块。

◆ 5月初喷5%啶虫脒1 500～2 000倍或50%吡蚜酮3 000～4 000倍液喷雾防治。

< 斑衣蜡蝉·成虫 >

43

青蛾蜡蝉

[学名] *Salurnis marginella*（Guérin），又名褐缘蛾蜡蝉。

[主要寄主] 女贞、茶、木荷、柑橘等。

[生活习性] 1年发生1代，以卵越冬，5月上中旬卵开始孵化，若虫和成虫吸食植物嫩枝和叶的汁液为害，6月底陆续出现成虫，雌成虫产卵于寄主植物嫩梢内，产卵处常出现少量棉丝状物，常导致茶树等寄主植物细嫩新梢枯萎。

防治方法

◆7～8月及时修剪产卵枝，粉碎处理，减少越冬基数。

< 青蛾蜡蝉·成虫 <

44

[学科分类]

半翅目

↓

广翅蜡蝉科

柿广翅蜡蝉

[学名] *Ricania sublimbata* Jacobi

[主要寄主] 柿、柚、葡萄、香樟、杜英、桃、李、含笑、乐昌含笑等。

[形态特征] 成虫深灰褐色或黄褐色，体长8~10毫米，前翅前缘深褐色，前缘1/3处有一白色类三角形小斑块，微凹入。若虫体被白色蜡粉，腹部下端有形似扇羽状白色绵毛，常做孔雀开屏状，受惊吓或猎物捕捉时锦毛会脱落。

[生活习性] 1年发生2代，以卵在当年生半木质化枝条、叶柄上越冬，产卵处枝条表皮毛糙不平，有白色棉絮状物覆盖其上。翌年4月上旬开始陆续孵化，第一代若虫盛发期在4月下旬至6月初，第二代若虫盛发期在9~10月，若虫行动敏捷，善弹跳，受惊扰或被碰到会迅速脱掉白色绵毛逃脱。发生量大时寄主易产生煤污，产卵的枝条如果细弱则会枯死。

< 柿广翅蜡蝉·若虫 <

< 柿广翅蜡蝉·成虫 <

防治方法

◆ 冬季清园应彻底，修剪产卵枝条，可大幅减少来年发生量。

◆ 4月中旬若虫初发期可喷4.5%高效氯氰菊酯1 500倍或5%啶虫脒1 500~2 000倍或50%吡蚜酮3 000~4 000倍液防治。

45

八点广翅蜡蝉

[学科分类]

半翅目
↓
广翅蜡蝉科

[学名] *Ricania speculum* Walker，又名八点蜡蝉、八点光蝉。

[主要寄主] 桂花、垂柳、梅、迎春等。

[形态特征] 成虫体长 6～8 毫米，头胸部灰黑色，前翅前缘近端部 2/3 处有一半圆形透明斑，翅外缘有 2 块透明大斑，翅中部有深褐色斑 2 块。

[生活习性] 1 年发生 1 代，以卵在寄主植物半木质当年生枝上越冬，翌年 5 月底 6 月初陆续孵化为害。

[防治方法] 同柿广翅蜡蝉。

< 八点广翅蜡蝉·成虫 <

46

[学科分类]

半翅目
↓
木虱科

海桐木虱

[学名] *Edentipsylla shanghaiensis*（Li & Chen），又名上海无齿木虱。

[主要寄主] 海桐。

[形态特征] 若虫体长 1.5 ~ 2.5 毫米，淡青色或浅黄绿色，尾部有白色细长蜡丝。

[生活习性] 1 年发生 5 ~ 6 代，以若虫、零星成虫、卵在叶腋、新梢叶片内越冬，但若虫仍在发育为害。2 月上旬越冬代成虫明显增加，2 月中旬至 3 月下旬是成虫发生高峰期。2 月中旬越冬代开始产卵，产卵期持续至 4 月下旬。全年其余 5 代成虫分别出现在 5 月、6 ~ 8 月、7 ~ 9 月、8 ~ 11 月、10 ~ 12 月。春季是全年的为害高峰期，若虫聚集在嫩梢内维护，新梢上的新叶内向内翻卷，在老叶为害的，则聚集在叶背为害，虫害密度高时影响新梢新叶的正常发育，引起煤污。高架桥下、郁闭度高的林带内冬季仍有若虫活动，常造成新叶卷曲，诱发大量煤污，导致海桐长势衰弱。

防治方法

◆ 12 月 ~ 翌年 2 月虫态整齐，及时进行化学防治能有效控制全年的发生量。可采用 5% 啶虫脒 1 500 ~ 2 000 倍或 50% 吡蚜酮 3 000 ~ 4 000 倍或 10% 吡虫啉 1 500 倍液喷雾防治。

< **海桐木虱·为害状** <

[学科分类]

半翅目
↓
木虱科

47

合欢羞木虱

[学名] *Acizzia jamatonica* (Kuwayama)

[主要寄主] 合欢、山槐。

[形态特征] 成虫雄体长 2.2～2.4 毫米，雌体长 2.4～2.7 毫米。体色绿、黄绿、黄或褐色（越冬体），触角黄至黄褐色，头胸等宽，前胸背板长方形，侧缝伸至背板两侧缘中央。前翅长椭圆形，翅痣长三角形。胫节端距 5 个（内 4 外 1）。跗节爪状距 2 个。

[生活习性] 1 年发生 3～4 代，以成虫在落叶内、杂草丛中、土块下越冬。开春后产卵于芽苞上，5 月上旬至 6 月上旬为为害高峰期。若虫孵化后群集在嫩梢和新叶背面刺吸为害，受害叶枯黄、早落，叶背面布满若虫分泌的白色蜡丝，影响景观。叶面和树下灌木易发煤污病，影响生长和开花，污染环境。

< 合欢羞木虱·若虫（镜下）<

< 合欢羞木虱·成虫 <

防治方法

◆ 于 5 月成虫交尾产卵时或若虫发生盛期进行化学防治，药剂选择参考海桐木虱。

◆ 冬季剪除越冬卵。

< 合欢羞木虱·为害状 <

< 合欢羞木虱·若虫为害状 <

48

中国喀梨木虱

[学科分类]

半翅目
↓
木虱科

[学名] *Cacopsylla chinensis* Yang *et* Li，又名中国梨木虱。

[主要寄主] 梨木。

[形态特征] 成虫体长 2.8 ~ 3.5 毫米，黄色、淡橘黄色，冬型成虫体深褐色，夏型成虫体黄绿色，中胸背板有红黄或黄色纵纹。若虫体色淡黄、乳白或绿色，带有红绿相间的斑纹。

[生活习性] 1 年发生 4 ~ 5 代。以成虫在树皮裂缝、杂草、落叶或土层中越冬，翌年 3 月初叶芽初萌时成虫上树产卵于新梢、叶柄处，夏季多产卵于叶背、嫩芽鞘或短果枝上。有世代重叠现象，5 ~ 8 月是多代成虫期。若虫多聚集在新叶为害，产生大量蜜露黏液，使叶片向内卷曲，并产生大量煤污。

< 中国喀梨木虱·成虫 <

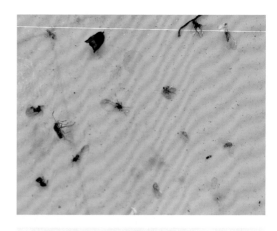

< 早春挂黄板诱杀中国喀梨木虱成虫 <

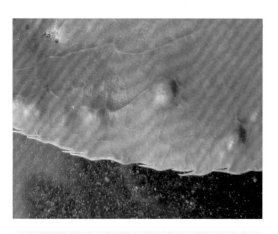

< 中国喀梨木虱·夏型产卵状态 <

< 中国喀梨木虱·初期为害状 <

防治方法

◆ 冬季彻底清园，清扫梨园区杂草、落叶，并深翻土壤，消灭越冬成虫。梨树树干刮除翘裂树皮后再涂白。

◆ 3 月中旬在林间悬挂黄板诱杀成虫。

◆ 4 月上旬第一代若虫初发期用 5% 啶虫脒 1 500 ～ 2 000 倍或 50% 吡蚜酮 3 000 ～ 4 000 倍或 10% 吡虫啉 1 500 倍液喷雾防治。

49

[学科分类]

半翅目
↓
木虱科

梧桐裂木虱

[学名] *Carsidara limbata*（Enderlein），又名青桐木虱、梧桐木虱。

[主要寄主] 青桐。

[形态特征] 成虫体长 5 ~ 7 毫米，黄绿色，中胸盾片有 6 条黑褐色纵纹，翅无色透明，翅脉茶黄色。若虫黄绿色或浅褐色，老熟幼虫长 3 ~ 5 毫米，体长圆形，翅芽褐色。

[生活习性] 1 年发生 2 ~ 3 代，以卵在树皮缝隙越冬，翌年 4 月下旬孵化，若虫在嫩叶、新叶叶柄、嫩梢刺吸为害，5 月为若虫盛发期，分泌大量絮状蜡丝，发生量大时，蜡丝成团絮状挂于枝叶上。6 月第一代成虫羽化，第二代成虫羽化期为 7 月下旬，第三代成虫羽化期为 9 ~ 10 月。

< 梧桐裂木虱·若虫 >

< 梧桐裂木虱·为害状 >

< 梧桐裂木虱·分泌蜡丝 >

防治方法

◆ 4 月下旬第一代若虫初发期为最佳防治期，及时喷 5% 啶虫脒 1 500 ~ 2 000 倍或 50% 吡蚜酮 3 000 ~ 4 000 倍或 10% 吡虫啉 1 500 倍液能很好控制该虫全年的发生率。

50

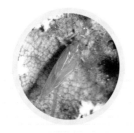

半翅目
↓
木虱科

樟个木虱

[学名] *Metatriozidus camphorae*（Sasaki）

[主要寄主] 香樟。

[形态特征] 成虫体长 2~3 厘米，体色淡茶黄色。卵深埋在叶片组织内，初产时为乳白色，孵化前为黑褐色。若虫有 5 龄，体色深棕色，体扁平紧贴于叶片背面，体周分泌白色蜡丝，三龄后蜡丝逐渐增加。

[生活习性] 1 年发生约 3 代，大多以 2 龄若虫在樟树叶背越冬，3 月上旬陆续羽化，随着气温稳定回升，4 月上中旬进入羽化高峰。每代成虫喜择嫩梢新叶产卵繁殖。卵孵化成若虫后爬行至叶背适宜部位固定吸食叶片汁液，初期叶片正面叶脉之间的叶肉部分出现大小不一的浅黄绿色圆形凸斑，随着虫体发育成长，这些凸起的斑块也逐渐扩大，并相连成大片的紫红色虫瘿覆盖叶面，叶片畸形，光合作用减弱，提前落叶，树势衰弱，带虫树移植后死亡率增高。

[防治方法] 参考黑刺粉虱防治方法。

< 樟个木虱·低龄若虫 <

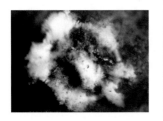

< 樟个木虱·五龄若虫 <

< 樟个木虱·成虫 <

< 樟个木虱·为害状 <

51

[学科分类]

半翅目
↓
木虱科

浙江朴盾木虱

[学名] *Celtisaspis zhejiangana* Yang *et* Li

[主要寄主] 朴树。

[形态特征] 若虫体长 2～3 毫米，体被白色蜡粉。

[生活习性] 1 年发生 1 代，以卵在朴树芽鳞内越冬。翌年 3 月底叶芽初萌时卵孵化，若虫固着在嫩叶上为害。在叶片正反面皆可形成长 4～8 毫米的长圆锥形虫瘿，虫瘿颜色有乳白、黄绿色、深紫色，后期为枯黄色，虫瘿底座为厚圆形蜡壳，5 月上旬成虫陆续羽化，从底座边缘爬出后虫瘿会脱落。在叶片上活动，后交配产卵于新的叶芽中。

‹ **浙江朴盾木虱·为害状（4 月中旬）** ‹

‹ **浙江朴盾木虱·后期为害状（5 月上中旬）** ‹

防治方法

◆ 在叶芽萌动尚未完全展叶时采用树体针剂进行防治。在朴树主干一级分枝点下 30 厘米处绕树干一圈施针，每 10～15 厘米施一针，施针 30～50 天后观察虫体是否干瘪，如未干瘪可继续施针 1 次至虫体干瘪。

◆ 上一年有该虫发生的朴树在 4 月 5 日前叶片初展、若虫初出时，用 21% 噻虫嗪 6 000 倍、10% 吡虫啉 1 500 倍、5% 啶虫脒 1 500 倍液喷雾防治一次。5 月中旬前后该虫羽化高峰期用 1.2% 烟参碱 800～1 000 倍、4.5% 高效氯氰菊酯 1 500 倍、5% 啶虫脒 1 500 倍液喷雾再防治一次。

52

[学科分类]

半翅目
↓
粉虱科

黑刺粉虱

[学名] *Aleurocanthus spiniferus* Quaintanca，又名橘刺粉虱。

[主要寄主] 香樟、柚、橘、月季、山楂等。

[形态特征] 成虫体长 1.2～1.5 毫米，若虫宽椭圆形，体长 1 毫米左右，老熟时体黑色，体被有刚毛，四周有明显的白色蜡圈。

[生活习性] 常州地区全年发生 3～4 代，以 2～3 龄若虫在叶背越冬，成虫喜在新萌发的嫩叶叶背上产卵。第一代在香樟春叶萌发的 4 月中下旬产卵、孵化，每年的 5～6 月、9～10 月是盛发期，每代虫龄不整齐，越冬代在 9 月中下旬发生。黑刺粉虱以若虫吸附在香樟叶片背面吸食汁液为害，诱发煤污病，也易并发其他叶斑病，被害叶片正面发白，光合作用减弱，不断落叶，全年落叶量大于正常樟树，防治不及时易造成香樟早春提前落叶，芽叶发黄、稀疏，树势逐渐衰退。

< 黑刺粉虱·若虫 >

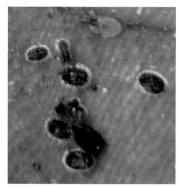

< 若虫四周白色蜡圈 >

< 黑刺粉虱·为害香樟叶片 >

防治方法

◆ 4 月中旬香樟换新叶前采用树体针剂进行防治。

◆ 新叶初萌时用 5% 啶虫脒 1 500～2 000 倍或 50% 吡蚜酮 3 000～4 000 倍或 10% 吡虫啉 1 500 倍液喷雾防治。

53

[学科分类]

半翅目
↓
粉虱科

柑橘粉虱

[学名] *Dialeurodes citri*（Ashmead），又名橘绿粉虱。

[主要寄主] 柑橘、柚、桂花、法青、女贞等。

[形态特征] 若虫乳白色半透明，体薄，椭圆形，老熟时体宽椭圆形，密布横褶，边缘硬化。

[生活习性] 1 年发生 3 代，以 4 龄若虫在寄主叶背越冬，翌年 4 月中下旬寄主新叶初萌时羽化产卵在嫩叶的叶背。5 月上旬出现第一代若虫，世代重叠。

‹ 柑橘粉虱·老熟若虫 ›

◆ 4 月下旬新叶萌发时用 5% 啶虫脒 1 500 ~ 2 000 倍或 50% 吡蚜酮 3 000 ~ 4 000 倍或 10% 吡虫啉 1 500 倍液喷雾防治。

54

马氏粉虱

[学名] *Aleurolobus marlatti*（Quaintance），又名橘黑粉虱、橘无刺粉虱。

[主要寄主] 桂花、栀子、金橘、柚等。

[形态特征] 蛹和 4 龄若虫黑色，有光泽，广椭圆形，长 1.2 毫米，宽 0.9 毫米，体缘有玻璃状透明的蜡丝，整齐地围绕蛹的边缘。

[生活习性] 1 年发生 3 代，以 2 龄幼虫越冬；翌年 5 月中旬、7 月上旬、9 月下旬可发生各代成虫。卵产在叶的正反两面。若虫大量聚集在寄主叶背，易诱发煤污病，导致叶片发黄，提前落叶。

[防治方法] 参考柑橘粉虱。

< 马氏粉虱·4龄若虫（镜下）

< 马氏粉虱·为害桂花（叶面）

< 马氏粉虱·在桂花叶背聚集状

55

草履蚧

[学名] *Drosicha corpulenta*（Kuwana），又名日本履绵蚧。

[主要寄主] 红叶李、法青、臭椿、海桐、枫杨、月季、垂柳、刺槐、柿等。

[形态特征] 雌成虫体长 7 ~ 10 毫米，宽 4 ~ 6 毫米，背略凸起，体背深褐色，边缘橘黄色，形似草鞋。雄成虫体紫红色，长 5 ~ 6 毫米，翅展 10 毫米。卵椭圆形，初产时淡黄色后为黄褐色，外被白色绵状蜡丝卵囊。若虫椭圆形，形似雌成虫，体型较雌成虫小。蛹体椭圆形，被白色棉絮状物。

[生活习性] 1 年发生 1 代，以卵在卵囊内在寄主植物根部土壤、枯叶层、石砾、墙缝中越冬，如遇暖冬则以 1 龄若虫越冬，翌年冬末春初当白天温度达 3℃时卵开始陆续孵化，孵化后若虫顺着枝干爬向植物枝梢幼嫩部分，林下阴湿的木质结构的墙面都会栖息覆盖。2 月中下旬出现 1 龄若虫，3 月底出现 2 龄若虫，开始分泌大量蜡质黏液物，形成厚厚的煤污。4 月中下旬出现 3 龄若虫，并出现雌雄分化，雄若虫此时停止取食，觅地分泌蜡丝化蛹，蛹期约 10 天，3 龄雌若虫则继续发育后蜕皮成雌成虫，与雄成虫交配后下树产卵，越夏过冬。越夏过冬的卵在湿润的土层成活率高，干燥环境死亡率高。

《 草履蚧·雄虫茧 》

《 孕卵雌成虫 》

《 未受精雌成虫 》

防治方法

◆ 发生过草履蚧的区域要积极疏剪上层乔木，保持林下通风透光，从夏季开始积极清园，清除石砾、渣土和垃圾，落叶随落随清不形成枯叶层。

◆ 2 月中旬在往年发生过的该虫的寄主植物主干基部涂宽 20 厘米的黏虫胶或者绑黏虫带，每 2 天观察粘虫情况，如黏虫带被若虫覆盖要及时更换黏虫带或刮除虫尸后再刷黏虫胶。

◆ 3 月上中旬低龄若虫期用 5% 啶虫脒 1 500～2 000 倍或 50% 吡蚜酮 3 000～4 000 倍或 10% 吡虫啉 1 500 倍液喷雾防治。保护天敌，草履蚧盛发期易出现大量天敌，应加强观察，如出现红环瓢虫，黑缘红瓢虫等益虫，此时不建议再喷化学药剂。

56

石楠盘粉虱

[学名] *Aleurodicus photiniana*（Young）

[主要寄主] 石楠。

[形态特征] 成虫体乳黄色，体长1.8毫米左右。若虫体色乳白、淡黄绿或黄褐色。两龄若虫出现蜡线孔，开始分泌粗壮蜡丝，4龄若虫蜡线孔发达，两龄后若虫皆能分泌大量蜡丝和蜡粉。

[生活习性] 1年发生3代，以4龄若虫在石楠叶背越冬，翌年4月中旬陆续羽化，4月底为越冬代羽化高峰期，5月上旬出现第一代若虫，第二代、第三代分别在7月、9月出现。每代若虫都能分泌蜡丝和蜡粉，给寄主叶片造成严重的霉污。

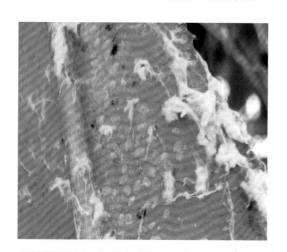

< 石楠盘粉虱·越冬若虫 <

< 石楠盘粉虱·为害状 <

防治方法

◆冬季清园时修剪被寄生的叶片，疏剪枝条，使植物通风透光。

◆5月上旬第一代、9月中下旬第三代刚出现时用5%啶虫脒1500～2000倍或50%吡蚜酮3000～4000倍或10%吡虫啉1500倍液喷雾防治。

57

[学科分类]

蚧总科
↓
珠蚧科

吹绵蚧

[学名] *Icerya purchasi* Maskell，又名澳洲吹绵蚧。

[主要寄主] 海桐、月季、桂花、含笑、南天竹、常春藤、夹竹桃、悬铃木、女贞等。

[形态特征] 雌成虫体橘红色或黑红色，长 5～10 毫米，宽 5 毫米左右，体椭圆或长椭圆形，背部隆起，腹部平坦。卵囊从雌成虫腹末后方生出，白色，与母体不分裂而连成一体，突出而高高隆起。卵长椭圆形，长约 0.7 毫米，初产时橙黄色，后橘红色。若虫 2 龄后分雌雄，雌性 3 龄，雄性 2 龄。3 龄后都为雌虫，长 3 毫米左右，橘红色，被白色薄蜡粉。

[生活习性] 1 年约 2 代，以雌成虫和雄虫的茧越冬，翌年 3 月雌成虫开始产卵，卵期长达 1 个多月，雌成虫产卵量大，可达数百粒至 2 000 粒，第一代若虫 5 月下旬至 6 月上旬为孵化盛期，第二代若虫孵化盛期为 8～9 月，第二代虫一直为害到 11 月中旬，雄虫以茧在树干裂缝、寄主附近的浅土层、杂草丛中越冬。潮湿气候有利于若虫生存，夏季温度高于 39℃ 的干热天气则容易死亡。

< 吹绵蚧·为害状 >

< 吹绵蚧·带卵囊雌成虫密集为害状 >

防治方法

◆ 6 月开始的夏秋季应积极清园工作，清除寄主周围的枯枝、落叶，冬季疏剪寄主植物及上层林木，保持林内干净、通风透光，增加越夏死亡率。

◆ 6 月初第一代若虫期用 5% 啶虫脒 1 500～2 000 倍或 50% 吡蚜酮 3 000～4 000 倍或 10% 吡虫啉 1 500 倍液喷雾防治。

58

紫薇绒蚧

[学名] *Eriococcus legerstroemiae* Kuwana，又名石榴囊毡蚧。

[主要寄主] 紫薇、石榴、女贞、三角枫等。

[形态特征] 雌成虫长约 3 毫米，椭圆形或长椭圆形，体深紫色或紫红色，被白色蜡粉，老熟时包被于灰白色的毡质介壳内。雄成虫长约 1 毫米，紫红色。卵圆形，长约 0.3 毫米，淡紫红色。若虫体椭圆形，初为淡黄色，后为紫红色。

[生活习性] 1 年发生 3 代，以成虫在枝干分叉、树皮下、芽腋处越冬。翌年 3 月上旬雌成虫开始产卵，卵期 10 ~ 15 天，第一代若虫盛孵期为 4 月初，第二代若虫孵化盛期为 5 月底 6 月初，第三代孵化盛期为 8 月上旬。第一代生活史较整齐，第二代开始世代重叠。成虫、若虫取食活动到 11 月中旬越冬，整个生长期在枝条、叶片、叶芽上吸食汁液为害，分泌蜜露引诱大量蚂蚁取食，诱发煤污，导致植物叶片早落、寄主长势衰弱。

[学科分类]

蚧总科
↓
绒蚧科

< 紫薇绒蚧·雌成虫毡囊 <

< 紫薇绒蚧·雄成虫虫茧 <

防治方法

◆ 冬季清园时修剪带虫枝、叶，刮除枝干上的虫壳。

◆ 3 月底 4 月初第一代若虫孵化期用花保 100 倍或绿颖 300 倍或 5% 啶虫脒 1 500 ~ 2 000 倍或 50% 吡蚜酮 3 000 ~ 4 000 倍或 10% 吡虫啉 1 500 倍液喷雾防治。

59

日本壶蚧

[学科分类]

蚧总科
↓
壶蚧科

[学名] *Asterococcus muratae*（Kuwana），又名藤壶蚧、日本壶链蚧。

[主要寄主] 广玉兰、乐昌含笑、法青、石楠等。

[形态特征] 雌成虫虫体呈倒梨形茶壶，背突起略成半球形，体深红褐色，有螺旋状横环纹 8～9 圈，放射状白色纵带 4～6 条从壶顶到壶底。卵长椭圆形，初产时橙黄色，后为灰色。若虫初孵期为长椭圆形，灰色。

[生活习性] 1 年发生 1 代，以受精雌成虫在 1～2 年生枝条越冬，翌年 2 月陆续开始产卵，4 月上中旬为产卵盛期，4 月底产卵结束，单雌产卵量大，最多可达 700 多粒。4 月底 5 月初若虫孵化，5 月上中旬为若虫孵化高峰期（物候特征为广玉兰叶、花苞抽出约 8 厘米，花、叶苞将裂未脱落时期）。成虫和若虫大量吸食汁液，造成枝枯或者整棵树枯萎，同时分泌大量蜜露，诱发煤污。

防治方法

◆ 冬季疏剪寄主带虫枝条，保持通风透光。

◆ 加强虫情预测预报，在 5 月若虫盛孵期采用花保 100 倍或绿颖 300 倍或 5% 啶虫脒 1 500～2 000 倍或 50% 吡蚜酮 3 000～4 000 倍或 10% 吡虫啉 1 500 倍液喷雾防治。

◆ 寄主植物生长期采用树体施针的方式在植物主干一级分枝点下 30 厘米处绕树干一圈施针，每 10～15 厘米施一针，施针 30～50 天后观察虫体是否干瘪，如未干瘪可继续施针一次至虫体干瘪。

< 日本壶蚧·为害状 <

60

[学科分类]

蚧总科
↓
壶蚧科

含笑壶蚧

[学名] *Cerococcus micheliae* Young

[主要寄主] 乐昌含笑、含笑等。

[形态特征] 雌蚧外形与日本壶蚧相似，但体型较小。

[防治方法] 参考日本壶蚧。

‹ 含笑壶蚧 ›

‹ 含笑壶蚧·为害状 ›

61

[学科分类]

蚧总科
↓
蚧科

红蜡蚧

[学名] *Ceroplastes rubens* Maskell

[主要寄主] 香樟、广玉兰、木兰、柿、柚、柑橘、雪松、罗汉松、法青、
栀子、蔷薇、苏铁、十大功劳、二乔玉兰、含笑等。

[形态特征] 雌成虫长 2 ~ 5 毫米，宽 2 ~ 5 毫米，初为玫瑰红色，后为豆沙
色或红褐色，蜡壳球型或半球形，蜡壳背部高高隆起呈半球形，寄主为针叶
树的虫体小于寄主为阔叶树的虫体。雄成虫体长约 1 毫米，暗红色。卵椭圆
形，长 0.3 毫米，淡紫褐色。若虫初孵体长约 0.5 毫米，灰紫红色，3 龄若虫

体背中央隆起，覆盖白色透明蜡质。蛹长约1毫米，椭圆形，浅橘色，或淡紫红色，被蜡壳。

[生活习性] 1年发生1代，以受精雌成虫在1~2年生枝条上越冬，翌年5月下旬陆续开始产卵，每头雌虫产卵1000头左右，卵期仅数十小时，一边产卵一边孵化。5月下旬至7月上旬为若虫孵化期，6月中下旬为若虫孵化盛期（物候特征：金丝桃6月中旬左右盛花期时是该虫的孵化盛期），孵化后若虫会爬行一定时间后固定为害。8月下旬雄虫化蛹，8月底9月底陆续羽化后与4龄雌成虫交尾，受精雌成虫越冬。

< 红蜡蚧·为害状 >

< 红蜡蚧·雌成虫及初孵若虫 >

< 8月底施针防治后10月中旬干瘪的越冬雌成虫 >

防治方法

◆ 冬季做好寄主植物着虫枝和上层林木的疏剪工作，使上层林木和寄主植物内膛通风透光，并减少来年害虫的繁殖基数。

◆ 6月上中旬使用花保100倍或绿颖300倍或5%啶虫脒1 500~2 000倍或50%吡蚜酮3 000~4 000倍或10%吡虫啉1 500倍液喷雾防治。

◆ 如寄主是乔木可在生长期采用树体施针的方式在寄主植物主干一级分枝点下30厘米处绕树干一圈施针，每10~15厘米施一针，施针30~50天后观察虫体是否干瘪，如未干瘪可继续施针一次至虫体干瘪。

62

日本龟蜡蚧

[学科分类]

蚧总科
↓
蚧科

[学名] *Ceroplastes japonicus* Guaind

[主要寄主] 木绣球、悬铃木、金边黄杨、法青、海桐、桂花、蔷薇、广玉兰、含笑、栀子、梅、海棠等。

[形态特征] 雌成虫长 3 ~ 4.5 毫米，蜡壳厚约 1 毫米，蜡壳厚，白色或灰白色。蜡壳背向上盎形隆起，表面有凹线将蜡壳背面分成龟甲板状。雄成虫体长约 1 毫米，棕褐色。卵椭圆形，初期为乳黄色，后为深红色。若虫长椭圆形，老龄若虫蜡壳长约 2 毫米，长椭圆形，白色，与雌成虫外形相似，周边有白色小三角状蜡角 13 个。

[生活习性] 1 年发生 1 代，以受精雌成虫在 1 ~ 2 年生枝条上越冬，翌年 5 月中旬开始产卵，日均温度 24 ~ 26℃为产卵盛期，每雌虫产卵量 200 ~ 3 000 粒，6 月上中旬为若虫孵化高峰期，整个孵化期 17 ~ 30 天。初孵若虫喜在寄主叶片上为害，少数在嫩枝和叶柄为害，雄虫直至化蛹都在叶片上，雌虫每蜕皮一次向枝干转移固定寄生。成虫、若虫数量大，都以吸食汁液为害，常造成寄主枝叶干枯，树势衰弱直至死亡，同时分泌大量蜜露，诱发煤污。

防治方法

• 冬季给寄主疏剪带虫枝条，保持通风透光。

• 加强虫情预测预报，在 6 月上旬若虫盛孵期采用花保 100 倍或绿颖 300 倍或 5% 啶虫脒 1 500 ~ 2 000 倍或 50% 吡蚜酮 3 000 ~ 4 000 倍或 10% 吡虫啉 1 500 倍液喷雾防治。

• 如寄主是乔木可在生长期采用树体施针的方式在寄主植物主干一级分枝点下 30 厘米处绕树干一圈施针，每 10 ~ 15 厘米施一针，施针 30 ~ 50 天后观察虫体是否干瘪，如未干瘪可继续施针一次至虫体干瘪。

< **日本龟蜡蚧·初孵若虫** <

63

[学科分类]

蚧总科
↓
蜡蚧科

绿绵蚧

[学名] *Chloropulvinaria floccifera*（Westwood），又名油茶绵蚧、绿绵蜡蚧。

[主要寄主] 朴树、黄连木、法青等。

[形态特征] 雌成虫椭圆形，扁平，5 毫米左右，受精后会长出白色卵囊。雄成虫体黄色，局白色长蜡丝 1 对。卵椭圆形，白色或淡橘色。卵囊白色，长圆筒状，被絮状蜡丝。若虫初孵为浅绿色或浅黄绿色，长约 0.8 毫米。

[生活习性] 1 年发生 1 代，以 2 龄若虫在寄主枝叶处越冬，翌年 3 月下旬越冬若虫开始活动，转移至新梢、嫩叶上为害，4 月中旬开始雌雄分化，分化后的雄若虫立即化蛹羽化后与雌成虫交尾，5 月上中旬雄成虫全部羽化，4 月下旬出现雌孕蚧，4 月底 5 月初开始产卵，产卵盛期在 5 月中旬，一直延续到 6 月上旬，5 月中旬至 6 月上旬为若虫孵化高峰。11 月中旬以 2 龄若虫越冬。

< 绿绵蚧·为害状

< 雌成虫

< 雌孕蚧和初孵若虫

防治方法

◆ 4 月中旬至 6 月初若虫孵化高峰期用花保 100 倍或绿颖 300 倍或 5% 啶虫脒 1 500 ～ 2 000 倍或 50% 吡蚜酮 3 000 ～ 4 000 倍或 10% 吡虫啉 1 500 倍液喷雾防治。

◆ 寄主乔木可在生长期采用树体施针的方式在寄主植物主干一级分枝点下 30 厘米处绕树干一圈施针，每 10 ～ 15 厘米施一针，施针 30 ～ 50 天后观察虫体是否干瘪，如未干瘪可继续施针一次至虫体干瘪。

64

纽绵蚧

[学名] *Takahashia japonica* Cockerell，又名日本纽绵蚧。

[主要寄主] 合欢、榆树、朴树、桑树、红花檵木等。

[形态特征] 雌成虫卵圆形或圆形，长5毫米左右，红褐色、深棕色，背面隆起，具黑褐色脊。卵圆形，黄色，覆盖白色蜡粉，卵囊长，最长可到5厘米，棉絮状，具纵向细线状沟纹，弯曲成环状，一端连着雌虫腹部，一端固着在寄主上。若虫长椭圆形，淡黄色。

[生活习性] 1年发生1代，以受精雌成虫在1~2年生枝条上越冬，以1年生枝条最多。翌年4月上旬开始孕卵，4月中旬开始产卵，每雌成虫产卵量达1600多粒，但成活率仅50%左右。5月中旬卵孵化，孵化盛期在5月下旬（物候特征：若虫孵化初期为金丝桃花蕾露色期，合欢叶片全叶期；孵化盛期为金丝桃始花期至末花期，合欢叶片成形期），以若虫和雌成虫吸食寄主汁液为害，诱发煤污，影响寄主植物生长势，严重时寄主枝梢枯死。

< 纽绵蚧·为害状

< 纽绵蚧·雌成虫产卵 <

< 纽绵蚧·卵囊 <

◆ 冬季清园，修剪被寄生枝条，通风透光，也减少来年繁殖基数。

◆ 5月中下旬用花保100倍或绿颖300倍或5%啶虫脒1 500～2 000倍或50%吡蚜酮3 000～4 000倍或10%吡虫啉1 500倍液喷雾防治。

◆ 如寄主是乔木可在生长期采用树体施针的方式在寄主植物主干一级分枝点下30厘米处绕树干一圈施针，每10～15厘米施一针，施针30～50天后观察虫体是否干瘪，如未干瘪可继续施针一次至虫体干瘪。

65

拟蔷薇白轮蚧

[学科分类]

蚧总科
↓
盾蚧科

[学名] *Aulacaspis rosarum* Borchsenius，又名月季白轮盾蚧。

[主要寄主] 月季、蔷薇、玫瑰、悬钩子、刺玫、杨梅等。

[形态特征] 雌成虫长2毫米左右，介壳圆形、白色，背部稍隆起，有壳点两个，分布偏离壳中央位置位于边缘，腹壳白色，常残留在寄主枝条上。雄成虫长约0.5毫米，橘红色。卵椭圆形，微小，约0.2毫米，淡红色或深红色。若虫初孵时体椭圆形扁平，浅橘红色，后期颜色为橘黄色或橘红色，圆形。雄虫介壳长条形，1毫米左右，白色，蜡质状，壳点1个，位于壳体前端。

[生活习性] 1年发生2代，以受精雌成虫和2龄若虫在枝干上越冬，翌年3月下旬至4月上旬雄成虫羽化与雌成虫交尾。4月为越冬代雌成虫产卵盛期，6月中旬为若虫孵化盛期，若虫喜欢在寄主植物的中下部枝条聚集固定，固定取食后1~2天开始分泌蜡质。第一代雌成虫在7月出现，第二代若虫盛期在8月，10月出现越冬雌成虫。每雌虫产卵100余粒。常导致寄主植物长势衰弱、不开花，寄生2年不及时防治则出现大量枝枯或整株枯死。

< 拟蔷薇白轮蚧·雌成虫介壳 >

< 拟蔷薇白轮蚧·雌、雄成虫介壳及为害状 >

防治方法

◆ 冬季清园时疏剪寄生该虫较多的老枝条，减少越冬虫口数量，并清除树下枯枝落叶，保持干净整洁、通风透光的生长环境。

◆ 4月底、5月中旬、8月中旬分别用卉健（21%噻虫嗪）3 000~3 500倍或5%啶虫脒1 500~2 000倍或50%吡蚜酮3 000~4 000倍或10%吡虫啉1 500倍液喷雾防治。喷雾重点是有虫枝干，如枝条过密，可先疏枝再喷药，喷药15~20天后，检查枝条上的蚧虫是否干瘪，如没有干瘪可用卉健（21%噻虫嗪）3 000~3 500倍再喷一次。

66

黄杨芝糠蚧

[学名] *Parlagena buxi*（Takahashi），又名黄杨粕片盾蚧。

[主要寄主] 瓜子黄杨、卫矛、枣等。

[形态特征] 雌成虫介壳长1毫米左右，卵形，灰色或白色，后端呈锥状突出，壳点黑色，第一壳点近圆形，位于介壳前端边缘，第二壳点大、椭圆形，位于介壳前端，占介壳的主要部分，扁平。雄成虫介壳长圆形，长约0.6毫米，灰白色，壳点位于前端。若虫体卵圆形，灰白色。

[生活习性] 1年发生3代，世代重叠，以雌成虫在枝、叶上越冬，翌年3月底4月初雌成虫开始孕卵。5月中旬为产卵盛期，第一代若虫孵化盛期在5月下旬（物候特征：石榴盛花期），第二代若虫孵化盛期6月底至7月中下旬，第三代若虫孵化盛期在9~10月。枝叶密度大的绿篱或板块状种植的寄主植物受害严重，诱发煤污，发生严重不及时防治易导致大量死亡。

防治方法

◆ 物理防治：加强日常养护管理，对绿篱、板块状种植的易感植物需及时修剪和疏枝，保持通风透光，减少虫害发生。

◆ 化学防治：5月下旬疏剪有虫枝后用卉健（21%噻虫嗪）3 000~3 500倍或5%啶虫脒1 500~2 000倍或50%吡蚜酮3 000~4 000倍或10%吡虫啉1 500倍液喷雾防治。防治时需注意喷药均匀，绿篱和板块内部着虫枝需喷到，喷药后15~20天内需及时检查药防效果，如效果差需及时在7月底进行第二次化学防治。

< 黄杨芝糠蚧·为害状 <

67

柑橘全爪螨

[学名] *Panonychus citri*（McGregor）

[主要寄主] 柑橘、金橘、桂花、蔷薇、桑树、刺槐、榆树、构树等。

[形态特征] 成螨雌螨暗红色，体长 0.3～0.4 毫米；椭圆形，背面隆起，背部及背侧有瘤状突起，上生白色刚毛，足 4 对，黄色。雄螨后端较狭，呈楔形，阳具柄部弯向背面，形成"S"形钩部。卵球形，略扁，红色且有光泽。幼螨体长约 0.2 毫米，初孵时淡红色，足 3 对。若螨体形、体色与成螨相似，体较小，经 3 次蜕皮后成为成螨。

[生活习性] 1 年发生代数因地而异，多在 10 代以上。世代重叠，多以卵或部分成螨和若螨在枝条裂缝和叶背处越冬。卵多产在当年生枝和叶背主脉两侧。营两性生殖和孤雌生殖。春秋两季发生最为严重，致使叶片出现许多白色褪绿小点，严重时一片苍白，继而叶片枯黄早落。3～4 月虫口开始增长；4～5 月为为害高峰期；6 月下旬虫口密度开始下降；7～8 月高温季节较少；秋季 9～10 月气温下降，虫口开始上升，为第二个为害高峰期。

[学科分类]

蛛形纲
↓
真螨目
↓
叶螨科

防治方法

◆ 做好冬季清园，中耕除草、树干涂白，喷洒石硫合剂，降低越冬虫口密度。

◆ 春季螨害初发期和夏季高温干旱期结合浇水工作进行叶面喷水，适当增强喷水力度，着重喷施受害叶片正反面，可降低种群密度。

◆ 4 月下旬 5 月初，喷洒 3% 阿维菌素 3 500 倍、30% 阿维灭幼脲悬浮剂 2 500～3 000 倍液、艾美乐 14 000 倍或 50% 吡蚜酮水分散粒剂 3 000～5 000 倍液或 1% 甲维盐微乳剂 1 000～2 000 倍液等，两至三种药剂交替使用，每隔 10 天喷 1 次，连喷 2～4 次。

◆ 保护利用天敌，合理科学用药，发挥天敌的控制作用。

< 柑橘全爪螨与天敌 <

68

红花酢浆草叶螨

[学名] *Petrobia harti*（Ewing），又名岩螨。

[主要寄主] 酢浆草属植物，尤以红花酢浆草受害最重。

[形态特征] 成螨雌螨椭圆形，体长约 0.62 毫米，深红色。第一对足细长，约为体长的 2 倍。雄螨稍小，橘黄色，体背两侧有黑斑，第一对足长近 3 倍于体长。卵圆球形，红色。幼螨体圆形，红色，背部稍显黑斑，足 4 对，橘黄色。

[生活习性] 1 年发生 10 代以上，高温干燥气候易暴发成灾。螨体在叶片正面和背面都有，以叶背面为多。为害初期叶片上出现白色小点，渐变为灰白色；严重时造成大片酢浆草枯黄。以春秋两季为害最重。常州地区 5 月中旬即开始显露为害症状，单叶虫口数量可高达 20 ~ 30 头。

[学科分类]

蛛形纲
↓
真螨目
↓
叶螨科

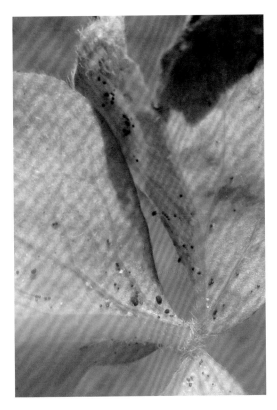

‹ 红花酢浆草叶螨·幼螨和卵 ›

‹ 红花酢浆草叶螨·为害状 ›

防治方法

◆ 6月开始加强红花酢浆草的水分管理，避免高温干旱，良好的排水和保持湿润有利于降低螨虫的发生率。

◆ 4月中旬发现酢浆草叶片有点状失绿即开始防治，用药参照朱砂叶螨。

69

朱砂叶螨

[学名] *Tetranychus cinnabarinus*（Boisduval）

[主要寄主] 槐、柳、杨、栾树、槭属、梓树、臭椿、白玉兰、枣、芍药、木芙蓉、牡丹、茉莉、月季、梅、丁香、海棠、迎春、樱花、桃、桂花、番茄等多种植物。

[形态特征] 雌成螨体长约0.5毫米，卵圆形，朱红或锈红色；体色无季节性变化，体两侧有黑褐色斑纹2对，前面1对较大，后面1对位于体末两侧，后半体背表皮纹组成菱形图案。雄成螨体长约0.3毫米，菱形，红或浅黄色。卵球形。幼螨体近圆形，浅黄或黄绿色，足3对。若螨体形和成螨相似，淡褐红色，足4对。

[学科分类]

蛛形纲
↓
真螨目
↓
叶螨科

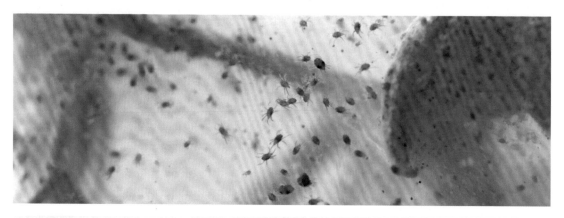

＜ 朱砂叶螨·成螨 ＜

[生活习性] 一年发生 10 余代，以受精雌成螨在土缝、树皮裂缝等处越冬。翌年春季开始为害与繁殖，吐丝拉网，产卵于叶背主脉两侧或蛛丝网下面。每雌螨平均产卵 50～150 粒，雌螨寿命约 30 天。5 月上中旬第一代幼螨孵出。7～8 月高温少雨时繁殖迅速，约 10 天繁殖 1 代，为害猖獗，易暴发成灾，出现大量落叶。高温、干热、通风差有利于繁殖和为害，10 月越冬。

< 朱砂叶螨·越冬成螨 <

< 朱砂叶螨·为害西红柿 <

< 朱砂叶螨·为害桂花 <

防治方法

◆ 及时清除枯枝落叶和杂草，减少螨源。

◆ 保护瓢虫、捕食性螨、花蝽、塔六点蓟马等天敌。

◆ 早春花木发芽前喷施 3～5 波美度石硫合剂，消灭越冬螨体，兼治其他越冬虫卵。

◆ 为害期喷施 3% 阿维菌素 3 000 倍或 1% 甲维盐微乳剂 1 500 倍液防治，连续防治 2 次，每次间隔 7～10 天。

70

枫杨瘤瘿螨

［学名］ *Aceria pterocayae* Kuang & Gong.

［主要寄主］枫杨。

［防治方法］参考木樨瘤瘿螨。

< 枫杨瘤瘿螨·为害枫杨叶片 <

< 枫杨瘤瘿螨·为害状 <

71

枸杞金氏瘤瘿螨

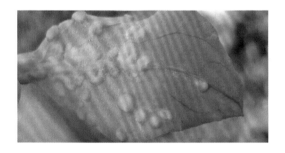

[学科分类]

真螨目
↓
瘿螨总科

[学名] *Aceria tjyingi*（Manson）

[主要寄主] 枸杞。

[形态特征] 雌成螨体长约 0.17 毫米，蠕虫形，淡黄白色；背瘤位于盾后缘，背瘤间由粒点构成弧状纹；前胫节刚毛生于背基部 1/4 处；羽状爪单一，爪端球不显；体背、腹环均具圆形微瘤。

[生活习性] 1 年发生数代，以成螨在老枝上越冬。翌年 3 月当枸杞嫩梢刚出时，成螨出蛰活动，4 月上中旬枸杞新叶多时，成螨大量转移到新叶上产卵，孵出的幼螨钻入叶肉组织形成虫瘿。5 ~ 6 月达高峰，夏季高于 25℃时，新梢抽生减慢，落叶迅速，症状不明显。主要为害叶片，嫩叶较老叶受害更严重，害螨钻入叶片组织形成虫瘿，初为近圆形黄绿色隆起小点，后渐变为直径 2 ~ 5 毫米的虫瘿，后期叶面病部稍凹陷，叶背隆起明显，病部呈紫褐色。受害植株光合同化作用减弱，生长受阻，老枝枯叶、落叶严重。

[防治方法] 参考木樨瘤瘿螨。

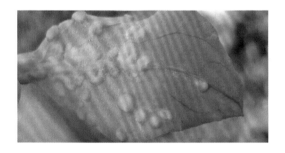

< 枸杞金氏瘤瘿螨·为害枸杞（叶背）<

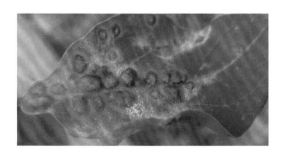

< 枸杞金氏瘤瘿螨·为害枸杞（叶面）<

< 枸杞金氏瘤瘿螨·为害枸杞后期状态 <

72

[学科分类]

真螨目
↓
瘿螨总科

木樨瘤瘿螨

[学名] *Acenia osmanthis* Kuang

[主要寄主] 桂花。

[生活习性] 1 年发生 2 ~ 3 代，以成螨在虫瘿内越冬，翌年 3 月下旬至 4 月初，从老叶爬出侵害幼叶。每头雌螨一般产卵 5 ~ 7 粒于瘿内。夏季高温，该螨呈蛰伏状态。秋天有部分瘿螨从瘿内爬出，但未见为害秋梢或别的越冬场所。桂花不同品种间受害程度差异明显，地势背阴、郁闭的桂花园和苗圃受害重。

< 木樨瘤瘿螨·为害桂花（叶面）<

< 木樨瘤瘿螨·为害桂花（叶背）<

防治方法

◆ 种植桂花时应充分考虑光照和合理的株行距，光照充足、通风透光有利于防治该虫生长。冬季清园时将带虫老叶除尽。

◆ 发现有此螨发生严重时，可在 4 月下旬使用化学防治法，用药参照朱砂叶螨。

73

[学科分类]

真螨目
↓
瘿螨总科

柳刺皮瘿螨

[学名] *Aculops niphocladae* Keifer

[主要寄主] 柳、腺柳。

[形态特征] 雌成螨体长 0.18 ~ 0.21 毫米，纺锤形，扁平，黄棕色；背盾板有前叶突，背纵线虚线状；背环不光滑，具圆锥状微疣。

[生活习性] 一般 1 年发生数代，以成螨在一二年生枝条裂缝或凹陷处及芽鳞间越冬。该虫主要为害叶片，受害叶片背面形成许多小圆珠状瘿瘤，瘿瘤主要呈红色或黄色，后期呈紫褐色，叶表面外圈失绿呈黄色，中间红色，叶片扭曲变形。每瘿瘤叶背处有一开口，螨体可经此口转移至新叶上为害，形成新的虫瘿。受害严重时，一张叶片可有数十个瘿瘤，影响植物的正常生长。其主动扩散能力差，主要靠风、昆虫、人畜等传播。一般情况下，对柳树生长和景观效果影响不大。

< 柳刺皮瘿螨·为害腺柳初期症状

< 柳刺皮瘿螨·为害状

防治方法

◆ 保护天敌，主要天敌有深点食螨瓢虫、二星瓢虫、小花蝽和一种跳蛛，塔六点蓟马能钻入瘿腔内捕食瘿螨及卵。

◆ 早春瘿瘤初期及时修剪带虫枝叶，就能有效控制虫情进一步发展。

食叶性害虫和有害动物

1

[学科分类]

等足目
↓
鼠妇科

卷球鼠妇

[学名] *Porcellio laevis* Latreille，又名西瓜虫。

[主要寄主] 书带草、金边麦冬等地被植物根部或者树干伤口。

[形态特征] 雌成虫体长 9 ~ 12 毫米，体被灰色或褐色，雄成虫体长 14 ~ 16 毫米，体色为灰蓝色，体宽而扁。初孵幼虫体淡黄白色，半透明，体长 1.3 ~ 1.5 毫米。卵淡黄色，近圆形，直径约 1 毫米。

[生活习性] 2 年发生 1 代，寿命达 1 年半以上，可越冬并存活至翌年夏秋季，越冬虫体 3 月份大量出现，4 月中下旬至 5 月上旬进行交配。对蜕下的皮有自行取食和互相取食的现象，再生能力较强，在富含有机质的湿润沙质土中繁殖量大而迅速。卷球鼠妇喜暗怕光，昼伏夜行，一般晚上 9 ~ 10 点，凌晨 3 ~ 4 点为其取食活动时间，阴雨天可全天取食，高温干旱的夏季不利其存活，种群数量明显下降。喜取食多种植物的幼芽、嫩叶和根，也为害叶和果实，常把植被的叶啃食缺刻或造成伤疤，严重时叶片被吃光，仅留叶脉。也喜群集在植物树干的伤口，加速伤口的腐烂。

< 卷球鼠妇 >

< 卷球鼠妇·金边麦冬为害状 >

防治方法

◆ 积极清园，及时清除落叶、杂草，保持绿地整洁。4 ~ 6 月、8 ~ 10 月在发生严重的绿地采用 21% 噻虫嗪 3 000 倍灌根或 10% 顺式氯氰菊酯 200 毫升 / 亩灌根或 1% 联苯·噻虫嗪颗粒剂 600 克 / 公顷施撒进行防治。

2

同型巴蜗牛

[学名] *Bradybaena similaris*（Férussac）

[主要寄主] 三叶草、红花酢浆草、月季、蔷薇、鸢尾、玉簪等各种灌木、花卉、草本植物等。

[形态特征] 成贝扁圆球形，平均壳高11.8毫米、壳宽14.9毫米，螺层数5～6层，壳口马蹄形，脐孔呈圆孔状。头部发达，具两对触角。幼贝初孵螺壳高0.8～1.8毫米，有1～2个螺层，5个月后增至4～5个，9个月后与成贝相似。卵圆球形，直径约2毫米，乳白色有光泽，孵化时呈土黄色。

[生活习性] 1年发生1代，以成贝或幼贝在浅土层、草丛、植物根部等阴湿环境越冬，翌年3月开始活动，4～5月交配产卵，5～6月为交配产卵盛期，雌雄同体、异体受精。该虫昼伏夜行，阴雨天全天活动，日均温度11.5～18.5℃，土壤含水量在20%～30%时利于其发生，喜咬食植物根、嫩茎、嫩叶呈孔洞，雨季会爬上小乔木啃咬嫩叶。爬行时体下分泌黏液，并排泄黑色细条状粪便，黏液风干后泛银色光泽。夏季高温干燥时会分泌黏液封闭螺壳口，隐蔽在阴湿地越夏，秋季恢复活动。

[学科分类]

腹足纲
↓
柄眼目
↓
巴蜗牛科

防治方法

◆ 入冬后及早清园，消灭越冬场所，减少虫口密度，蜗牛活动期及时清园，清除枯叶、杂草，在阴湿环境蜗牛活动频繁区撒施生石灰粉。

◆ 4～6月在晴天的傍晚将诱剂蜗克星颗粒剂均匀撒施于蜗牛为害的场所，每米设一点，每点2～3克，连续使用3～5次。

‹ 同型巴蜗牛 ›

3

双线嗜粘液蛞蝓

[学名] *Phiolomycus bilineatus*（Benson）

[主要寄主] 白花三叶草及草本花卉。

[形态特征] 成虫体柔软无外壳，体色灰白或浅黄褐色，爬行时体长 35 ~ 45 毫米，背部中央有一条黑色斑点组成的背线和两条侧线。

[生活习性] 1 年发生 2 代，以成虫或幼虫在植物根部隐蔽潮湿处越冬。翌年 3 月中下旬开始活动，5 ~ 7 月、10 月是全年两个发生盛期。雌雄同体，可异体或同体受精产卵，平均产卵量 400 余粒。蛞蝓怕光、喜阴湿环境，连续阴雨的环境白天也活动，可爬行栖息至植物枝干的伤口处活动为害。

< 双线嗜粘液蛞蝓 · 为害状 <

< 双线嗜粘液蛞蝓 · 成虫 <

防治方法

◆ 冬季清园要彻底，在活动区域喷洒 5 波美度石硫合剂，能大大减少来年发生基数。及时修改乔木主干上的伤口，已经腐烂的伤口要清创消毒后先用发泡剂填补，杜绝蛞蝓从伤口入侵为害。

◆ 毒饵诱杀：用夹竹桃鲜叶加炒香的豆饼粉碎后撒在蛞蝓活动区域，可毒杀蛞蝓；化学防治：用 8% 灭蜗颗粒或蜗克星颗粒剂 0.5 千克 / 亩均匀撒施于蛞蝓活动区域进行防治。

4

短额负蝗

[学科分类]

直翅目
↓
蝗总科

[学名] *Atractomorpha sinensis* Bolivar

[主要寄主] 栀子花、木槿、桑、菊花、鸡冠花、美人蕉、百日草、一串红、禾本科等。

[形态特征] 成虫体长 21 ~ 40 毫米，体型瘦长，体色随着虫龄增加有草绿色、黄绿色、浅褐色多变。头部向前突出，头额锥形。前翅绿色，后翅基部红色，端部绿色。后足发达为跳跃足。若虫形似成虫，无翅，仅有翅芽。

[生活习性] 1 年发生 2 代，以卵囊在土中越冬，翌年 4 月下旬开始孵化，若虫群集在寄主叶片上为害，将叶片咬成缺刻或孔洞。5 ~ 6 月为第一代孵化盛期，5 ~ 7 月、8 ~ 10 月分别为第一代和第二代成虫羽化期。秋季是全年为害高峰期。交配时雄虫在雌虫背部，故称"负蝗"。

< 短额负蝗 >

防治方法

◆ 少量发生时，可在清晨人工抓除。

◆ 若虫期，发生量大时可在傍晚喷洒 1.2% 烟参碱 800 倍或 30% 茚虫威 2 000 倍液进行防治。

5

日本条螽

[学名] *Ducetia japonica* Thunberg，又名日本管树螽、刺腿绿螽、点绿螽。

[主要寄主] 柑橘、桃、刺槐、木槿、瓜果蔬菜等。

[形态特征] 成虫体型狭长纤巧，体长15~20毫米，从头顶至翅尾端可达35~40毫米，触须细长直达翅尾端，颜色为黄色或黄褐色。翅上有黑色斑点。后翅长而发达，明显长于前翅，前翅狭长，超过后足股节端，头部背面黄褐色。

[防治方法] 参考短额负蝗。

[学科分类]

直翅目
↓
螽斯科

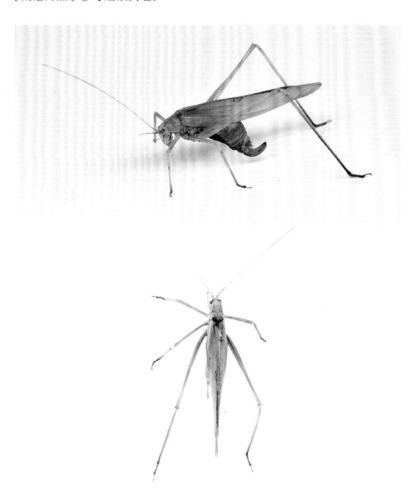

< 日本条螽 <

6

日本绿螽斯

［学名］*Holochlora japonica* Brunner *von* Wattenwyl，又名日本螽斯。

［主要寄主］桑、杨、柿树、核桃等。

［形态特征］成虫体长 21 ~ 32 厘米，虫体绿色，前翅长度超过后足腿节端部，后翅明显长于前翅，前足胫节下侧内缘有 6 ~ 7 枚刺，所有腿节下侧均有刺，雌成虫生殖板三角形，产卵管短，向上歪曲。

◀ 日本绿螽斯 ▶

7

大叶黄杨斑蛾

［学名］*Pryeria sinica* Moore，又名冬青卫矛斑蛾、大叶黄杨长毛斑蛾。

［主要寄主］大叶黄杨、丝棉木、扶芳藤、银边黄杨、卫矛等。

［形态特征］成虫体长 8 ~ 10 毫米，翅展 20 ~ 28 毫米；头、触角、胸、足黑色；前翅半透明，近基部浅黄色，后翅约为前翅 1/2 大小；胸、腹部两侧有橙黄色长毛。卵椭圆形，扁平，淡褐色，卵块长条形，被少量毛。老熟幼虫体长 17 ~ 20 毫米，头部黑色，胸腹部浅黄绿色，前胸背板有一粗短"∧"形黑斑，腹部有 7 条紫黑色纵线，体表有毛瘤和疏短毛。

[生活习性] 1年发生1代，以卵在枝条上越冬，翌年3月中旬至4月初陆续孵化。幼虫共6龄，3龄前幼虫群集为害新梢和新叶，3龄后期幼虫或食物不足时分散转移为害，食量大，发生严重时几天内可将新梢叶片啃食殆尽，导致全株枯死。4～5月老熟幼虫在地面土壤缝隙或墙缝处结茧化蛹，以此越夏，10月底至11月上、中旬成虫羽化，交尾产卵越冬。

< 大叶黄杨斑蛾·低龄幼虫群集为害状 <

< 大叶黄杨斑蛾·高龄幼虫 <

< 大叶黄杨斑蛾·为害状 <

防治方法

◆ 冬季修剪带有卵块的枝叶，粉碎处理，喷洒3～5波美度石硫合剂，灭杀越冬虫卵。

◆ 3月下旬抓住2～3龄幼虫期未分散转移为害前，用"生物蛙"（BT）可湿性粉剂1 200倍或短稳杆菌800倍或25%灭幼脲3号2 000～2 500倍或30%茚虫威2 000倍液喷雾防治。

◇ 8 ◇

[学科分类]

鳞翅目
↓
斑蛾科

网锦斑蛾

[学名] *Trypanophora semihyalina* FliKollar

[主要寄主] 茶、樱花、盐肤木、悬铃木、枫杨等。

[生活习性] 1年发生2代，以老熟幼虫在书带草或枯草丛中越冬，翌年3月底开始活动，4月中下旬为越冬代成虫羽化盛期。9月底至10月中旬全年第二代幼虫孵化盛期。

[防治方法] 参考大叶黄杨斑蛾。

‹ 网锦斑蛾·成虫 ›

‹ 网锦斑蛾·交尾状 ›

9

重阳木锦斑蛾

[学科分类]

鳞翅目
↓
斑蛾科

[学名] *Histia rhodope* Cramer

[主要寄主] 重阳木。

[形态特征] 成虫体长 17 ~ 24 毫米，翅展 50 ~ 70 毫米，头小，红色有黑斑，胸、腹面红色，中胸背板黑褐色；前翅正面灰黑色，背面基部至翅室泛蓝光，基部下方有红点；后翅基部至翅室近端部泛蓝绿色光泽，端部黑色。卵椭圆形，稍扁，初产时乳白色，后为鲜黄色，孵化时为浅灰色。幼虫体肥厚而扁，具枝刺，老熟幼虫体长 22 ~ 24 毫米，各体节背面中央有黑色横条斑，亚背线各体节枝刺间各有 1 个椭圆形黑斑，组成体被 3 列黑色斑纹。蛹黄色，茧黄白色，丝质。

[生活习性] 1 年发生 3 代，以老熟幼虫在树皮缝隙、树洞、石块下、枯叶上结茧越冬。翌年 4 月下旬越冬代成虫羽化。成虫趋光性弱，喜在午间阳光猛烈时在林间阴凉处的乔木树干、灌木、地被植物上飞舞、栖息、交配，产卵于重阳木叶背和树干。3 代为害期分别在 6 月中下旬、7 月上中旬、8 月中旬至 9 月中下旬，初孵幼虫群集叶片为害，3 龄后分散为害，高龄幼虫受惊会吐丝坠地逃逸，发生严重时将整棵树的叶片吃光，缺少食物时幼虫会四散转移寻找食物，甚至爬入附近民居内。

< 重阳木锦斑蛾·卵块 >

< 重阳木锦斑蛾·成虫展翅状 >

< 重阳木锦斑蛾·成虫 >

< **重阳木锦斑蛾·为害状** <

防治方法

◆ 重阳木种植区冬季彻底清园，清除枯叶和各类建筑垃圾，用竹扫帚扫刷树干，消灭部分越冬虫茧。10月中旬在重阳木种植区放置草把，引诱成虫结茧后集中烧毁。

◆ 5月下旬第一代幼虫期用4.5%高效氯氰菊酯1500~2000倍或"生物蛙"（BT）可湿性粉剂1200倍或短稳杆菌800倍或25%灭幼脲3号2000~2500倍或30%茚虫威2000倍液喷雾防治。

10

[学科分类]

鳞翅目
↓
大蚕蛾科

樗蚕蛾

[学名] *Philosamia cynthia* Walker *et* Felder

[主要寄主] 意杨、乌桕、悬铃木、香樟、木槿、桤木、泡桐、核桃等。

[形态特征] 成虫体长20~33毫米，翅展110~130毫米，体型大，体青褐色。前翅褐色，顶角圆突，粉紫色，具黑色半透明眼斑1个，前后翅中央各具新月斑1个，斑外侧有纵贯全翅的宽带1条，带的中部粉红色，外侧白色，内侧深褐色，边缘有白曲纹1条。卵扁椭圆形，灰白色。幼虫老熟时体长55~60毫米，青绿色，被白粉，各体节具枝刺6根，体粗肥大，头、中胸和尾部稍细。蛹体棕褐色，长28~50毫米。茧灰白色，橄榄型，茧柄长40~130毫米，缠在寄主的叶柄和小枝上。

[生活习性] 1年发生2代，以蛹在茧内越冬。5月越冬代成虫羽化、交尾、产卵。成虫有趋光性，飞翔能力强。卵产于寄主植物叶片上，聚集成块，每块有卵数粒至数十粒不等，卵孵化期约30天，5月中下旬、9~10月下旬分别是第一代、第二代幼虫孵化为害期，初孵幼虫群集为害，3龄后分散为害。第一代老熟幼虫在寄主植物上缀叶结茧，越冬代多在树下的杂灌木上结茧。

< 樗蚕蛾·幼虫 >

< 樗蚕蛾·卵被茧蜂寄生 >

< 樗蚕蛾·成虫 >

防治方法

◆ 冬季彻底清园，清除林下枯枝落叶，修剪带虫茧枝条。

◆ 安装诱虫灯诱杀。

◆ 保护天敌茧蜂和姬蜂。

◆ 发生严重时，5月中下旬用4.5%高效氯氰菊酯1 500～2 000倍或"生物蛙"（BT）可湿性粉剂 1 200倍或短稳杆菌800倍或25%灭幼脲3号2 000～2 500倍或30%茚虫威2 000倍液喷雾防治。

11

[学科分类]

鳞翅目
↓
大蚕蛾科

绿尾大蚕蛾

[学名] *Actias selene ningpoana* Felder，又名水青蛾、长尾月蛾、绿翅天蚕蛾。

[主要寄主] 樱花、垂柳、枫杨、喜树、核桃、乌桕、枫香、爬山虎等。

[形态特征] 成虫翅展 123～126 毫米，粉绿色，体被浓厚白色绒毛；前翅前缘紫褐色，外缘黄褐色，前后翅中央各有眼状斑纹 1 个，翅脉较明显；后翅有长尾突。卵球形，稍扁，灰黄色。幼虫老熟时体浅褐色，体长 73～100 毫米，各节体背有枯黄色瘤突，其上着生黑色刺毛和白色长毛。蛹赤褐色，长45～50 毫米。茧长卵圆形或椭圆形，灰黄色或灰褐色。

[生活习性] 1 年约发生 2 代老熟幼虫，在枝干上结茧越冬，翌年 4 月中旬至 5 月上旬羽化。成虫有趋光性，交尾后产卵于叶背或枝干，卵期 10～15 天，5～6 月上旬、7～8 月分别是第一代和第二代幼虫期。

[防治方法] 参照樗蚕蛾的防治方法。

< 绿尾大蚕蛾·老熟幼虫 <

< 绿尾大蚕蛾·茧 <

< 绿尾大蚕蛾·成虫 <

12

卫矛巢蛾

[学名] *Yponomeuta polystigmellus* Felder

[主要寄主] 卫矛、栎树等。

[形态特征] 成虫体长 9~13 毫米；头、胸被白色鳞毛，腹部、足灰黄色；前翅白色，有小黑点 40~50 个，约成 4 纵列，近外缘散布小黑点多为 7~10 个，翅腹面灰褐色，缘毛白色；后翅正反面均灰褐色，缘毛白色。卵乳白色，扁椭圆形，具细密纵纹。幼虫老熟体长 18~24 毫米，淡绿色或暗黄色，胸、腹部背面有 2 纵列黑毛瘤，每节体侧各有 2 个毛瘤。蛹体长 11 毫米，淡绿、暗黄色。茧白色，薄。

[生活习性] 1 年发生 1 代，以初孵幼虫作茧越冬。翌年寄主发芽后，幼虫出茧取食芽和嫩叶基部。嫩叶被吃光后，幼虫还可取食新梢韧皮部。1、2 龄幼虫通过爬行或吐丝下垂转到其他枝上继续为害新芽。2 龄后开始吐丝结网取食，低龄幼虫 2~3 头生活在一个网叶内，老熟幼虫多数单个网叶取食。老熟幼虫多在大枝干分岔处吐丝结茧化蛹。成虫趋光性弱，夜间活动。5 月为幼虫为害盛期。

[学科分类]

鳞翅目
↓
巢蛾科

防治方法

◆ 灯光诱杀成虫。

◆ 人工剪除卵块枝条及网巢枝叶，集中粉碎处理。

◆ 4 月底 5 月初，幼虫低龄期用 4.5% 高效氯氰菊酯＋25% 灭幼脲 3 号 2 000 倍或"生物蛙"（BT）可湿性粉剂 500 倍或短稳杆菌 800 倍或 30% 茚虫威 2 000 倍喷雾防治。

< **卫矛巢蛾·成虫** <

13

油桐尺蛾

[学科分类]

鳞翅目
↓
尺蛾科

[学名] *Buzura suppressaria* Guenée，又名油桐尺蠖、量尺蛾、大尺蛾。

[主要寄主] 油桐、茶、乌桕、柿、枣、水杉、扁柏、侧柏、刺槐、杨梅、麻栎、柑橘等。

[形态特征] 雌成虫体长 24 ~ 25 毫米，翅展 67 ~ 76 毫米，触角丝状，体翅灰白色，密布灰黑色小点；翅基线、中横线和亚缘线有不规则黄褐色波状横纹，翅外缘波状，缘毛黄褐色；足黄白色，腹部末端具黄色茸毛；翅反面灰白色，翅中有 1 黑点。雄蛾体长 19 ~ 23 毫米，翅展 50 ~ 61 毫米，触角羽毛状，黄褐色；翅基线、亚外缘线灰黑色，腹末尖细。幼虫体色多变，低龄幼虫常为灰色、绿色、暗绿色，3 龄后为绿色、褐色。老熟幼虫体表粗糙，前胸背面有两个微小凸起，胸部气门红色，清晰。

[生活习性] 1 年发生 2 ~ 3 代，以蛹越冬，翌年 4 ~ 5 月成虫羽化产卵，幼虫期分别在 5 月中旬至 6 月下旬、7 月中旬至 8 月中旬、9 月下旬至 11 月中旬。卵期 7 ~ 15 天，幼虫期 25 ~ 30 天，蛹期 20 天左右，成虫寿命 6 ~ 10 天。

< 油桐尺蛾·雄成虫 <

‹ 油桐尺蛾·雌成虫 ›

‹ 油桐尺蛾·成虫翅反面状态 ›

防治方法

◆ 物理防治：灯光诱杀。

◆ 化学防治：第一代幼虫期防治较为关键，应加强监测，可在 5 月下旬或其他各代幼虫低龄期用 4.5% 高效氯氰菊酯＋25% 灭幼脲 3 号 2 000 倍或"生物蛙"（BT）可湿性粉剂 500 倍或短稳杆菌 800 倍或 30% 茚虫威 2 000 倍液喷雾防治。

14

大造桥虫

[学科分类]

鳞翅目
↓
尺蛾科

[学名] *Ascotis selenaria*（Denis *et* Schiffermuller）

[主要寄主] 栀子、杜鹃、大叶黄杨、水杉、石榴、木槿、香樟、悬铃木等。

[形态特征] 成虫体长 15～20 毫米，翅展 38～50 毫米，体色变化大，常见黄白、灰褐、黄白色；翅面上布满细波纹，前翅内、外线间有白斑 1 个，部分成虫后翅中室也具白斑 1 个。幼虫老熟时体长 40 毫米，体色多变，黄绿、青白、红褐色，第二腹节背中央有黑褐色长形斑 1 个。蛹深褐色，尾端有刺 2 根。

[生活习性] 1年发生4～5代，以蛹在土中越冬，3月底开始羽化，4月中下旬为越冬代成虫羽化盛期。成虫趋光性强，白天喜在林间灌木和树干上栖息，夜间交配产卵，每雌产卵200～1000粒，初孵幼虫吐丝下垂，随风扩散为害，完成1代32～42天，5、6、7、9月的中下旬为各代幼虫期，6～7月受害最严重。

＜ **大造桥虫·成虫**

＜ **大造桥虫·老熟幼虫** ＜

防治方法

◆冬季清园，深翻土壤，消灭冬蛹。

◆安装诱虫灯进行种群的监测，根据监测及时掌握种群发生量的变化，提前做好防治计划。

◆发生量逐渐增大时应在6月下旬及时组织化学防治，可用4.5%高效氯氰菊酯＋25%灭幼脲3号2000倍液进行防治第一次，此后7～9月继续监测种群发生情况如需继续防治可用"生物蛙"（BT）可湿性粉剂1200倍或短稳杆菌800倍或30%茚虫威2000倍液喷雾防治。

15

[学科分类]

鳞翅目
↓
尺蛾科

小蜻蜓尺蛾

[学名] *Cystidia couaggaria* Guenee

[主要寄主] 杏、石楠、茶、红叶李、李、火棘、梅、桃、樱桃、梨等。

[形态特征] 成虫翅狭长，腹细长，形似蜻蜓但较小。腹部赭黄色有黑斑，翅黑色有白色斑纹。幼虫虫体黑色，虫体有橙色环纹和白色纵线。在叶间吐丝结茧化蛹，卵产于树皮缝隙处，每次产数粒至数十粒卵。

[生活习性] 1 年发生 1 代，以幼虫越冬。6 月上旬成虫大量羽化，喜产卵在红叶李、李树、桃树上。

< **小蜻蜓尺蛾·成虫** <

防治方法

◆ 物理防治：灯光诱杀成虫。

◆ 化学防治：6 月中下旬幼龄幼虫期喷洒 4.5% 高效氯氰菊酯 2 000 倍或 25% 灭幼脲 3 号 2 000 倍或"生物蛙"（BT）可湿性粉剂 1 200 倍或短稳杆菌 800 倍或 30% 茚虫威 2 000 倍液喷雾防治。

16

蝶青尺蛾

[学科分类]

鳞翅目
↓
尺蛾科

[学名] *Hipparchus papilionaria* Linnaeus，又名翠蝶尺蛾。

[主要寄主] 杨、栎、蔷薇科等植物。

[形态特征] 成虫胸、腹草黄色，翅青或草黄色，反面粉翠色，前翅有月牙纹白线 2 条，后翅 1 条。幼虫体色初似寄主树枝，后变绿色。

[生活习性] 该虫常州常见但发生量小，有很强趋光性。

< **蝶青尺蛾** <

17

国槐尺蛾

[学科分类]

鳞翅目
↓
尺蛾科

[学名] *Semiothisa cinerearia* Bremer et Grey，又名槐尺蠖。

[主要寄主] 中国槐、刺槐、龙爪槐。

[形态特征] 成虫体长 12～17 毫米，翅展 30～45 毫米，体黄褐至灰褐色，触角丝状。前翅前缘近顶角处有 1 个三角形斑，前后翅面上均有深褐色波状纹 3 条。卵扁圆形，表面有网纹，初产时淡绿色。幼虫体两型，春型老龄体长 38～42 毫米，粉绿色，老熟体紫粉色，头部浓绿色，气门线黄色，气门线以上密布小黑点，气门线下深绿色；秋型老龄体长 45～55 毫米，粉绿色

稍带蓝，头部、背线黑色，每节中央成黑色"＋"字形，亚背线和气门上线为间断的黑色纵条，胸部和腹末两节散布黑点，腹面黄绿色。蛹体圆锥形，初粉绿色，后褐色。

[生活习性] 1年发生5代，以蛹在树木附近土中越冬。各代成虫期分别在4月上旬至5月上旬成虫羽化。成虫昼伏夜出。各代幼虫期是4月中下旬、6月上旬、7月上旬、8月上中旬和9月中旬。成虫产卵于叶片正面主脉附近，成片状，每片10余粒。4～9月上旬均有幼虫，世代重叠，幼虫3龄后分散取食全叶仅留中脉，幼虫数量多，食量大，能在几天内将成片树叶食尽，受惊后吐丝下垂，10月后幼虫老熟下树，下树化蛹越冬。

< 国槐尺蛾·低龄幼虫 <

< 国槐尺蛾·老熟幼虫 <

< 国槐尺蛾·成虫 <

防治方法

◆ 冬季清园时人工挖蛹。早春时及时安装频振式诱虫灯或黑光灯诱杀成虫。

◆ 加强监测，第一、二、三代幼虫期防治较为关键，应加强监测，可在 5 月中旬 6 月中旬或其他各代幼虫低龄期用 4.5% 高效氯氰菊酯＋ 25% 灭幼脲 3 号 2 000 倍或"生物蛙"（BT）可湿性粉剂 500 倍或短稳杆菌 800 倍或 30% 茚虫威 2 000 倍液喷雾防治。

◆ 保护和利用天敌，可在第一、二、三代成虫期释放赤眼蜂来寄生虫卵。

< 5月中旬为害国槐 <

18

[学科分类]

鳞翅目
↓
尺蛾科

核桃星尺蛾

[学名] *Ophthalmodes albosignaria*（Bremer & Grey）

[主要寄主] 核桃、泡桐、松、槐、桑等。

[生物学特性] 4 月底 5 月初成虫大量出现。其他习性不详。

< 核桃星尺蛾·成虫展翅状 <

19

黑条眼尺蛾

[学名] *Problepsis diazoma* Prout

[主要寄主] 女贞。

[形态特征] 成虫翅展 32～41 毫米，虫体和翅面白色。前翅中室有一个圆形斑，斑内下部有 2 个黑色条斑；后翅中室有一个椭圆形斑，翅的外缘有一个由银灰色斑块组成的宽条带。

[生活习性] 幼虫为害女贞，常州市公园绿地内常见但发生数量少。

[学科分类]

鳞翅目
↓
尺蛾科

< 黑条眼尺蛾·为害状 >

< 黑条眼尺蛾·成虫展翅状 >

20

夹竹桃艳青尺蛾

[学名] *Agathia lycaenaria*（Kollar）

[主要寄主] 夹竹桃、栀子、茜草科植物。

[形态特征] 成虫翅展 36～41 毫米。雌雄触角线形，胸、腹部背面 1～4 节绿色，第三、四节背面有小褐斑，雌成虫第三腹节腹板两侧有刚毛。翅面鲜绿色，前翅基部黑色杂黄褐色，有 2 条褐色线带，中线褐色至黑褐色，边缘夹杂黄褐色，后缘中部均膨大成斑块，外线带内缘波曲，外缘锯齿形；后翅后侧外缘有 1 个大齿尖，后翅有 1 条线带在顶角内侧黑褐色，与大齿尖连接扩展为 1 个大褐斑，大褐斑内有 1 个白斑，白斑至外缘代紫红色。翅反面污浅绿色，除前翅中线较浅外，其他斑纹与正面基本相同，带粉色。

[生活习性] 原产福建、台湾、广东、香港、四川等地，常州市区近两年常零星监测到发生，但未见大量发生。成虫色彩艳丽，有一定观赏性。

[学科分类]

鳞翅目
↓
尺蛾科

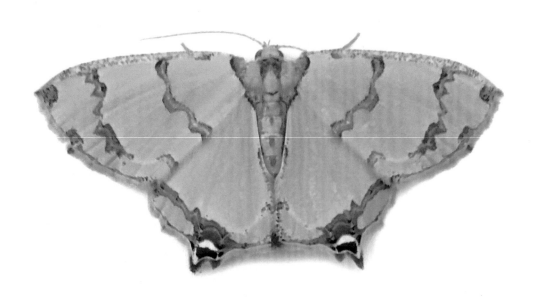

‹ **夹竹桃艳青尺蛾·成虫** ‹

21

[学科分类]

鳞翅目
↓
尺蛾科

木橑尺蛾

[学名] *Culcula panterinaria*（Brener *et* Grey）

[主要寄主] 蔷薇、茶、柿、桃、梨、核桃、石榴、山楂、合欢、刺槐、臭椿、泡桐等。

[形态特征] 成虫体长 25～30 毫米，翅展 55～65 毫米灰白色。前后翅有大小不等的橙色斑，外横线为一串橙色和深褐色圆斑；前翅基部有橙黄色大圆斑 1 个。卵扁圆形，绿色至黑色。幼虫老熟体长约 70 毫米，表皮粗糙，体色因食料不同而有变异，常为绿、褐、灰褐色等。头部密布小突起，顶部中央凹陷，两颊突起成橙红色角峰，有灰黑色小颗粒，前胸背面有角状突起 2 个，中胸至腹末各节两侧各有灰白小圆点 2 个。蛹纺锤形，黑褐色，有光泽。

[生活习性] 1 年发生 2～3 代，以蛹在寄主树下潮湿浅土层中及石块下越冬。成虫羽化很不整齐，4～9 月都可见成虫，成虫不活跃，趋光性强，需补充营养。产卵于叶背或石块，每雌产卵 1 000～1 500 粒，卵成块，每块卵粒不定，卵块上覆盖棕黄色毛，卵期约 10 天。幼虫 6 龄，初孵幼虫活泼，喜光，常在树冠外围为害，可吐丝转移，风可帮助幼虫转移为害，大暴雨可使低龄幼虫致死。3 龄后迟钝，食量猛增，可成群外迁扩大为害，腹足抓附力强，不易振落，7～8 月为害最重，易暴食成灾。入土成群化蛹。

防治方法

◆ 安装频振式诱虫灯或黑光灯诱杀成虫。

◆ 及时剪除卵块。

◆ 5 月、6 月加强监测，幼虫虫量增加可在低龄期喷洒 Bt 乳剂 500 倍液、20% 除虫脲悬浮剂 7 000 倍液或核型多角体病毒液防治幼虫。

‹ **木橑尺蛾·成虫** ‹

22

桑尺蛾

[学科分类]

鳞翅目
↓
尺蛾科

[学名] *Phthonandria atrineata* Butler，又名桑枝尺蠖。

[主要寄主] 桑。

[形态特征] 成虫体长 13 ~ 15 毫米，虫体和翅焦枯色。前翅外缘钝锯齿形，外缘线波浪曲折，中部有黑曲横线 2 条，外方线斜向翅尖，内方线斜向外缘 1/2 处；后翅外缘线细，波浪形。卵扁平，椭圆形，褐绿至暗紫色。幼虫老龄体灰绿至灰褐色、背线、亚背线、气门线及腹线褐色，各线间有黑色波状纹，胸节间有黑横带，第一腹节背有月牙形黑纹 1 对，第五节背隆起成峰，第八节背有黑乳突 1 对。蛹体深酱红色，第四 ~ 六腹节后半黄色。

[防治方法] 参考木橑尺蛾。

< 桑尺蛾·成虫 >

23

丝棉木金星尺蛾

[学名] *Calospilos suspecta* Warren，又名大叶黄杨尺蛾。

[主要寄主] 丝棉木、扶芳藤、卫矛、大叶黄杨、榆、槐、杨、柳等多种植物。

[形态特征] 成虫体长约33毫米，翅白色，具有淡灰和黄褐色不规则斑纹。卵长圆形，有网纹，初灰绿色，后黑色。幼虫老龄体长28～32毫米，体黑色，前胸背板黄色，上有近方形黑斑5个，胸腹部有7条黄白色纵纹，纵贯胴体。蛹体棕色，纺锤形。

[生活习性] 1年发生3～4代，世代重叠，以幼虫、蛹越冬。翌年3月中、下旬越冬代成虫陆续羽化。成虫趋光性弱，偶有扑灯现象，不善飞翔。幼虫期分别在5月中旬、7月中旬、8月中旬和10月中旬，幼虫为害可延续到11月，幼虫共5龄。初孵幼虫有群集叶背，嚼食叶片、嫩枝皮层，幼虫虫口密度高，食量大，能在短期内将寄主的叶片食尽。受惊后吐丝下垂，老熟幼虫吐丝飘落入土化蛹。

丝棉木金星尺蛾·老熟幼虫

丝棉木金星尺蛾·成虫

< 丝棉木金星尺蛾 · 成虫展翅状 <

防治方法

◆ 幼虫期摇晃寄主树枝，幼虫受惊吐丝下垂，集中收集消灭。

◆ 5月、7月第一、二代幼虫低龄期防治较为关键，用药可参考国槐尺蛾。

◆ 保护天敌，幼虫天敌螟蛉盘绒茧蜂在早春2～3月、7月、8月幼虫期寄生率高，此时应少用或不用化学防治。

24

金星垂耳尺蛾

[学名] *Pachyodes amplificata*（Walker）
[主要寄主] 灯诱到，寄主未知。

[学科分类]

鳞翅目
↓
尺蛾科

< 金星垂耳尺蛾 · 成虫展翅状 <

25

樟翠尺蛾

[学科分类]

鳞翅目
↓
尺蛾科

[学名] *Thalassodes quadraria* Guenée

[主要寄主] 香樟。

[形态特征] 成虫翅展 15 ~ 18 毫米，翠绿色，布满白色细碎纹，翅反面色较淡；前、后翅均有 2 条直的细横线。卵直径约 0.6 毫米，卵圆形，表面光滑。初产时淡黄色，近孵化时为紫色。幼虫初孵幼虫淡黄色。老熟幼虫体长 38 ~ 41 毫米，紫绿色。蛹长 17 ~ 21 毫米，初为紫褐色，后变为紫绿色；腹部末端有 1 根叉状臀刺。

[生活习性] 1 年发生 4 代，以老熟幼虫在枝叶上越冬。翌年 4 月下旬至 5 月中旬羽化，成虫羽化后，白天静伏于叶丛间，夜间活动。成虫趋光、趋嫩绿性强。4 月下旬至 5 月下旬产卵，卵散产于叶背，每雌虫产卵 87 ~ 513 粒。幼虫白天多静伏于枝条或叶柄上，早、晚取食，食量较大，老熟后吐丝飘落于土表化蛹。以后各月各虫态并存，世代重叠。

[防治方法] 参考丝绵木金星尺蛾。

< 樟翠尺蛾·成虫 <

< 樟翠尺蛾·成虫展翅状 <

26

樟三角尺蛾

［学名］*Trigonoptila latimarginaria*（Leech）

［主要寄主］香樟。

［形态特征］成虫体灰黄色，翅展 40～50 毫米；前、后翅各有 1 条斜线，由翅后缘向外伸出，形成三角形的一条边；前翅顶角有 1 个卵形浅斑，中室下方由内横线至斜线间有 1 个粉色三角斑；后翅斜线内侧粉褐色，外侧褐黄，顶角凹缺。卵圆形、光滑；初产时乳白色，近孵时为褐色。老熟幼虫体长 65～73 毫米，黄褐色，体上散布有小黑点；第一腹节两侧各有 1 个三角形浅黑褐色纹。

［防治方法］发生量少，可不防或与其他鳞翅目虫害兼防。

< 樟三角尺蛾 · 成虫展翅状 <

< 樟三角尺蛾 · 成虫 <

27

雪尾尺蛾

[学名] *Ourapteryx nivea* Butler

[主要寄主] 朴、冬青、栓皮栎等。

[形态特征] 成虫体长约
15 毫米，翅展约 50 毫
米。虫体和翅白色。前
翅有 2 条淡褐色细纹，
后翅有 1 条淡褐色细纹，
后翅外缘有尖状突起，
突起底部有 2 个赭色斑。

[学科分类]

鳞翅目
↓
尺蛾科

< 雪尾尺蛾·成虫展翅状 >

28

紫线尺蛾

[学名] *Calothysanis* Walker

[主要寄主] 桑、苜蓿、蓇蓄等。

[形态特征] 成虫体长约
7 毫米，翅展约 22 毫米，
浅褐色。前、后翅中部
有一条连贯的暗紫色斜
纹，后翅外缘中部显著
突出；前、后翅外缘均
有紫色线。

[学科分类]

鳞翅目
↓
尺蛾科

< **紫线尺蛾·成虫展翅状** >

29

黄刺蛾

[学科分类]

鳞翅目
↓
刺蛾科

[学名] *Cnidocampa flavescens*（Walker），又名"洋辣子"、刺毛虫。

[主要寄主] 梅、海棠、月季、石榴、枇杷、紫薇、紫荆、法青、柑橘、桂花、红叶李、樱花、槭属、杨、柳、榆、乌桕、喜树、枫香、悬铃木等。

[形态特征] 成虫体长 13～17 毫米，翅展 35 毫米左右；头、胸黄色，腹黄褐色；前翅基半部黄色，外半部黄褐色，有斜线呈倒"V"字形，为内侧黄色与外侧褐色的分界线，内半部黄色，外半部褐色。卵长约 1.5 毫米，淡黄色，扁平，椭圆形，其上有网状纹。幼虫老熟时体长约 24 毫米，黄绿色，圆筒形；头小，隐于前胸下方；前胸有黑褐点 1 对，体背有两头宽、中间窄的鞋底状紫红色斑纹；自第二腹节起各体节有枝刺 2 对，第三、四、十节各对枝刺特别大，枝刺上有黄绿色毛；体侧有均衡枝刺 9 对，各节有瘤状突起，上有黄毛；气门上线淡青色，气门下线淡黄色。蛹体长约 13 毫米，短粗，椭圆形，离蛹，黄褐色。茧灰白色，椭圆形，表面有黑褐色纵条纹。

[生活习性] 1 年发生 2 代，以老熟幼虫在枝干或皮缝结茧越冬。翌年 4 月下旬至 5 月初在茧内化蛹，5 月上旬至 6 月初成虫相继羽化，5 月下旬为羽化高峰。第一代幼虫期 6 月上旬至 7 月下旬，孵化高峰在 6 月中旬，幼虫共 7 龄。初孵若虫先食卵壳，再食叶下表皮和叶肉，形成透明枯斑，4 龄后取食叶片形成孔洞，5、6 龄幼虫可将叶片吃光仅剩叶脉。第二代幼虫期在 8 月中旬至 9 月下旬。该虫在林缘疏林和幼树上发生数量多，为害严重。幼虫为害到 9 月底至 10 月，相继老熟结茧越冬。

< 黄刺蛾·中龄幼虫 <

< 黄刺蛾·老熟幼虫 <

‹ 黄刺蛾·茧 ›

‹ 黄刺蛾·成虫 ›

防治方法

◆ 秋、冬季人工敲击越冬虫茧。

◆ 6月上中旬第一代幼虫低龄期用 4.5% 高效氯氰菊酯＋25% 灭幼脲 3 号 2 000 倍或生物蛙（BT）可湿性粉剂 500 倍或短稳杆菌 800 倍或 30% 茚虫威 2 000 倍液喷雾防治。

◆ 保护天敌（紫姬蜂 *Chrysis shanghaiensis* Smith、广肩小蜂 *Eurytoma monemae* Rusche）。

30

褐边绿刺蛾

[学名] *Parasa consocia* Walker，又名黄缘绿刺蛾、绿刺蛾、青刺蛾、四点刺蛾、曲纹刺蛾。

[主要寄主] 悬铃木、白榆、刺槐、梨、柿、枣、核桃、青桐、栎、人叶黄杨、紫薇、紫荆、黄连木、栀子、无患子、红叶李、法青、白蜡、杨、柳、枫杨、香樟、泡桐、苦楝、乌桕、喜树、月季、桂花、梅、樱花、海棠、山茶、柑橘、牡丹、芍药等。

[学科分类]

鳞翅目
↓
刺蛾科

[形态特征] 成虫体长 17 ~ 20 毫米；头、胸和前翅粉绿色，胸背中央有红褐色纵线 1 条。前翅基部有放射状红褐色斑 1 块，外缘有浅褐色宽条 1 条，镶棕色边，缘毛深褐色。后翅及腹部浅褐色，缘毛褐色。卵扁平，椭圆形，黄绿或蜡黄色。幼虫体长 25 ~ 28 毫米，圆筒形，翠绿或黄绿色，背中线天蓝色，带的两侧每节有蓝斑 4 个，体侧各节也有蓝斑 4 个。后胸至第九腹节各节侧面均具刺突 1 对，枝刺顶端黑色，气门上方的侧刺瘤中央有橙黄色椭圆形球 1 个，第八、九腹节各着生黑色绒球状毛丛 1 对，每侧有大小不甚悬

殊的绿色刺瘤 4 个；腹末有大而明显的黑色绒球状毒刺丛 4 个。蛹和茧棕褐色，扁椭圆形，茧上布满黑色毒刺毛和少量白丝。

[生活习性] 1 年发生 2 代，以老熟幼虫在土中结茧越冬。翌年 4 月下旬至 5 月上中旬老熟幼虫化蛹，成虫 5 月下旬至 6 月中旬羽化。成虫昼伏夜出，具趋光性。两代幼虫期分别在 6 ~ 7 月、8 ~ 9 月。初孵幼虫不取食，2 龄取食卵壳及叶肉，3 龄前有群集习性，啃食叶肉形成明显半透明枯斑。4 龄以后分散并咬穿叶表皮，6 龄后自叶缘向内取食叶片。9 月起陆续入土结茧越冬。

< 被茧寄生蜂寄生的茧 >

< 褐边绿刺蛾·老熟幼虫 >

< 褐边绿刺蛾·成虫 >

< 褐边绿刺蛾·成虫展翅状 >

防治方法

◆ 冬季清园时人工挖除越冬虫茧，集中消灭。6 月中旬加强监测，发现尚未扩散的幼虫缀叶，可及时剪除虫叶。

◆ 安装频振式诱杀成虫。

◆ 5 月底 6 月初，第一代幼虫期防治较为关键，用药参考黄刺蛾。

31

扁刺蛾

[学名] *Thosea sinensis*（Walker），又名黑刺蛾。

[主要寄主] 蔷薇科植物及柿、核桃、梧桐、杨、桑、花椒、柑橘、栀子、银杏、国槐、红叶李、大叶黄杨、樟等近 100 种植物。

[形态特征] 成虫体长 14 ~ 17 毫米，灰褐色，腹面及足深。前翅灰褐色，自前缘近顶角处向后缘中部有明显暗褐斜纹 1 条。卵长扁椭圆形，背面隆起，长约 1 毫米，淡黄绿色，后灰褐色。幼虫老熟时体椭圆形，扁平，背面稍隆起，长 20 ~ 27 毫米，淡鲜绿色，背中有贯穿头尾的白色纵线 1 条，线两侧有蓝绿色窄边，两边各有橘红至橘黄色小点 1 列，背两边丛刺极小，其间有下陷的深绿色斜纹，侧面丛刺发达。蛹体椭圆形，长 10 ~ 14 毫米，乳白色，后黄褐色。茧近似圆球形，暗褐色，长 13 ~ 16 毫米。

[生活习性] 1 年发生 2 代，以老熟幼虫在浅土层中结茧越冬。翌年 4 月中旬开始在茧内化蛹，5 月下旬开始羽化，成虫有强趋光性。卵散产于叶面上，每雌虫产卵 10 ~ 200 粒。6 月中旬为产卵盛期，6 月中下旬至 7 月底第一代幼虫期，初孵幼虫不取食，2 龄后啮食卵壳和叶肉，4 龄以后逐渐咬穿表皮，6 龄后自叶缘蚕食叶片。7 月上旬至 8 月上旬结茧化蛹。8 月中下旬第一代成虫羽化，开始交尾产卵，第二代幼虫期为 8 月下旬至 10 月初。9 月底、10 月初老熟幼虫沿树干爬下，于根际附近的浅土层中结茧越冬。

[防治方法] 参见褐边绿刺蛾防治。

< **扁刺蛾·老熟幼虫和寄生蜂幼虫** >

< **扁刺蛾·栀子花为害状** >

32

迹斑绿刺蛾

[学名] *Parasa pastoralis* Butler

[主要寄主] 鸡爪槭、板栗、七叶树、樱花、香樟、柑橘等。

[形态特征] 成虫翅展 28～42 毫米。头、胸背和前翅翠绿色，翅基浅黄色，外有深褐色晕圈，外缘线浅褐色，呈波状宽带；腹部、缘毛和足浅褐色。卵扁椭圆形，黄绿色。幼虫老龄体长 24～26 毫米；头红褐色，体翠绿色，背线褐色，其两侧具黑边；腹部两侧有近方形线框 6 对，中胸至第九腹节背侧均有短枝刺，枝刺上均着生放射状绿色刺毛，第一节枝刺最发达，其上着生黑色粗刺及红色刺毛；后胸至第八腹节腹侧各有枝刺 1 对，其上着深绿色刺毛；第八、九节腹侧枝刺基部有红色毛丛；体侧有棕色波状线条。茧扁椭圆形，棕褐色。

[生活习性] 1 年发生 2 代，以老熟幼虫越冬。翌年 4 月中下旬化蛹，5 月下旬至 6 月成虫羽化。成虫白天栖息于寄主叶背面或其他隐蔽处，夜间活动，有趋光性。卵聚集成块，鱼鳞状排列，上附胶质物。幼虫多在上午孵化，初孵幼虫群集啃食叶肉，呈灰白色枯斑，长大后食全叶，喜食老叶片；老熟幼虫在树干上、枝杈上及树皮裂缝或伤疤边缘等处结茧化蛹。8 月上中旬第二代成虫羽化，8 月下旬至 9 月为第二代幼虫为害期，10 月后幼虫结茧为害。

[防治方法] 参见褐边绿刺蛾防治。

< 迹斑绿刺蛾·成虫 <

33

丽绿刺蛾

[学名] *Parasa lepida*（Cramer）

[主要寄主] 樱花、海棠、石榴、月季、紫荆、刺槐、悬铃木、枫杨、杨、茶、法青、榉树、无患子、喜树等。

[学科分类]

鳞翅目
↓
刺蛾科

[形态特征] 成虫体长 14～18 毫米，翅展 27～43 毫米；头、胸背绿色，前胸腹面有长圆形绿斑 2 块；足、腹部黄褐色；前翅翠绿色，基斑紫褐色，尖刀形。卵椭圆形，扁平，米黄色。幼虫老龄体长 15～30 毫米，翠绿色，老熟时有一不连续的蓝色背中线和几条亚背，腹部第一节背侧两丛短刺中夹有数根橘红色刺毛。腹部末端有 4 丛蓝黑色刺毛球。茧扁平，椭圆形，上覆黄褐色丝状物。

[生活习性] 1 年发生 2 代，以老熟幼虫在干缝隙或树干基部结茧越冬。翌年 4～5 月化蛹，5 月中旬至 6 月上旬越冬代成虫羽化。成虫有强趋光性，单雌可产卵 600～900 粒。卵块状产于嫩叶背面，每块多为 30～40 粒，呈鱼鳞状排列。6 月第一代幼虫孵化，初孵幼虫仅取食叶肉及下表皮，留上表皮，形成灰白色枯斑。3 龄后形成缺刻，5 龄后取食全叶。幼虫共 7 龄，喜群集，5 龄后逐渐分散。老熟幼虫于树皮缝及树干等处结茧少量结茧于叶背。7 月下旬第一代成虫羽化，产第二代卵；第二代幼虫 7 月底 8 月初孵化为害，至9、10 月陆续结茧越冬。6～9 月常出现流行病，此为颗粒病毒所致，对丽绿刺蛾大发生起到很好的抑制作用。

[防治方法] 参见褐边绿刺蛾防治。

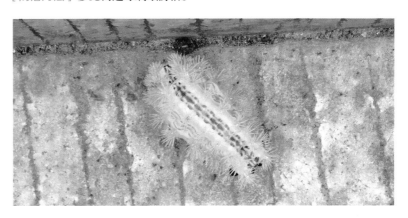

‹ **丽绿刺蛾·老熟幼虫**

< 丽绿刺蛾·成虫展翅状 <

< 丽绿刺蛾·越冬茧 <

< 丽绿刺蛾·蛹 <

34

[学科分类]

鳞翅目
↓
刺蛾科

中国绿刺蛾

[学名] *Latoia sinica* Moore

[主要寄主] 栀子花、桃、核桃、梨、李、樱桃、紫藤、杨、柳、榆等。

[形态特征] 成虫长约12毫米。头胸背面绿色，腹背灰褐色。卵扁平椭圆形，长1.5毫米，光滑，初淡黄，后变淡黄绿色。幼虫体长15~20毫米，体黄绿色，前胸盾具1对黑点，背两侧具蓝绿色点线及黄色宽边，侧线灰黄色较宽。各节生灰黄色肉质刺瘤1对。蛹短粗，初产淡黄，后变黄褐色。茧扁椭圆形，暗褐色。

[生活习性] 1年发生2代，以老熟幼虫在枝干结茧越冬。翌年4月下旬至5月中旬化蛹，5月下旬至6月上旬开始羽化，第一代幼虫期6~7月，第二代幼虫期8月。卵多产于叶背，每块有卵数十粒，成鱼鳞状排列。初孵幼虫不取食活动，2龄后先取食蜕皮，后取食卵壳和叶肉，3龄后分散为害。

[防治方法] 参考褐边绿刺蛾防治。

> 中国绿刺蛾·幼虫初孵状 <

> 中国绿刺蛾·3龄幼虫 <

> 中国绿刺蛾·红色型幼虫 <

> 中国绿刺蛾·绿色型幼虫 <

35

桑褐刺蛾

[学名] *Setora postornata*

[主要寄主] 悬铃木、珊瑚树、香樟、乌桕、重阳木、榆、臭椿、柳、杨、桃、梨、樱花、木槿、桂花、槭树、枣、泡桐、紫薇、紫荆、青枫、枫香、喜树、柑橘、石楠、桑、海棠、水杉、银杏、葡萄、石榴、苦楝、女贞、栀子、无患子、白玉兰、红叶李等。

[形态特征] 成虫体长 15 ~ 19 毫米，翅展 35 ~ 45 毫米，灰褐色；触角雌体线状，雄体双栉齿状，端部 1/2 渐短。前翅中部有"八"字形斜纹把翅分成 3 段，内、外线深褐色，前缘中央至后缘基部弧形，外线直，外侧衬铜色闪斑，在臀角处梯形，两线内侧浅灰色，衬影状带；后翅深褐色；前足腿节有银白色斑 1 个。卵扁长，椭圆形，壳极薄，初黄色，半透明。幼虫老熟体长约 25 毫米，圆筒形，黄绿色；背线较宽，天蓝色，每节每侧黑点 2 个；亚背线和枝刺均为相应 2 类（黄色型、红色型）；体侧各节有天蓝色斑 1 个，镶淡色黄边，斑四角各有黑点 1 个；中、后胸和第四、七腹节背面各有粗大枝刺 1 对，其余各节枝刺均较短小；后胸至第八腹节每节气门上线着生长短均匀的枝刺 1 对，各枝刺有端部棕褐色的尖刺毛。蛹卵圆形，黄至褐色。茧广椭圆形，灰黄色，面光滑，质脆薄。

[生活习性] 1 年发生 2 代，以老熟幼虫在根茎附近浅土中或杂草、枯枝落叶和土、石块下结茧越冬。翌年 4 月底至 5 月初在茧内化蛹，蛹期 20 天左右。5 月底至 6 月中旬成虫羽化。成虫昼伏夜出，具强趋光性。卵多粒叠产、块产或散产于叶背，每雌产卵 60 ~ 300 粒，多数 150 粒左右。卵期约 1 周。初孵幼虫取食卵壳，3 龄以前幼虫取食叶肉，留下透明表皮。幼虫孵化群集为害，食成明显的透明枯斑。3 龄后多沿叶缘蚕食叶片，仅留叶脉。7 月中下旬幼虫陆续老熟入土结茧化蛹。第一代成虫 7 月下旬至 8 月下旬出现，第二代幼虫为害到 9、10 月，之后入土结茧越冬。

[防治方法] 参考褐边绿刺蛾防治。

< 桑褐刺蛾·老熟幼虫 <

36

茶袋蛾

[学名] *Clania minuscula* Butler

[主要寄主] 榆、杨、柳、槐、三角枫、香樟、枫杨、木槿、石榴、柑橘、枇杷、梨、桃、重阳木、扁柏、石楠、樱花、桂花、梅等。

[形态特征] 成虫雌雄异型,雄性翅展 23 ~ 36 毫米,褐色;雌虫无翅,体长 15 ~ 20 毫米,足退化,蛆形,体橄榄状,乳白色。卵椭圆形,淡黄色,长约 0.7 毫米。老熟幼虫体长 16 ~ 28 毫米,体黄褐色,胸背及臀板黑褐色,各胸节硬皮板侧上方有褐色纵纹 2 条,下方各有褐斑 1 个。蛹体雌性形似围蛹,雄性为被蛹。护囊外多纵向黏附约 20 毫米长短不一的枯叶柄,两端有叶屑粘着,囊颈松软。

[生活习性] 1 年发生 1 代,以老熟幼虫在护囊内越冬。翌年 4 月下旬化蛹,5 月中旬雌成虫产卵,成虫有趋光性。6 月上旬幼虫开始孵化、为害。幼虫白天孵化,从护囊内爬出后迅速分散,可借风力吐丝悬垂分散。幼虫分散后,吐丝将咬碎的叶缀在一起做成新护囊,后开始为害。6 月下旬至 7 月上旬为害严重,直至 10 月中下旬封囊越冬。

茶袋蛾·护囊

防治方法

◆ 人工摘除虫体护囊。设置频振式诱虫灯或黑光灯诱杀成虫。保护天敌,如追寄蝇、姬蜂等。

◆ 6 月上旬幼虫期初孵期 4.5% 高效氯氰菊酯 + 25% 灭幼脲 3 号 2 000 倍或 "生物蛙"(BT)可湿性粉剂 500 倍或短稳杆菌 800 倍或 30% 茚虫威 2 000 倍或 1.2% 烟参碱 1 000 倍液喷雾防治。

大袋蛾

[学科分类]

鳞翅目
↓
袋蛾科

[学名] *Clania variegata* Snellen，又名大蓑蛾、大皮虫。

[主要寄主] 槐树、刺槐、悬铃木、泡桐、椿、茶、樟、桑、柑橘、桃、梅、枇杷、葡萄、茶花、樱花、蜡梅、冬青、石榴、蔷薇、海桐、丁香、卫矛、牡丹等 600 多种植物。

[形态特征] 成虫雌雄异型，雌体长约 25 毫米，无翅，蛆状，头部黄褐色，腹末节有一褐色圈；雄体长 15～17 毫米，有翅，黑褐色，翅褐色，前翅有透明斑 4～5 个。幼虫时老熟体长 25～35 毫米，棕褐色，前胸盾淡黄色，有棕褐色斑纹，背线黑褐色，两侧有黄褐色纵带，亚背线有黑褐色斑点。护囊长 50～60 毫米，护囊上常有较大的叶片和小枝条，排列不整齐。

[生活习性] 1 年发生 1 代，以老熟幼虫在枝梢上护囊内越冬。幼虫 5 龄，5 月化蛹，5～6 月成虫羽化、交尾，产卵于护囊内，6 月中下旬幼虫孵化，1 年中以 7～9 月为害最严重，幼虫喜光，故树冠外层为害严重。幼虫低龄期在枯叶及小枝条织成的护囊中生活，取食时头及胸足外露，1 月幼虫封囊越冬。

< 大袋蛾·卫矛上的护囊 <

< 大袋蛾·牡丹上的护囊 <

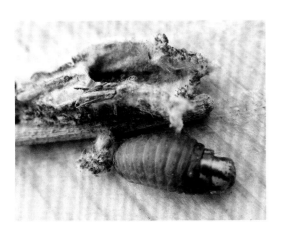

防治方法

◆ 灯光诱杀雄成虫。人工剪除护囊。

◆ 6月底7月初幼虫初孵期防治较为关键，用药参考茶袋蛾。

◆ 保护和利用寄生蝇、真菌、细菌及病毒，如南京瘤姬蜂、大袋蛾黑瘤姬蜂、费氏大腿蜂、瘤姬蜂、黄瘤姬蜂和袋蛾核型多角体病毒等。

< 大袋蛾·老熟幼虫 >

38

小袋蛾

[学名] *Acanthopsyche subferalbata* Hampson，又名小蓑蛾、小皮虫。

[主要寄主] 枫杨、榆、朴、悬铃木、侧柏、法青、柑橘、桃、槐、重阳木、樟、杨、柳、泡桐、刺槐、银杏、罗汉松、海棠、桂花、枇杷、女贞、水杉、之间、臭椿、红叶李、雪松等。

[形态特征] 成虫雌虫蛆形，体长6~8毫米，无翅，足退化，头部咖啡色，胸、腹部黄白色。雄虫体长约4毫米，翅展11~13毫米，翅黑色，后翅底面银灰色。卵椭圆形，乳白色。幼虫体长约8毫米，乳白色，前胸背面咖啡色，中后胸背面各有4个褐色斑纹；腹部第四节背面硬皮板深褐色。蛹长5~7毫米，黄褐色，腹部末端有2根短刺。护囊长7~12毫米，囊外附有碎叶片和小枝皮。

[生活习性] 1年发生2代，以3~4龄幼虫在护囊内越冬。翌年5月中旬开始化蛹，5月下旬至6月中旬成虫羽化。幼虫期分别在6月中旬至8月中旬，8月下旬至9月下旬。幼虫带囊活动迅速，在植物的嫩枝和叶片背面为害。

[防治方法] 参照茶袋蛾防治。

[学科分类]

鳞翅目
↓
袋蛾科

< 小袋蛾·护囊 <

< 小袋蛾·为害紫荆 <

39

红缘灯蛾

[学名] *Aloa lactinea*（Cramer）

[主要寄主] 木槿、梅、棣棠、椿、悬铃木、柳、乌桕、栎、苦楝、桑、万寿菊、千日红、百日草、鸡冠花、橙等。

[形态特征] 成虫体长 18～20 毫米，翅展 46～58 毫米；体、翅白色，前翅前缘红色；后翅常有黑斑；腹部背面橙黄色，具有黑色横带。卵圆形，表面有刻纹。幼虫幼龄体灰黄色，老熟时体长约 40 毫米，黑褐色；头黄褐色，背线、亚背线、气门上线、气门下线黑褐色，气门线黄白色，气门线与气门下线间有黄色斜斑，腹面黄褐色，各节有黄褐色毛簇 8 个，腹足赤红色。

[生活习性] 1 年发生 3 代，以蛹在土中越冬。翌年 5 月成虫羽化，昼伏夜出，趋光性很强。产卵于叶背面，上盖有黄毛，每块卵粒不等，卵期约 6 天。幼虫共 7 龄，6～9 月为幼虫为害期，幼龄体群居，行动敏捷，中龄后分散，取食叶片，残留叶脉或叶柄。

[学科分类]

鳞翅目
↓
灯蛾科

◆ 安装频振式诱虫灯诱杀成虫。

◆ 5月底6月初发生严重时可结合刺蛾等食叶性害虫一起防治，用药可参考黄刺蛾。

红缘灯蛾·成虫

40

[学科分类]

鳞翅目
↓
灯蛾科

人纹污灯蛾

[学名] *Spilarctia subcarnea*（Walker）

[主要寄主] 桑、蔷薇、榆、杨、槐、月季、菊花、石竹、碧桃、蜡梅、木槿、金盏菊、芍药、萱草、荷花等。

[形态特征] 成虫体长 17～23 毫米，翅展 46～58 毫米。胸部和前翅白色，腹背部红色。前翅面，上有黑点两排，停栖时黑点合并成"人"字形，后翅略带红色。卵浅绿色，扁圆形。幼虫老熟体长约 50 毫米，黄褐色，密被棕黄色长毛；背线棕黄色，亚背线暗褐色，气门线灰黄色，其上方为暗黄色宽带；中胸及第一腹节背面各有横列黑点 4 个，第七、八、九腹节背线两侧各有黑色毛瘤 1 对，黑褐色，气门线背部有暗绿色线纹；各节有突起，并长有红褐色长毛。蛹紫褐色，尾部有短刚毛。

[生活习性] 1 年发生 3 代，以蛹越冬。翌年 4 月成虫羽化，趋光性很强，由于羽化期长，所以产卵极不整齐。幼虫期 4～10 月为害期，初孵幼虫群居叶背，啃食叶肉，留下表皮。大龄幼虫取食叶片留下叶脉和叶柄，幼虫爬行速度极快，遇振动有假死性，并蜷缩成环状。

[防治方法] 参考红缘灯蛾。

< 人纹污灯蛾·低龄幼虫

< 人纹污灯蛾·老熟幼虫

< 人纹污灯蛾·老熟幼虫

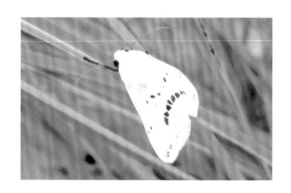

< 人纹污灯蛾·成虫

41

柳雪毒蛾

[学科分类]

鳞翅目
↓
毒蛾科

[学名] *Leucoma candida*（Staudinger），又名杨毒蛾、柳毒蛾。

[主要寄主] 柳、杨树。

[形态特征] 成虫体长 15～23 毫米，翅展 35～55 毫米，体、翅白色，具绢丝光泽。触角主干黑白色相间，栉齿黑褐色；足胫节和跗节具黑白色相间环纹。卵圆形，浅灰色，卵块表面覆盖灰白色泡沫状胶质物。幼虫老龄体长35～45 毫米，黑褐色。头黄褐色，体节背面具疣状突起，胸和腹部每节突起各 6 和 4 个；背线褐色，亚背线黑色，第一、二、六、七腹节上有黑色横带，翻缩腺浅红棕色。蛹体黑褐色，长 18～22 毫米，被棕毛，末端有小钩 2 簇。

[生活习性] 1年发生2代，以3~4龄幼虫在树干裂缝、树洞和枯枝落叶层中越冬，翌年5月恢复取食，6月化蛹，6~7月上旬出现成虫。成虫产卵成块，卵产于树干或叶背面，每卵块有卵200余粒。卵约经10天孵化，两代幼虫期分别在7月上旬至8月上旬、9月上旬至11月初。幼虫夜间取食，日间潜伏于干基部或树洞、裂缝内。成虫有趋光性。

< 柳雪毒蛾·越冬幼虫

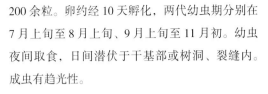

< 柳雪毒蛾·为害状

< 柳雪毒蛾·雄虫触角

< 柳雪毒蛾·雌虫触角

防治方法

◆ 冬季清园，消灭群集越冬幼虫。10月底11月初在树干扎草把，诱集越冬幼虫后集中销毁。安装诱虫灯诱杀成虫。保护和利用天敌，可在卵期释放赤眼蜂防治。

◆ 化学防治：5月初越冬代害虫活动期、7月中旬第一代幼虫低龄期防治较为关键，用药参考杨雪毒蛾。

< **柳雪毒蛾·成虫** <

42

杨雪毒蛾

[学名] *Leucoma salicis*（Linnaeus）

[主要寄主] 杨、柳和械属。

[形态特征] 成虫体长 11～20 毫米，翅展 33～55 毫米；全体密生白色绒毛；前后翅均呈白色并微带丝质光泽；触角主干纯白色，栉齿灰褐色；足白，胫节、跗节黑白相间。卵馒头形，直径 0.8～1 毫米，卵块外覆泡沫状白色胶物。幼虫体黄白色，体长 28～41 毫米，头部黑色，有棕白色毛，额沟为白色纵纹，体背各节有黄色或黄、白色结合的圆形斑 11 个，胸足黑色。蛹体长 18～26 毫米，腹面黑色。

[生活习性] 1 年发生 3 代，以 2～3 龄幼虫在树皮缝中越冬。翌年 3 月底 4 月初越冬幼虫开始活动，4 月中下旬为越冬代幼虫为害盛期。5 月中下旬、7 月上中旬、9～10 月分别为各代幼虫为害期。卵产在树干表皮、枝条、叶背等处，形成如泡沫体状白色卵块。初龄幼虫于叶背只取食叶肉，有群集性，触动时能吐丝下垂，3 龄后取食整个叶片。

< 杨雪毒蛾 · 成虫 >

< 杨雪毒蛾 · 触角 >

防治方法

◆ 冬季清园，消灭群集越冬幼虫。10月中下旬在树干扎草把，诱集越冬幼虫后集中销毁。安装诱虫灯诱杀成虫。

◆ 化学防治：4月初越冬代害虫活动期、5月中旬第一代幼虫低龄期是防治的关键期，可用4.5%高效氯氰菊酯＋25%灭幼脲3号2000倍或"生物蛙"（BT）可湿性粉剂500倍或短稳杆菌800倍或30%茚虫威2000倍或1.2%烟参碱1000倍液喷雾防治。

43

肾毒蛾

[学名] *Cifuna locuples* Walker

[主要寄主] 柳、柿、芦苇、月季、紫薇等。

[形态特征] 成虫体黄褐至暗褐色；前翅基部、内和外横线均深褐色，亚缘线波纹状；后翅黄褐色。卵半球形，青绿至暗色，顶凹。幼虫老龄体长40～45毫米，黑褐色，头黑色，亚背线、气门下线为橙褐色间断线，前胸及第九腹节各有斜伸黑毛束1对，第一～四腹节背各有短毛束1个，第一、二腹节侧各有平伸黑毛束1对。蛹体红褐色，背有黄长毛。

[学科分类]

鳞翅目
↓
毒蛾科

[生活习性]1年发生2代，以老熟幼虫越冬。翌年5月成虫羽化，幼虫期分别在6~7月、9~10月。成虫有趋光性。

< 肾毒蛾·低龄幼虫 <

< 肾毒蛾·高龄幼虫 <

防治方法

◆灯光诱杀成虫。

◆化学防治：6月上中旬幼虫低龄期用25%灭幼脲3号2000倍或"生物蛀"（BT）可湿性粉剂500倍液喷雾防治。

< 肾毒蛾·成虫 <

44

幻带黄毒蛾

[学科分类]

鳞翅目
↓
毒蛾科

[学名] *Euproctis varians*（Walker），又名台湾茶毛虫。

[主要寄主]柑橘、枇杷、茶、油茶。

[形态特征]成虫翅展18~30毫米；体橙黄色，触角干黄白色；前翅黄色，内、外线黄白色，近平行，外弯；后翅浅黄色。幼虫头黄棕色，有褐点，正中央有浅黄纵线1条；体棕褐色，有浅黄色斑和线。

[生活习性]常州地区代数不详，以蛹在土中越冬，翌年4月初羽化，4~8月为成虫期。

< **幻带黄毒蛾·成虫** <

45

[学科分类]

鳞翅目
↓
毒蛾科

盗毒蛾

[学名] *Porthesia similis*（Fueszly），又名桑毛虫、黄尾毒蛾、金毛虫、桑毒蛾、黄尾白毒蛾。

[主要寄主] 红叶李、郁李、海棠、石榴、樱桃、悬铃木、柳、榆、构树、法青、泡桐、刺槐、枣、核桃、重阳木等。

[形态特征] 成虫体长 12～18 毫米，翅展 24～40 毫米；体白色，中型蛾类；前翅零星散落浅褐色斑点；腹末端有金黄色毛。卵橙色，半球形，覆盖黄褐色绒毛。幼虫老龄体长 30～40 毫米；体黑色，头黑色，背线橘红色，亚背线气门上线黑褐色，间断不连续；每节有肉瘤 3 对，瘤上有长毒毛；前胸两侧有红色毛瘤。蛹体长约 10 毫米，深褐色。茧黄色，薄，附有毒毛。

[生活习性] 1 年发生 3 代，以 2~3 龄幼虫结茧越冬。翌年 4 月上旬越冬幼虫开始活动为害。5 月下旬化蛹，全年 3 代幼虫期分别在 6 月上旬、7 月下旬至 8 月上旬、9 月中下旬。10~11 月开始进入越冬期。有世代重叠现象。虫体上的毒毛对人有毒，一旦人体接触后可患皮炎，皮肤痛痒，反复发作。盗毒蛾各虫态有多种天敌，卵期有黑卵蜂，幼虫期有绒茧蜂、寄生蝇，蛹期有大角啮小蜂以及桑毛虫核多角体病毒。

‹ **盗毒蛾·高龄幼虫** ‹

防治方法

◆ 卵块上覆有杏黄色绒毛，明显易发现，可随时摘除。

◆ 10 月下旬幼虫下树化蛹前，在树干扎草把，诱集幼虫入草把越冬，翌年幼虫活动前收下烧毁。

◆ 化学防治：6 月上中旬幼虫初孵期防治较为关键，可选择 1.2% 烟参碱 1 000 倍液或短稳杆菌 800 倍或 30% 茚虫威 2 000 倍液喷雾防治。

◆ 保护和利用天敌。

◆ 安装诱虫灯诱杀成虫。

46

丽毒蛾

[学名] *Calliteara pudibunda*（Linnaeus）

[主要寄主] 蔷薇、玫瑰、榉、栎、栗、槭属、杨、柳、山楂、苹果、梨、樱桃、悬钩子。

[形态特征] 成虫体长约 20 毫米，褐色，体下白黄色；雄性前翅灰白色，带黑、褐鳞片，内区灰白明显，中区暗，亚基线黑色，微波浪形，内线黑色，横脉黑褐色，外线双黑色，外一线大波浪形，端线为黑点 1 列。卵淡褐色，扁球形，中央有凹陷 1 个，正中具 1 黑点。幼虫老龄体长 35～52 毫米，绿黄色，头淡黄色，第一～五腹节间黑色，第五～八腹节间微黑色，体腹黑灰色；全体被黄色长毛，前胸背两侧各有一向前伸的黄毛束，第一～四腹节背各有一赭黄色毛刷，周围有白毛，第八腹节背面有一向后斜的紫红色毛束。蛹体浅褐色，背有长毛束，腹面光滑，臀棘短圆锥形，末端有许多小钩。茧外面覆盖一层薄的由幼虫脱下的黄色长毛缀合的丝茧。

[生活习性] 1 年发生 2 代，以蛹越冬。翌年 4～6 月和 7～8 月出现各代成虫，成虫交尾产卵，卵期约 15 天。初孵幼虫取食叶肉，咬叶成孔洞，5～7 月和 7～9 月分别为各代幼虫期。第二代幼虫发生较重，一直至 9 月末才结茧化蛹越冬。天敌有姬蜂、细蜂、小茧蜂、小蜂和寄蝇等。

[防治方法] 参考盗毒蛾防治。

[学科分类]

鳞翅目
↓
毒蛾科

丽毒蛾·老熟幼虫 ◀   ▶ 丽毒蛾·茧

47

榆凤蛾

[学科分类]

鳞翅目
↓
凤蛾科

[学名] *Epicopeia mencia* Moore

[主要寄主] 榆。

[形态特征] 成虫体长约 20 毫米，翅展 60 ~ 85 毫米，形似乌凤蝶，体和翅黑褐色，后翅后角有尾状突起，沿其后缘有红斑 2 列；前胸肩板上有红点 2 个，腹末几节后缘红色。卵扁圆球形，灰白至黄色，有光泽。幼虫老熟时体长 45 ~ 60 毫米，全身厚被白色蜡粉，去蜡粉后体淡绿色，背线黄色，各节末端有圆黑点 1 个，腹足外侧有近三角形黑褐斑 1 块。蛹体黑褐色。茧椭圆形，土色。

[生活习性] 1 年发生 1 代，以蛹结土茧在土中越冬。6 ~ 7 月成虫羽化，白天飞翔活动，卵产于叶面。初孵幼虫群聚剥食叶肉，2 龄后体被白粉，后食全叶成缺刻，嗜食枝端嫩叶，7 ~ 8 月是为害盛期，9 月后陆续入土化蛹。

[防治方法] 人工修剪，低龄幼虫期发现虫枝及时修剪。

< 榆凤蛾·幼虫 <

< 榆凤蛾·成虫 <

48

荚蒾钩蛾

[学名] *Psiloreta pulchripes*（Butler）

[主要寄主] 法青、荚蒾。

[形态特征] 成虫翅展 34～42 毫米。头橘红色，触角橘黄，胸足和体腹面红色，体侧有米黄色鳞毛。前翅赤褐色，散布棕褐色斑点，顶角较钝，外线自顶角斜向后缘，成一条宽黄带。后翅基部及前缘淡黄色，中室内方有赤褐色宽横带，顶角有一赤褐斑。幼虫体棕色，前胸背面有一向后钩的肉棘，腹部两侧各有一大型扁三角形褐色斑，尾部有一长肉刺。卵初产乳白色，长 1.5 毫米。

[生活习性] 幼虫主要蚕食新叶，老熟后缀叶结茧化蛹，秋后以蛹越冬。

[防治方法] 一般数量不大，为害不重，可不防治。

[学科分类]

鳞翅目
↓
钩蛾科

< 荚蒾钩蛾·卵 >

< 荚蒾钩蛾·成虫 >

< 荚蒾钩蛾·成虫自然栖息时的形态 >

< 荚蒾钩蛾·成虫展翅状 >

49

[学科分类]

鳞翅目
↓
卷蛾科

茶长卷蛾

[学名] *Homona magnanima* Diakonoff

[主要寄主] 樟、女贞、石榴、月季、银杏、桂花、罗汉松、悬铃木、榆、法青、紫藤、海桐、槐、红叶李、樱花等林木，以及柑橘、桃、柿等果树。

[形态特征] 成虫体长 10～12 毫米，翅展 22～32 毫米。前翅棕黄色，有褐斑，近长方形。雄蛾前缘宽大，翅基有前缘褶，基斑退化，中带和端纹清晰，中带在前缘附近色泽变黑，然后断开，形成 1 个黑斑；雌蛾前翅的基斑、中带和端纹不清晰，后翅浅杏黄色。卵扁椭圆形，淡黄绿色，鱼鳞状排列成椭圆形卵块，上具胶质薄膜。老熟幼虫体长约 20 毫米，暗绿色，头部黄褐色，前胸背板深褐色。蛹长 11～13 毫米，赤褐色，尾端具 8 枚钩状小刺。

[生活习性] 1 年发生 3～4 代，以幼虫在卷叶虫苞或枯枝落叶中越冬。翌年 4 月上旬开始为害，4 月下旬至 5 月上旬出现成虫。5 月下旬至 6 月上旬为第一代幼虫期，7 月上中旬为第二代幼虫期，8 月下旬至 9 月上旬为第三代幼虫期，有明显的世代重叠现象。成虫在夜间活动、交尾产卵，卵块产于叶片表面，卵期 7～10 天，幼虫习性活泼，受惊后退离卷叶。幼虫因善弹跳而不易捕捉。7～8 月为幼虫为害高峰期。幼虫期在夏秋季大约 30 天。老熟后在虫苞内化蛹，蛹期 7 天左右。

＜ 茶长卷蛾·虫苞内的幼虫 ＜

＜ 受惊逃逸的幼虫 ＜

防治方法

◆ 安装频振式诱虫灯诱杀成虫。人工随时摘除虫苞，消灭苞内幼虫。

◆ 加强监测，发生严重时，5 月下旬可喷施 25% 灭幼脲Ⅲ号 2 000 倍液＋4.5% 高效氯氰菊酯 1 500 倍液或短稳杆菌悬浮剂 800 倍液或 1% 苦参碱水剂 800 倍液进行防治。

50

苹毛虫

[学科分类]

鳞翅目
↓
枯叶蛾科

[学名] *Odonestis pruni* Linnaeus

[主要寄主] 苹果、李、梅、樱桃、海棠、桃、榆和杏。

[形态特征] 成虫翅展 37～65 毫米。全体火红色，个别橘红色；前翅内、外横线黑褐色，弧形，外缘曲波纹，中室端白斑大而明显，圆形或半圆形；后翅色浅，具深斑纹 2 条。卵椭圆形，污白色，有云纹。幼虫老龄体长 55～75 毫米；体扁平，灰色，与树皮相似，各节毛瘤有灰褐色长、短毛；头棕褐色，有深色网状纹；前胸盾板有蓝黑色斑块。蛹体紫褐色。茧灰黄色。

[生活习性] 1 年发生 1 代，以低龄幼虫在树皮缝紧贴枝干越冬。7 月为成虫期，趋光性强。产卵于枝干和叶，3～4 粒产在一起。幼虫夜间取食。

< 苹毛虫·成虫 >

< 苹毛虫·成虫展翅状 >

防治方法

◆ 物理防治：安装频振式诱虫灯诱杀成虫。

◆ 化学防治：7 月加强监测，发生数量多可在幼虫低龄期喷施 25% 灭幼脲Ⅲ号 2 000 倍液＋4.5% 高效氯氰菊酯 1 500 倍液或短稳杆菌悬浮剂 800 倍液或 1% 苦参碱水剂 800 倍液进行防治。

51

[学科分类]

鳞翅目
↓
枯叶蛾科

橘毛虫

[学名] *Gastrapacha pardale* Tams

[主要寄主] 柑橘等果树。

[形态特征] 雌成虫翅展 64 ~ 73 毫米，雄虫翅展 40 ~ 51 毫米。虫体赤褐色。前翅散生小黑点，外缘长，后缘短，中室端部有 1 明显的点；后翅狭长，中部有 1 个淡紫色的圆斑，斑中央有 2 个小黑点。

[生活习性] 成虫 6 月和 9 月出现。

< 橘毛虫·成虫展翅状 <

52

[学科分类]

鳞翅目
↓
鹿蛾科

鹿蛾

[学名] *Amata caspia*（Staudinger）

[主要寄主] 桑、榆等。

[形态特征] 成虫翅展 44 ~ 54 毫米，头、胸部黑色，有蓝紫色光泽，后胸后方有很窄的黄色条带，腹部黑色，第一节有橙黄色宽带，2~5 节有宽窄不一的橙黄色条带。前翅黑色，有 6 块白色斑块；后翅黑色，有白斑 2 块。

< 鹿蛾·成虫 <

53

紫光笋纹蛾

[学科分类]

鳞翅目
↓
笋纹蛾科

[学名] *Brahmaea porphyrio* Chu & wang

[主要寄主] 女贞、丁香、白蜡、桂花等。

[形态特征] 成虫体长 40～43 毫米。翅展 122～146 毫米。头和身体腹面黑色；前胸黄棕色，胸背中央有黄棕色细纵线 1 条。前翅中部翅面带有黄棕色波浪形纹，其外侧黑色横带上有 2 个长椭圆形纵斑，其中部有 2 个紫红色纹，外侧有 1 个紫红色区域；后翅中部有 1 条外突的白色粗线，翅面上有黑色波状细纹 9 条。卵单产，球形，直径约 2 毫米，灰绿色。幼虫的低龄幼虫体上遍布黄褐色斑纹和斑点；中、后胸背各有 1 对刺突，长达 23 毫米，端部卷曲；背腹部第一～七节及第九节有 1 对短刺突，第八节有 1 根粗长刺突，长达 11 毫米，尾端有 2 枚短刺；当幼虫进入 4 龄末期蜕皮成 5 龄时刺突全部消失，体表光滑。老熟幼虫体长 55～110 毫米。头部黑褐色，额两侧各有 1 块大型黄斑，蛹黑褐色，长 40 毫米左右。

[生活习性] 1 年发生 2～3 代，以蛹在土中越冬。翌年 4 月中下旬至 6 月中旬羽化。产卵期 5 月上旬至 6 月下旬，第一代幼虫在 5 月中旬至 7 月中旬。7 月中旬出现成虫。第二代幼虫在 7 月上旬至 9 月中旬。第三代幼虫期在 8 月下旬至 10 月上旬。以幼虫取食新叶，一般虫口密度不大，但因虫体较大，食量大，单株虫口密度高时在短时间内可将整棵树叶片食光。树冠下大粒虫粪明显可见。

❮ 紫光笋纹蛾·老熟幼虫 ❮

❮ 紫光笋纹蛾·低龄幼虫 ❮

< 紫光箩纹蛾·成虫展翅状 >

防治方法

◆ 一般不造成明显为害，可以根据树下的虫粪寻找幼虫，人工捕杀幼虫。

54

[学科分类]

鳞翅目
↓
螟蛾科

棉大卷叶螟

[学名] *Sylepta derogata* Fabricius，又名棉卷叶野螟、黄翅缀叶野螟。

[主要寄主] 木芙蓉、扶桑、海棠、锦葵、木槿、栀子花、泡桐、杨、悬铃木、女贞等。

[形态特征] 成虫体长约 15 毫米，翅展约 30 毫米，浅黄色；翅面有深褐色波浪纹，前翅近前缘处有"OR"形斑。卵扁椭圆形。幼虫青绿色，老熟时体背为桃红色，长约 25 毫米，体上有稀疏长毛和褐色斑，胸足明显黑色。蛹体纺锤形。

< 棉大卷叶螟·成虫展翅状 >

棉大卷叶螟·成虫

[生活习性] 1年发生3~4代，以老熟幼虫在杂草和落叶层中越冬。翌年4~5月成虫羽化，有趋光性。卵散产在叶片上，卵期约4天。幼虫6龄，初孵化幼虫群集在叶背取食叶肉，留下表皮，3龄后分散为害，常将叶片卷成筒状，在其内取食，严重时将叶片吃光。5~10月为幼虫期，7月上中旬为发生高峰期，11月越冬。

防治方法

◆ 安装频振式诱虫灯或黑光灯诱杀成虫。摘除虫叶和虫苞，集中销毁。

◆ 5月中下旬第一代幼虫低龄期用25%灭幼脲Ⅲ号2 000倍液＋4.5%高效氯氰菊酯1 500倍液或森得保可湿性粉剂1 000~1 500倍或短稳杆菌悬浮剂800倍液或1%苦参碱水剂800倍液进行幼虫防治。

55

竹织叶野螟

[学名] *Algedonia coclesalis* Walker，又名竹螟、竹苞虫、竹卷叶虫。

[主要寄主] 竹类。

[形态特征] 成虫体长9~14毫米，翅展23~32毫米，体黄褐色，头褐色，额外突，两侧有白条纹。前翅黄褐色，前缘、外缘及脉纹色较深，中室内有褐点1个，中室端有浅褐色中线1条，内、外横线深褐色弯曲，外线沿中室下角收缩内弯，外缘有较宽的浅褐色带1条。后翅黄褐色，外线淡褐色弯曲外缘有浅褐色宽带。卵扁椭圆形，直径约0.8毫米，蜡黄色。鱼鳞状厚叠块产。老熟幼虫体长16~25毫米，体乳白、浅绿、墨绿至黄褐色；前胸背板

[学科分类]

鳞翅目
↓
螟蛾科

有黑斑 6 块，中、后胸各有 2 块，腹部各节背面有褐斑 2 块，被线分割为 4 块。蛹长 12～14 毫米，橙黄色，尾部分两叉，臀棘 8 根，茧椭圆形，长 14～16 毫米。

[生活习性] 1 年发生 3～4 代，以老熟幼虫在土中做茧越冬。翌年新竹抽叶时成虫羽化，成虫产卵于新竹幼嫩叶片上，世代重叠。为害毛竹以第一代最重，第二代次之，第三、第四代不重，但为害慈孝竹等丛生竹各代都很严重。成虫昼伏夜出，趋光性强，需吸取花蜜、露水等作补充营养。每雌虫产卵 1～3 块，每块 30～60 粒。卵期约 1 周。幼虫孵化后吐丝缀新叶结成苞，在苞中取食排粪，

3 龄后有转苞习性，6 龄时每天换一次新苞，造成很大为害。严重时可将大面积竹枝叶片食尽，形同火烧。幼虫老熟后出苞吐丝入土结茧。

[防治方法] 参照棉大卷叶螟。

< 竹织叶野螟·成虫展翅状 >

56

白蜡绢野螟

[学科分类]

鳞翅目
↓
螟蛾科

[学名] *Diaphania nigropunctalis*（Bremer）

[主要寄主] 梧桐、丁香、女贞、金叶女贞、木犀科。

[形态特征] 成虫翅展 28～30 毫米体乳白色，带闪光；翅白色，半透明，有光泽，前翅前缘有黄褐色带，中室内靠近上缘有小黑斑 2 个，中室有新月状黑纹，外缘内侧有间断暗灰褐色线；后翅中室端有黑色斜斑纹，下方有黑点 1 个，各脉端有黑点。

< 白蜡绢野螟·成虫展翅状 >

57

瓜绢叶螟

[学科分类]

鳞翅目
↓
螟蛾科

[学名] *Diaphania indica*（Saunders），又名瓜绢野螟、瓜绢螟。

[主要寄主] 木槿、桑、梧桐、冬葵、常春藤、大叶黄杨和瓜类。

[形态特征] 成虫翅展 23 ~ 26 毫米；体白色，带绢丝闪光，头、胸墨褐色、腹白色，第七、八腹节墨褐色，腹两侧各有黄褐色臀鳞毛丛 1 束；翅白色，半透明，闪金属紫光，前翅前缘及外缘各有墨褐色带 1 条，翅面其余部分为白色三角形；后翅外缘有淡黑色带 1 条。

< 瓜绢叶螟·成虫 <

58

水稻切叶螟

[学科分类]

鳞翅目
↓
螟蛾科

[学名] *Psara licarsisalis*（Walker）

[主要寄主] 高羊茅、早熟禾、矮生百慕大、结缕草等禾本科草坪。

[形态特征] 成虫翅展 22 ~ 24 毫米，暗褐色，前翅内、外横线黑褐色弯曲，中室有 1 黑褐色斑；后翅中室有 1 暗褐色斑。幼虫体黄绿色，前胸背板黄褐色，体各节多毛片，片上有刚毛。

[防治方法] 与其他草坪鳞翅目虫害协防。

< 水稻切叶螟·成虫 <

59

[学科分类]

鳞翅目
↓
螟蛾科

黄杨绢野螟

[学名] *Diaphania perspectalis*（Walker），又名黄杨野螟，黑缘透翅蛾。

[主要寄主] 瓜子黄杨。

[形态特征] 成虫体长 20～30 毫米，翅展 30～50 毫米；体绢白色；前翅半透明，有绢丝光泽，前缘褐色，外缘、后缘有褐色带，中室内有白点 2 个，一个细小，一个呈新月形；后翅白色，外缘有较宽的褐色边缘。卵扁平，椭圆形，鱼鳞状排列，初产黄绿色，不易发现。幼虫头部黑褐色，胸腹部浓绿色，背线、亚背线、气门上线、气门线、基线、腹线明显。蛹长 18～20 毫米，初为翠绿色，后为淡青色至白色。

[生活习性] 1 年发生 3 代，以幼虫越冬，2 至 3 龄幼虫在寄主植物上缀 2 张叶片（其中一张叶片为枯死叶）黏结而成的虫苞内越冬。翌年 3 月上旬开始出苞为害，此时，黄杨新叶初萌，低龄幼虫在新梢吐丝缀叶啃食叶肉，留白色膜状表皮。老熟幼虫取食全叶。5 月上中旬相继老熟，在枝丛中吐丝网，在网内化蛹，蛹期约半个月。5 月下旬出现成虫，成虫羽化后，夜间交配，有趋光性，次日产卵。卵多产于叶片背面，卵呈鱼鳞状排列，每块卵 1 粒至数十粒不等，每雌虫产卵 330 粒左右，卵期约 4 天。第一代幼虫于 5 月下旬至 6 月下旬活动为害，幼虫共 6 龄，3 龄前吐丝缀叶取食，食量小，末龄幼虫食量占 85%。在两种黄杨中，更喜食雀舌黄杨。第二代幼虫于 7 月上旬至 8 月上旬活动为害；第三代幼虫于 7 月下旬开始活动为害，9 月中下旬，幼虫吐丝缀叶结茧越冬。

> 黄杨绢野螟·老熟幼虫 <

> 黄杨绢野螟·成虫 <

◁ 黄杨绢野螟·蛹　　　　　　　　　　　◁ 黄杨绢野螟·为害瓜子黄杨

防治方法

◆ 冬季修剪虫苞，消灭越冬幼虫。安装频振式诱虫灯诱杀成虫。

◆ 3月中下旬黄杨新叶萌发时越冬幼虫取食活动时期，喷施 25% 灭幼脲Ⅲ号 1 500 倍或森得保可湿性粉剂 1 000～1 500 倍或 1.2% 烟参碱 800～1 000 倍液等药剂防治幼虫。

60

四斑绢野螟

[学名] *Diaphania quadrimaculalis*（Bremer *et* Grey）

[主要寄主] 柳、黄杨。

[形态特征] 成虫翅展 33～37 毫米，头淡黑色。前翅黑色，有白斑 4 个，最外侧一个延伸成小白点 4 个；后翅白色，有闪光，沿外缘有黑色宽缘。

[生活习性] 1 年发生 1 代。6～8 月为幼虫期。

[学科分类]

鳞翅目
↓
螟蛾科

防治方法

◆ 灯光诱杀成虫。

◆ 6月中旬幼虫期喷洒25%灭幼脲Ⅲ
号1500倍或森得保可湿性粉剂1000～
1500倍或1.2%烟参碱800～1000倍液
等药剂防治幼虫。

< 四斑绢野螟·成虫展翅状 <

61

[学科分类]

鳞翅目
↓
螟蛾科

甜菜白带野螟

[学名] *Hymenia recurvalis* Fabricius，又名甜菜野螟，甜菜叶螟。

[主要寄主] 幼虫为害杜鹃、蔷薇、山茶、茶、天竺葵、鸡冠花、向日葵、
甜菜等。

[形态特征] 成虫翅展24～26毫米，棕褐色。前翅中央有1条波纹状白色
斜向条带，靠近外缘有1短白带和2个白点；后翅深棕褐色，有1条斜向
白带。

[防治方法] 与其他鳞翅目虫害协防。

< 甜菜白带野螟·成虫展翅状 <

< 甜菜白带野螟·成虫 <

62

樟巢螟

[学科分类]

鳞翅目
↓
螟蛾科

[学名] *Orthaga achatina* Bulter

[主要寄主] 樟、山胡椒、山苍子等。

[形态特征] 成虫体长 12 毫米，翅展 25 ~ 30 毫米；头、胸、体部灰褐色，初羽化时体呈翠绿色；前翅前缘中央有 1 个淡黄色斑，翅内横线斑纹状，外横线曲折波浪状，内横线内、外侧各有 1 丛竖起的上白下黑的毛丛；后翅灰褐色。雄蛾头部两触角间生有 2 束向后伸展的锤状毛束。卵椭圆形、略扁平，黄褐色。老熟幼虫体长 20 ~ 28 毫米，体棕黑色，中胸至腹末背中有 1 条灰黄色宽带，气门上线灰黄色，各节有黑色瘤点，点上着生刚毛 1 根。蛹棕褐色，菱形，长约 13 毫米。茧土黄色，扁椭圆形，长约 15 毫米，茧上常常附有泥土。

[生活习性] 1 年发生 2 代，少数 3 代。以老熟幼虫在树冠下浅土层中结茧越冬，翌年 4 月中下旬越冬幼虫化蛹，5 ~ 6 月成虫羽化、交尾、产卵。成虫夜出活动，有趋光性，卵多产于缀两叶贴合处或叶背边缘，呈鱼鳞状重叠排列。每卵块有卵 15 ~ 140 粒，多 30 粒左右。6 月中下旬为第一代幼虫孵化高峰期，6 ~ 7 月为第一代幼虫为害期，6 月上旬初见缀两叶为害状。幼虫有群集性，吐丝缀叶在其中取食，随着虫龄增长，食量变大，将附近的枝叶吐丝缀合，形成鸟巢状虫苞。7 月中旬幼虫老熟离巢入土结茧化蛹。第二代幼虫为害期 8 ~ 9 月，8 月上旬第二代幼虫开始缀叶为害。孵化高峰为 8 月中下旬。10 月后老熟幼虫陆续下树入土结茧越冬。如一年发生 3 代，10 月份可见部分卵和低龄幼虫。

› 樟巢螟·高龄幼虫 ‹

‹ 樟巢螟·老熟幼虫 ›

防治方法

◆ 化学防治：6月下旬第一代幼虫孵化期，喷洒25%灭幼脲Ⅲ号1 500倍＋4.5高效氯氰菊酯2 500倍混合液或森得保可湿性粉剂1 000～1 500倍或1.2%烟参碱800～1 000倍液等药剂防治幼虫。

◆ 物理防治：如错过了幼虫低龄期进行化学防治，虫巢较大时，可分别在7月、8月、9月及时摘除虫巢，虫巢下地后应立即集中收集，防止虫巢内老熟幼虫逃逸结茧继续为害。钩除虫巢最迟应在10月前进行，否则幼虫已离巢入土越冬。冬季翻耕土壤，消灭浅土内结茧越冬幼虫。

< 樟巢螟·虫苞 >

63

黑长喙天蛾

[学科分类]

鳞翅目
↓
天蛾科

[学名] *Macroglossum pyrrhosticta*（Butler）

[主要寄主] 茜草科植物。

[形态特征] 成虫翅展45～55毫米；体和翅黑褐色；腹部第二、第三节两侧有橙黄色斑，第五节后缘有白色毛丛；前翅内横线为黑色宽带，外横线"双线"波纹状，顶角处有一黑色斑纹；后翅有橙黄色宽带。

< 黑长喙天蛾·成虫 >

64

芝麻鬼脸天蛾

[学科分类]

鳞翅目
↓
天蛾科

[学名] *Acherontia styx* Westwood

[主要寄主] 豆科、木樨科、紫葳科等植物。

[形态特征] 成虫体长约 50 毫米，翅展 100～120 毫米。头胸部褐黑色，胸部有黑色条纹、斑点及黄色斑组成的骷髅状斑纹。腹部背面有蓝色中背线及黑色环状横带、两旁及侧面土黄色，各节后缘黑色；腹面黄色。胸足较短，黑色，各节间具黄色环纹。前翅狭长，棕黑色，翅面混杂有微细白点及黄褐色鳞片，呈天鹅绒光泽，横线及外横线由数条黑色波状线组成，横脉上具一黄色斑，近外缘有橙黄色纵条，中室有一灰白小圆点；后翅杏黄色，有2 条粗黑横带。

◁ 腹部形态似鬼脸

芝麻鬼脸天蛾·成虫展翅状

65

[学科分类]

鳞翅目
↓
天蛾科

雀纹天蛾

[学名] *Theretra japonica*（Orza），又名爬山虎天蛾。

[主要寄主] 葡萄、爬山虎、常春藤、麻叶绣球、大花绣球、刺槐等。

[形态特征] 成虫体长约40毫米，翅展67~72毫米；体绿褐色，头胸部两侧、背中央有灰白色绒毛；背线两侧有橙黄色纵纹，各节间有褐色条纹；前翅黄褐色，有暗褐色斜条纹6条，后翅黑褐色，后角附近有橙灰色三角斑纹。幼虫体长75~80毫米；头部褐色，较小；背部青绿色，1~8腹节有不甚鲜明的斜纹，前缘白色，与气门相连接；尾角20毫米，细长，赤褐色，端部向上方弯曲；第一、二腹节背面各有黄色眼斑1对。

[生活习性] 1年发生1代，以蛹在土中越冬。7~8月为幼虫为害期，趋光性强。产卵于叶背，幼虫在叶背取食。

[防治方法] 参照咖啡透翅蛾防治。

< 雀纹天蛾·幼虫 <

< 雀纹天蛾·成虫展翅状 <

66

白薯天蛾

[学科分类]

鳞翅目
↓
天蛾科

[学名] *Herse convolvuli*（Linnaeus），又名旋花天蛾。

[主要寄主] 葡萄、柳、泡桐、女贞等。

[形态特征] 成虫翅展 90 ～ 110 毫米。体翅暗灰色，肩板有黑色纵线。腹部背面灰色，各节两侧有白、红、黑 3 条横纹。前翅内、种、外横带各为两条深棕色的尖锯齿线，顶角有黑色斜纹；后翅有 4 条暗褐色横带，缘毛白色及暗褐色相杂。

< 白薯天蛾·成虫展翅状 <

67

斑腹长喙天蛾

[学科分类]

鳞翅目
↓
天蛾科

[学名] *Macroglossum variegatum* Rothschild *et* Jordan

[主要寄主] 茶属植物。

[形态特征] 成虫翅展约 50 毫米。虫体棕黄色。腹部两侧有橙黄色的斑，尾毛刷状。胸部腹面白色，腹部腹面橙黄色，两侧有白点；前翅棕黄色。

< 斑腹长喙天蛾·成虫展翅状 <

68

红天蛾

[学名] *Pergesa elpenor lewisi*（Butler），又名凤仙花天蛾。

[主要寄主] 凤仙花、五叶地锦、爬山虎、葡萄、法国冬青、六月雪、锦带花、菊花等。

[形态特征] 成虫体长约 36 毫米，翅展约 68 毫米；背中线红色，翅以红和土黄色为主，有闪光，后翅红色，近基部黑色。卵浅绿色，球形。幼虫体绿或褐色，老熟时长约 80 毫米，第一、二腹节有眼状斑，后胸至第八腹节有黑纹；尾角小而下弯。蛹长 42～45 毫米，灰褐色，有深褐色的斑。

[生活习性] 1 年发生 2～3 代，以茧于浅土层中越冬。各代成虫出现期分别为 4 月上旬至 5 月中旬、5 月下旬至 7 月中旬、7 月下旬至 9 月下旬。成虫白天静伏于杂草中或枝叶上，夜间活动，有趋光性。卵产于寄主的梢和叶片端部。7 月，幼虫常为害凤仙花，喜晚上活动取食。

防治方法

◆ 安装频振式诱虫灯诱杀成虫。

◆ 少量发生时根据虫粪找到幼虫，人工捕捉幼虫防治。

◆ 保护利用天敌茧蜂、如胡蜂、螳螂、益鸟等。

‹ 红天蛾·成虫 ‹

69

咖啡透翅天蛾

[学名] *Cephonodes hylas*（Bremer *et* Grey）

[主要寄主] 大叶黄杨、木芙蓉、栀子等。

[形态特征] 成虫体长 23～32 毫米，体黄绿色，翅透明，翅基部绿色，翅脉及翅缘棕红色。卵近球形，淡绿色，有光泽。幼虫体长 60～65 毫米，黄绿色至深绿色，背线深绿色，亚背线黄白色。蛹褐色，末端具叉状尾刺。

[生活习性] 1 年发生 4 代，以蛹在土中越冬。翌年 4 月下旬羽化。第二至第四代成虫分别出现在 6 月、8 月和 10 月。成虫羽化后约 10 小时交尾产卵，卵多散产于嫩叶、花蕾、花瓣嫩枝上，每处产卵 1～2 粒。每雌虫产卵 200 粒左右，卵期 3～5 天。咖啡透翅天蛾对栀子花的为害普遍而且严重，造成栀子花新梢被食尽，不能开花。成虫喜在木芙蓉花上采蜜。

[学科分类]

鳞翅目
↓
天蛾科

< 咖啡透翅天蛾·低龄幼虫 <

< 咖啡透翅天蛾·高龄幼虫 <

防治方法

◆ 安装频振式诱虫灯诱杀成虫。5～6 月在栀子等寄主植物上人工抓捕幼虫。保护利用天敌，如小茧蜂，幼虫期释放小茧蜂。

◆ 化学防治：加强监测，6 月初虫量上升时及时用森得保可湿性粉剂 1 000～1 500 倍或 25% 灭幼脲Ⅲ号 1 000～1 500 倍液或 1.2% 烟参碱 800～1 000 倍液等药剂防治幼虫。

< 咖啡透翅天蛾·蛹 <

< 咖啡透翅天蛾·成虫展翅状 <

70

鹰翅天蛾

[学科分类]

鳞翅目
↓
天蛾科

[学名] *Oxyambulyx ochracea*（Butler）

[主要寄主] 核桃、槭属、榆、三角枫、枫杨等。

[形态特征] 成虫体长 48～50 毫米，翅展 97～110 毫米。体翅橙褐色。胸背黄褐色第六腹节两侧及第八腹节背面有褐绿色斑；前翅顶角弓形弯曲似鹰翅，内线近前、后缘处各有褐色圆斑；后翅黄色，有明显中带及外横带，后角上方有黑绿色斑；前、后翅反面橙黄色。

< 鹰翅天蛾·成虫展翅状 <

71

霜天蛾

[学名] *Psilogramma menephron*（Cramer）

[主要寄主] 丁香、柳、泡桐、女贞、金银木、樟、苦楝、梧桐、海桐等。

[形态特征] 成虫体长约 50 毫米，翅展约 125 毫米，灰白或灰褐色；体背有棕黑色线纹，前翅有棕黑色波浪纹，顶角有黑色半月形斑 1 个。幼虫老熟时体长约 100 毫米，绿色，较粗大，体侧有白色或褐色斜纹，尾角绿色或褐色。卵圆形，初产时绿色，逐渐变为黄色。蛹红褐色，长 50～60 毫米。

[生活习性] 1 年发生 2～3 代，以蛹在土中越冬。翌年 6 月成虫羽化，趋光性很强。卵产于叶背面，卵期约 10 天。幼虫多在清晨取食，白天潜伏在阴处。5～11 月为幼虫为害期，以 6～7 月最严重。11 月幼虫老熟，入土化蛹越冬。

[学科分类]

鳞翅目
↓
天蛾科

< 霜天蛾·幼虫 >

< 霜天蛾·成虫展翅状 >

防治方法

◆ 安装频振式诱虫灯诱杀成虫。少量发生时根据虫粪进行人工捕捉幼虫。

◆ 保护利用天敌，常见天敌有螳螂、胡蜂、茧蜂、益鸟等。

72

团角锤天蛾

[学科分类]

鳞翅目
↓
天蛾科

[学名] *Gurelca hyas*（Walker）

[主要寄主] 茜草科植物。

[形态特征] 成虫翅展约40毫米，虫体紫褐色，腹部各节背侧有棕黑色的斑，第五、第六两节各有一对小白斑。前翅灰褐色，中线为深褐色横带，顶角下方外缘有月牙形棕褐色斑，后缘后角内形成缺刻；后翅橙黄色，外缘有赭棕色宽边。

< **团角锤天蛾·成虫展翅状** <

73

斜纹天蛾

[学科分类]

鳞翅目
↓
天蛾科

[学名] *Theretra clotho clotho*（Orza）

[主要寄主] 爬山虎、紫藤、绣线菊等。

[形态特征] 成虫翅展75～85毫米。体、翅灰黄色。前翅中室有1小黑点，自顶角至后缘有1条深褐色斜纹。

< **斜纹天蛾·成虫展翅状** <

74

芋双线天蛾

[学科分类]

鳞翅目
↓
天蛾科

[学名] *Theretra oldenlandiae*（Fabricius）

[主要寄主] 葡萄、地锦、绣球、虎耳草、凤仙花、牡丹。

[形态特征] 成虫翅展 65～75 毫米，体褐绿色，头及胸部两侧有灰白色缘毛；胸背灰褐色，两侧有黄白色纵条；腹部有平行的银白色背线 2 条，两侧有棕褐、淡褐纵条；体腹面土黄色，有不显著条斑；前翅灰褐绿色，翅中部有较宽的浅黄褐色斜带 1 条，带内外有数条黑白色条纹；后翅黑褐色，有灰黄横带 1 条，缘毛白色；前后翅反面黄白色，有暗褐色横线 3 条。卵球形，淡绿色。幼虫老熟时体褐绿或紫黑色，胴部背面有白纹 2 条，背侧有黄色圆纹和眼纹 1 列，圆斑内有红黑或黄黑两色，第一和二腹节圆斑有黑点。蛹体灰黑或灰褐色。

[生活习性] 1 年发生 2 代，以蛹在浅土中越冬，5 月和 8 月是成虫期，趋光性强。卵产于嫩叶上，幼虫食量很大。

‹ 芋双线天蛾·老熟幼虫 ‹

› 芋双线天蛾·成虫展翅状 ‹

防治方法

◆ 物理防治：成虫期用灯光诱杀成虫。

75

[学科分类]

鳞翅目
↓
细蛾科

柳丽细蛾

[学名] *Caloptilia chrysolampra*（Meyrick）

[主要寄主] 柳树。

[形态特征] 成虫体长约 4 毫米，翅展约 12 毫米；前翅淡黄色，近中段前缘至后缘有淡黄白色大三角形斑 1 个，其顶角达后缘，后缘从翅基部至三角斑处有淡灰白色条斑 1 个，停落时两翅上的条斑汇合在体背上呈前钝后尖的灰白色锥形斑，翅缘毛较长，淡灰褐色，尖端的缘毛为黑色或带黑点，顶端翅面上有褐斑纹；触角长过腹部末端；足长约接近体长，白、褐相间。幼虫老熟时体长约 5.3 毫米，长筒形，略扁，幼龄时乳白色略带黄色，近老熟时黄色略加深。蛹体近梭形，体长约 4.8 毫米，胸背黄褐色，腹部颜色较淡。茧丝质灰白色，近梭形。

[生活习性] 1 年发生代数不详。6 月上中旬多在树冠低层有低龄幼虫，将柳叶从尖端往背面一般卷叠 4 折，呈粽子状，幼虫在虫苞内啃食叶肉呈网状；7 月上中旬见蛹和成虫，7 月中旬多为大小不等的幼虫，未见蛹；8 月上旬多数幼虫老熟，以后世代重叠，虫态不整齐，一直为害到 9 月。常州柳树上常见，但发生量小。

< 柳丽细蛾·为害状 <

< 柳丽细蛾·被天敌寄生的虫苞 <

防治方法

◆ 虫量小时可摘除虫包。

◆ 保护利用天敌，一种姬小蜂寄生率可达 80%～90%，不必防治。

< 柳丽细蛾·成虫 <

76

斜线网蛾

[学科分类]

鳞翅目
↓
网蛾科

[学名] *Striglina scitaria* Walker

[主要寄主] 栗、草本花卉，常卷叶为害。

[形态特征] 成虫体枯黄色，微红，翅布满网纹；前、后翅各有褐色斜线 1 条，互相贯通，在前翅顶部分叉；翅反面色较深，前翅中部有褐斑 2 个；后翅后缘较黄，斜纹显出一部分。

[生活习性] 幼虫卷叶为害，7 月出现成虫。常州常见但数量少。

< 斜线网蛾·成虫展翅状 <

< 斜线网蛾·翅反面形态 <

防治方法

◆ 安装频振式诱虫灯诱杀成虫。

77

[学科分类]

鳞翅目
↓
潜叶蛾科

柑橘潜叶蛾

[学名] *Phyllocnistis citrella* Stainton

[主要寄主] 柑橘、金橘、柚子。

[形态特征] 成虫体长 2 毫米，翅展 5.3 毫米，银白色；前翅梭形，翅基部有 2 条褐色纵纹，长约翅的一半，近端部 1/3 处有缘毛，靠近翅尖有一明显的黑斑；后翅锥形，自基部至顶端均具较长的缘毛。卵椭圆形，长 0.3 毫米，乳白色，透明。老熟幼虫体纺锤形，淡黄色，体长 4 毫米左右。体扁平椭圆形，头部尖，足退化，尾端尖细具细长的尾状。蛹长约 2.8 毫米，梭形，黄色至黄褐色。茧黄色。

[生活习性] 1 年发生 9～10 代，世代重叠。多数以蛹在叶缘卷褶内，少数以老熟幼虫在蛀道中越冬，也可以成虫越冬。翌年 5 月下旬晚春梢上始见幼虫为害，但此时虫口极低。7～9 月严重为害，尤以秋梢受害最重。10 月晚秋梢上仍有发现。幼虫潜入嫩叶表皮下蛀食，蛀成密集回转的虫道。3～5 天幼虫即老熟，在叶缘将叶片边缘折成蛹室，吐丝作茧，在室内化蛹。虫口密度大时还蛀食嫩梢皮层，形成银白色弯曲蛀道。被害叶片卷曲硬化，影响光合作用且易于脱落，新梢生长缓慢或停止生长。在溃疡病区，造成的伤口易遭病菌侵入，诱致溃疡病发生。

< 柑橘潜叶蛾·为害状 <

< 柑橘潜叶蛾·秋梢为害状 <

< 柑橘潜叶蛾·蛹壳 <

防治方法

◆ 5 月初发时及时摘除早发的零星新梢，以后加强巡查，在成虫尚未羽化前，摘除虫叶，消灭幼虫和蛹。

78

斜线燕蛾

[学科分类]

鳞翅目
↓
燕蛾科

[学名] *Acropteris iphiata* Guenée

[主要寄主] 香茅等植物。

[形态特征] 成虫翅展 25～32 毫米，白色，前后翅有相连贯的五组灰色或棕褐色斜纹，前翅顶角处有一黄斑点。

< 斜线燕蛾·成虫展翅状 <

< 斜线燕蛾·成虫 <

79

[学科分类]

鳞翅目
↓
夜蛾科

黏虫

[学名] *Pseudaletia separata*（Walker）

[主要寄主] 多种禾本科农作物、草坪。

[形态特征] 成虫体长 15～17 毫米，翅展 36～40 毫米；头、胸部灰褐色，腹部暗褐色；前翅灰黄褐色、黄色和橙色，前翅顶角有一向后缘斜伸的褐色斜线，近中央有一灰白色圆斑，外缘为 7 个黑点，排成一列；后翅暗褐色。卵馒头形黄色，孵化时灰黑色。老熟幼虫体长约 35 毫米，头部棕褐色，上有"凹"形纹，体色多变，有黄绿、黑绿、黑褐色，全体有 5 条暗色宽纵线，体背有青绿、黑绿、绿褐色、灰白等纵纹。蛹长约 19 毫米，红褐色。

[生活习性] 1 年发生 5～6 代，迁飞性害虫，每年从南往北迁飞为害。成虫昼伏夜出，对灯光有一定趋性，对糖、醋、酒混合液和杨、柳枝条有明显的趋性。成虫多产卵在禾本科杂草和作物上，每雌虫产卵千余粒，卵呈条块状。5 月中旬第一代幼虫孵化；幼虫也昼伏夜出，白天潜伏在心叶处，受惊会吐丝下垂，有假死性；3 龄后食量增大，食全叶，叶片食尽后会成群集体转移。5 月下旬出现第一代成虫，第二至第四代幼虫为害一般在 6 月下旬至 7 月上旬、8 月中旬、9 月中旬至 10 月下旬。

防治方法

◆ 物理防治：安装频振式诱虫灯或黑光灯诱杀成虫。

◆ 化学防治：加强监测，用药参考超桥夜蛾。

‹ 黏虫·成虫展翅状 ‹

80

[学科分类]

鳞翅目
↓
夜蛾科

超桥夜蛾

[学名] *Anomis fulvida* Guenée

[主要寄主] 木槿、柑橘、大叶黄杨。

[形态特征] 成虫体长13~20毫米，翅展40~44毫米，头、胸部棕色杂黄色。前翅褐黄、褐或锈红色，密布赤锈色细点，各线紫红棕色，内、中、外线波浪形，中央有一白点，肾状纹褐色。幼虫3龄前虫体为青绿色，头部米黄色，老龄幼虫体长40~49毫米，较细长，体色加深至灰褐色或褐色，头部呈深褐色。

[生活习性] 1年发生2代，以蛹在浅土层中越冬。4月底蛹开始羽化，5月上旬为羽化高峰。成虫趋光性强，卵散产于枝、叶表面，偶有叶背上，每雌产卵150~240粒。6月上旬幼虫孵化，成虫昼伏夜出，具强趋光性。低龄幼虫取食新梢嫩叶，随着虫龄增大，逐步向下取食，老熟幼虫咀嚼嫩皮，严重时可将叶片吃光。7月中旬幼虫老熟化蛹。9月上旬第二代成虫出现，9月中下旬交尾产卵，9月下旬至10月上中旬幼虫孵化为害。10月下旬老熟幼虫入土化蛹。

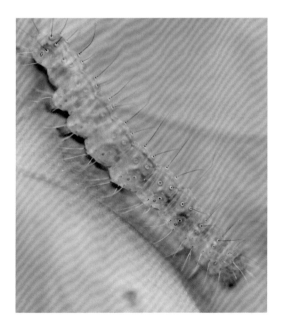

< 超桥夜蛾·幼虫 <

< 超桥夜蛾·成虫 <

防治方法

◆ 物理防治：安装频振式诱虫灯诱杀成虫。

◆ 化学防治：6月上旬低龄幼虫期，喷洒短稳杆菌悬浮剂800倍液或森得保可湿性粉剂1 000~1 500倍或25%灭幼脲Ⅲ号悬浮剂1 000~1 500倍液防治幼虫。

81

陌夜蛾

[学科分类]

鳞翅目
↓
夜蛾科

[学名] *Trachea atriplicis*（Linnaeus）

[主要寄主] 五叶地锦、月季、二月兰、榆树。

[形态特征] 成虫体长约20毫米，翅展约50毫米；头、胸黑褐色；前翅棕褐色带铜绿色，基线黑色，内线和环纹中央黑色，环纹有绿环及黑边，后方有一戟形白纹；后翅白色。幼虫头灰赭色，体青或红褐色，背线、亚背线暗褐色，中间有白点，气门线粉红色。

[生活习性] 6~8月成虫期，成虫趋光性强。

< 陌夜蛾·成虫 <

< 陌夜蛾·成虫展翅状 <

防治方法

◆ 成虫期灯光诱杀，化学防治参见淡剑贪夜蛾。

82

苎麻夜蛾

[学名] *Arcte coerula*（Guenée）

[主要寄主] 柳、楮、苎麻等。

[形态特征] 成虫体长 20～30 毫米，翅展 50～70 毫米。体、翅茶褐色。前翅顶角具近三角形褐色斑；基线、外横线、内横线波状或锯齿状，黑色；环装纹黑色，小点状；肾状纹棕褐色，外具断续黑边；外缘具 8 个黑点。后翅生青蓝色略带紫光的 3 条横带。

[学科分类]

鳞翅目
↓
夜蛾科

‹ 苎麻夜蛾·成虫 ‹

‹ 苎麻夜蛾·成虫展翅状 ‹

83

石榴巾夜蛾

[学名] *Dysgonia stuposa*（Fabricius）

[主要寄主] 石榴、紫薇、合欢等。

[形态特征] 成虫体长 18～20 毫米，翅展 43～49 毫米；体灰褐色；前翅基部黑棕色，前缘中部至后缘中部有 1 条两头宽中间窄的白色带，带外侧黑棕色，外线外侧衬白色，顶角有 2 齿形黑棕斑；后翅暗棕色，翅中具浅色横线。卵馒头形，灰绿色。老熟幼虫体长 40～50 毫米；灰褐色，密布不规则斑纹酷似石榴树皮；腹部前端 2～3 节常呈拱形弯曲，腹足 4 对，臀足发达，向后突出。蛹长 20 毫米左右，红褐色，体表被白色蜡粉，腹末有臀棘 4 对。

[生活习性] 1 年发生 3～4 代，世代不整齐，以蛹越冬。翌年 4～5 月石榴新叶长出时，羽化为成虫，成虫有趋光性。卵散产于树干。幼虫咬食石榴的芽和叶片；白天静止不动，紧贴枝梗；幼龄期不易发觉；稍大食量骤增，能将当年新叶食尽。幼虫老熟后入浅土层，做土室化蛹。

< 石榴巾夜蛾·老熟幼虫 >

< 石榴巾夜蛾·成虫展翅状 >

防治方法

◆物理防治：冬季清园翻耕，消灭越冬蛹。　　　　◆化学防治：参见淡剑贪夜蛾。

84

犁纹丽夜蛾

[学科分类]

鳞翅目
↓
夜蛾科

[学名] *Xanthodes transversa* Guenée，又名犁纹黄夜蛾、芙蓉二尖蛾。

[主要寄主] 木芙蓉、木槿、小叶黄杨、树棉、锦葵等。

[形态特征] 成虫体长 15～16 毫米，翅展 36～40 毫米；体翅淡黄色；前翅外缘有褐色宽带，从翅前缘 1/3、2/3 和近顶角处分别有 3 条细褐线伸向翅外缘，到中线处又向翅后缘折回。低龄幼虫体淡翠绿色；高龄幼虫体长 41～45 毫米，体色多变，有褐红色、绿色、淡黄色，绿色型，体被线淡黄色，体节有 2 个黑褐色斑，气门褐色；体侧每节着生 7～8 根白色长毛。

[生活习性] 1 年发生 2 代，以蛹越冬。翌年 6～7 月为第一代幼虫期，9～10 月为第二代幼虫期，幼虫 5 龄。10 月底幼虫老熟后下树在寄主地下的枯枝落叶下或疏松土表化蛹越冬。

< 犁纹丽夜蛾·中龄幼虫 <

< 犁纹丽夜蛾·成虫 <

防治方法

◆冬季清园，清除寄主林下枯枝落叶，减少越冬虫源。

◆6 月、8 月加强监测，发现虫龄增加用短稳杆菌悬浮剂 800 倍液或森得保可湿性粉剂 1 000～1 500 倍液防治幼虫。

< 犁纹丽夜蛾·成虫展翅状 <

85

[学科分类]

鳞翅目
↓
夜蛾科

旋目夜蛾

[学名] *Speiredonia retorta*（Linnaeus）

[主要寄主] 合欢。

[形态特征] 成虫体长21～23毫米，翅展60～62毫米。头部及胸部黑棕色泛紫色。腹部背面大部黑棕色，端部及腹面红色。前翅黑棕色带紫色，内线黑色，肾纹后部膨大旋曲，边缘黑色及白色。

< 旋目夜蛾·成虫 <

86

[学科分类]

鳞翅目
↓
夜蛾科

暗翅夜蛾

[学名] *Dypterygia caliginosa*（Walker）

[主要寄主] 不详。

[形态特征] 成虫体长约18毫米，翅展约35毫米；全体黑褐色；前翅黑褐色，仅臀角外线明显大波浪形内斜，线外灰褐色；后翅棕褐色。

< 暗翅夜蛾·成虫展翅状 <

87

淡剑贪夜蛾

[学科分类]

鳞翅目
↓
夜蛾科

[学名] *Spodoptera depravata*（Butler），又名淡剑袭夜蛾。

[主要寄主] 草地早熟禾、高羊茅、多年生黑麦草等。

[形态特征] 雄成虫翅展 26.2～27.2 毫米，触角羽状；前翅灰褐色，内横线和中横线显著黑色，翅面有一近梯形的暗褐色区域，外缘线有黑点 1 列；后翅淡灰褐色。雌成虫翅展 23～24 毫米，触角丝状。卵馒头形，直径 0.3～0.5 毫米，有纵条纹，初为淡绿色，孵化前灰褐色。幼虫初孵时体灰褐色，取食后绿色；老龄圆筒形，头部椭圆形，沿蜕裂线有黑色"八"字纹，背中线肉粉色，亚背线内侧有不规则三角形黑斑 13 对。蛹体长 12.1～13.5 毫米，初为绿色，后渐变红褐色，臀棘 2 根，平行。

[生活习性] 1 年发生 3～4 代，以老熟幼虫在草坪中越冬。幼虫 6 龄，3 月中旬越冬幼虫开始取食，5 月下旬见第一代幼虫，7 月下旬至 8 月上旬为第二～三代幼虫为害期，也是全年暴发期。幼虫咬食根茎或将叶片吃成缺刻，严重时地上部分成片枯黄。成虫趋光，产卵于叶片近尖部，卵块长条形，外覆淡黄绒毛。

‹ 淡剑贪夜蛾·中龄幼虫 ›

‹ 淡剑贪夜蛾·高龄幼虫 ›

< 淡剑贪夜蛾·卵 <

< 淡剑贪夜蛾·幼虫发生密集 <

< 淡剑贪夜蛾·蛹 <

< 淡剑贪夜蛾·成虫 <

< 草坪黄色区为淡剑贪夜蛾为害区 <

防治方法

◆ 物理防治：安装频振式诱虫灯或黑光灯诱杀成虫。

◆ 化学防治：5月底6月初喷洒 4.5% 高效氯氰菊酯或短稳杆菌悬浮剂 800 倍液或森得保可湿性粉剂 1 000 ~ 1 500 倍液防治幼虫。

88

柳金刚夜蛾

[学名] *Earias pudicana* Staudinger

[主要寄主] 柳、杨树。

[形态特征] 成虫头、颈板黄白色带青，翅基片及胸背白色带粉红，腹部灰白色；前翅绿黄色，前缘从基部起约 1/2 白色带粉红色，外缘毛褐色；后翅白色。

[生活习性] 一年发生2代，以蛹在茧内于枯枝上越冬。6 ~ 8 月幼虫期，成虫具较强趋光性。

[防治方法] 可与其他鳞翅目虫害协防。

[学科分类]

鳞翅目
↓
夜蛾科

> 柳金刚夜蛾·成虫 <

< 柳金刚夜蛾·成虫 <

89

[学科分类]

鳞翅目
↓
夜蛾科

变色夜蛾

[学名] *Enmonodia vespertilio* Fabricius

[主要寄主] 合欢、金合欢、紫藤、柑橘。

[形态特征] 成虫体长 26 ~ 28 毫米，翅展 78 ~ 80 毫米；头部和颈板暗褐色，胸背部灰褐色，腹部杏黄色；前翅淡褐色，大部分密布黑棕色细点，肾纹黑棕色、窄，后端外侧有 3 个卵形黑褐斑，中线黑棕色；后翅褐灰色，中线双线棕黑色，后缘杏黄色；翅面斑纹变化较大。老熟幼虫体长约 60 毫米，深灰色，体上有淡褐色斑纹，有 "X" 形斑，臀足两叉。蛹深褐色。

[生活习性] 1 年发生 2 ~ 4 代，以蛹在根部附近土中越冬。翌年成虫 4 月上旬至 5 月上旬羽化。成虫昼伏夜出，有趋光性，夜间可飞入果园吸食成熟果实的果汁；4 月下旬至 5 月下旬产卵，每雌虫产卵 300 ~ 700 粒。卵多成块状或条状，产于寄主植物的主干基部或枝杈、叶背面，少数散产。幼虫白天栖息于树干下部皮缝中，晚间爬上枝叶取食，阴天全天可取食。老熟幼虫在夜间将叶片咬断，然后吐丝缀叶，于枝杈或者叶丛中间结茧化蛹。全年以 7 ~ 9 月为害最为严重；10 月中旬至 11 月陆续入土化蛹越冬。

防治方法

◆ 物理防治：安装频振式诱虫灯诱杀成虫。

◆ 人工防治：7 ~ 9 月加强监测，在寄主主干树皮缝隙中发现栖息的幼虫可人工捕杀。

< 变色夜蛾·成虫展翅状 >

90

臭椿皮蛾

[学科分类]

鳞翅目
↓
夜蛾科

[学名] *Eligma narcissus*（Cramer）

[主要寄主] 臭椿、香椿。

[形态特征] 成虫体长 26～28 毫米，翅展 67～80 毫米；头胸部为褐色，腹部杏黄色。前翅狭长，翅的中间近前方自基部至翅顶有 1 条白色纵带，把翅分为 2 个部分，前半部黑色，后半部紫褐灰色；后翅杏黄色，端部有蓝黑色宽带。卵近圆形，乳白色。老熟幼虫体长约 48 毫米；头部深黄色，体背橙黄色，背面各节有 1 条黑纹，褐色横斑；沿黑纹处有突起瘤，上生灰白色长毛。蛹扁纺锤形，长约 26 毫米，宽 8 毫米。茧长扁圆形，长 52～64 毫米，土黄色。

[生活习性] 1 年发生 3～4 代，以老熟幼虫结薄茧化蛹在树枝、树干上越冬。蛹在茧中一般头部向上，羽化后即由上端破茧而出。成虫白天静伏于阴暗处或叶片下，夜间飞行交尾产卵。成虫有趋光性。卵散产于叶背。初孵幼虫喜食嫩叶，受惊即弹跳；幼虫老熟后爬至树干咬取枝上嫩皮并吐丝粘连，结成丝质灰色扁薄茧化蛹。茧色极似树皮。4 月下旬至 5 月上旬成虫羽化，5～6月第一代幼虫期，7 月第二代幼虫期；9 月至 10 月上旬，第三代幼虫期，10 月结茧越冬。气温较高时，10 月中下旬成虫还可羽化、产卵、孵化。

< 臭椿皮蛾·老熟幼虫 <

< 臭椿皮蛾·成虫展翅状 <

防治方法

◆ 冬季或早春清园，寻找、清除树干上的越冬茧，降低虫口基数。

◆ 5月底6月初幼虫期可喷洒短稳杆菌悬浮剂800倍液或森得保可湿性粉剂1000～1500倍或25%灭幼脲Ⅲ号1000～1500倍液或1.2%烟参碱800～1000倍液等药剂。

◆ 保护和利用天敌。蛹期有2种寄生蜂和寄蝇。

91

柳一点金刚夜蛾

[学名] *Earias pudicana pupillana* Staudinger，又名一点金刚钻、粉绿钻夜蛾。

[主要寄主] 柳、杨树。

[形态特征] 成虫体长7～8毫米，翅展20～21毫米。头、胸部粉绿色，触角黑褐色，下唇须灰褐色；前线基部黄色有红晕，中室端部有1个明显的紫褐色圆斑、外线及缘毛黑褐色；后翅灰白色，略透明；腹部及足皆为白色，跗节紫褐色。

[生活习性] 1年发生3～4代，以蛹越冬。4月上中旬成虫羽化，世代重叠，5～9月可见不同虫龄的幼虫，10月中下旬越冬。成虫昼伏夜行，有趋光性，成虫交尾后产卵于嫩叶尖端。

[学科分类]

鳞翅目
↓
夜蛾科

< 柳一点金刚夜蛾·成虫展翅状 <

92

[学科分类]

鳞翅目
↓
夜蛾科

葱兰夜蛾

［学名］*Brithys crini*（Fabricius）

［主要寄主］葱兰、朱顶红等。

［形态特征］成虫体长18~20毫米，翅展38~40毫米。体黑蓝色；头、颈板、胸背黑褐色，前胸背面有灰白色环纹1个，腹部黑色；前翅黑蓝色，端部有一不规则褐色环斑，翅基部、前缘、外缘均为黑色，外缘深色，宽带内侧黄棕色；后翅前缘至外缘均为黑色，基部至后缘灰白色。幼虫体黑色，头部有黑斑4个，两侧有隐约白斑3~4个；前中、后胸各节两侧有黄白色斑3个，接近胸足2个相连，腹节每节两侧各有黄白斑4个，近背面2个前大后小，近腹足2个相连，第九节仅1个黄白斑。

［生活习性］1年发生5~6代，以蛹在寄主植物附近的土中越冬。4、5月成虫羽化，成虫有趋光性，卵产于葱兰等寄主植物叶上。幼虫孵化后群集取食，将寄主叶片取食殆尽。在朱顶红叶片上为害时，幼虫可以取食叶肉，仅残留表皮。当夏季比较炎热时，幼虫早晚取食，取食后于阴凉处栖息。

＜ 葱兰夜蛾·幼虫 ＜

＜ 葱兰夜蛾·幼虫为害状 ＜

防治方法

◆物理防治：安装频振式诱虫灯诱杀成虫。

◆化学防治：加强监测，虫量增加时喷洒Bt乳剂500倍液或短稳杆菌悬浮剂800倍液或森得保可湿性粉剂1 000~1 500倍或1.2%烟参碱800倍液防治幼虫。

93

棉铃虫

[学名] *Helicoverpa armigera*（Hubner）

[主要寄主] 月季、木槿、大丽花、菊花、万寿菊、向日葵、美人蕉、麦类、豆科、番茄等。

[形态特征] 成虫体长15～17毫米，体色多变，灰黄、灰褐、黄褐、绿褐及赤褐色均有，前翅多为暗黄色，有环形纹，中央有个褐色点；后翅淡褐至黄白色，端区黑或深褐色。卵半球形，初产时白色，渐变淡绿色。幼虫老龄体长40～45毫米，头黄绿色，具不规则的黄褐色网状纹，体色变化大，有淡红、黄白、绿和淡绿色等4个类型。体背有多个疣状突，突上长1根刚毛。蛹体纺锤形，黄褐色，尾端有一对黑褐色臀棘。

[生活习性] 1年发生2～4代，以蛹在土内越冬。翌年4月中下旬成虫羽化，成虫昼伏夜出，有趋光性；卵散产，每雌虫产卵千余粒。幼虫1、2龄时有吐丝下垂习性，食嫩梢；叶和小花蕾长大后喜钻入花蕾、花朵内为害，致花不能开，花朵腐烂。7～8月间为害最重，到10月下旬均可见活动，世代重叠。

[学科分类]

鳞翅目
↓
夜蛾科

< 棉铃虫·绿色型老熟幼虫 <

< 棉铃虫·幼虫体色变化 <

防治方法

◆ 安装频振式诱虫灯诱杀或性诱剂诱杀成虫。4月底5月初加强监测，发现被蛀花蕾、花朵，及时摘除粉碎处理。

◆ 化学防治：5月下旬虫量增加时，在低龄幼虫钻入花蕾前，喷洒Bt乳剂500倍液或短稳杆菌悬浮剂800倍液或森得保可湿性粉剂1 000～1 500倍或1.2%烟参碱800～1 000倍液防治幼虫。

94

红棕灰夜蛾

[学科分类]

鳞翅目
↓
夜蛾科

[学名] *Polia illoba*（Butler）

[主要寄主] 大丽花、菊花、月季、桑。

[形态特征] 成虫体棕至红棕色，成虫体长15～17毫米，翅展38～41毫米。前翅红棕色，有几条波纹状横线，剑纹褐色，环纹、肾纹椭圆形，外线棕色，锯齿形；后翅褐色；足跗节均有白环。卵半球形，浅绿至紫褐色。幼虫老熟时体具褐色网纹。蛹体深褐色，粗糙，臀棘粗短，末端分成两叉。

[生活习性] 1年发生2～3代，以蛹在土中越冬。5月和8月为成虫期，6～7月和9～10月为幼虫期。幼虫食叶、花蕾，幼时群聚，3龄后分散，4龄时出现假死性，蜷缩落地，5～6龄进入暴食期。成虫有趋光性。

[防治方法] 参照棉铃虫的防治方法。

‹ 红棕灰夜蛾·成虫展翅状 ›

95

[学科分类]

鳞翅目
↓
夜蛾科

胡桃豹夜蛾

[学名] *Sinna extrema* Walker

[主要寄主] 枫杨、核桃、山核桃、悬铃木。

[形态特征] 成虫体长约 15 毫米，翅展 32 ~ 40 毫米；头、胸部白色，有黄斑。腹部黄白色；前翅橘黄色，有许多白色多边形斑块，顶角有一大白斑，斑中有 4 个小黑斑，外缘后半部有 3 个黑斑；后翅白色。

< 胡桃豹夜蛾·成虫 <

< 胡桃豹夜蛾·成虫展翅状 <

96

铃斑翅夜蛾

[学名] *Serrodes campana* Guenée，又名斑翅夜蛾。

[主要寄主] 无患子、枫杨。

[形态特征] 成虫体长约 40 毫米，翅展约 77 毫米；体褐灰色；前翅中段淡棕褐色，翅基部褐色，外线外侧暗褐色略带紫色，浅色中带外侧前缘处有三角形黑斑 1 个；后翅褐灰色，外端褐色。

[学科分类]

鳞翅目
↓
夜蛾科

‹ **铃斑翅夜蛾 · 成虫展翅状** ›

97

葎草流夜蛾

[学名] *Chytonix segregata*（Butler），又名乏夜蛾。

[主要寄主] 葎草。

[形态特征] 成虫体长约 11 毫米，翅展 28 ~ 30 毫米；虫体灰褐色；前翅褐色，中央有明显的暗褐色条带，条带内侧色暗，近顶角处有 1 个近三角形的深褐色斑，斑外缘衬有白边。

[学科分类]

鳞翅目
↓
夜蛾科

‹ **葎草流夜蛾 · 成虫展翅状** ›

98

毛胫夜蛾

[学科分类]

鳞翅目
↓
夜蛾科

[学名] *Mocis undata*（Fabricius）

[主要寄主] 六月雪、金橘、木麻黄、柑橘，成虫吸柑橘等果汁。

[形态特征] 成虫体长 18～22 毫米，翅展 46～50 毫米。头胸、前翅暗褐色。前翅内线较粗，褐色外斜，后端内侧具有 1 个黑斑点，中线褐色波浪状，外线黑色，环纹系棕色小圆点，肾纹大，褐边，亚端线浅褐色，波浪形，翅脉间具黑点，端线黑色；后翅暗褐黄色，外线黑褐色。

< 毛胫夜蛾·成虫展翅状 <

99

玫瑰巾夜蛾

[学科分类]

鳞翅目
↓
夜蛾科

[学名] *Dysgonia arctotaenia*（Guenée）

[主要寄主] 大叶黄杨、石榴、月季、玫瑰、蔷薇、迎春、大丽花等。

[形态特征] 成虫体长 18～20 毫米，翅展 43～46 毫米；虫体暗灰褐色；前翅中带窄，白色，外缘灰白色；后翅中带白色锥形，外缘中后部白色。

< 玫瑰巾夜蛾·成虫展翅状 <

100

鸟嘴壶夜蛾

[学科分类]

鳞翅目
↓
夜蛾科

[学名] *Oraesia excavata* Butler

[主要寄主] 柑橘、梨、葡萄、无花果、桃、榆等。

[形态特征] 成虫体长 23～26 毫米，翅展 49～51 毫米，褐色。头和前胸橙红色，中、后胸赭色。前翅紫褐色，具线纹，翅尖钩形，外缘中部圆突，后缘中部呈圆弧形内凹，自翅尖斜向中部有两根并行的深褐色线，肾状纹明显；后翅淡褐色，缘毛淡褐色。卵扁球形，直径约 0.8 毫米，表面密布纵纹，卵壳具暗红色花纹，孵化前变为灰黑色。幼虫体长 44～45 毫米，腹足（包括臀足）仅 4 对，体漆黑色。蛹长约 17 毫米，赤褐色。

[生活习性] 1 年发生 4 代，各种虫态均可越冬。幼虫将木防己（*Coeculus trilobus*）等藤、草本植物的叶片咬成缺刻或孔洞。成虫于 8 月底 9 月初出现，为害柑橘、桃、葡萄、龙眼、荔枝等果实。幼虫高峰期为 6 月、8 月、9 月 3 个月，10 月虫口明显下降。成虫昼伏夜出，有弱趋光性，嗜食糖液，略具假死性。无风、闷热的晚上发生数量较多。成虫吸食果汁时间颇长，有几分钟至 1 小时以上，被害果初期被刺孔变色，后逐渐腐烂而脱落。

[防治方法] 参见斜纹夜蛾防治。

‹ 鸟嘴壶夜蛾·成虫展翅状 ›

‹ 鸟嘴壶夜蛾·成虫喙部特征 ›

101

浓眉夜蛾

[学名] *Pangrapta trimantesalis* Walker

[主要寄主] 金叶女贞等。

[形态特征] 成虫体长约 17 毫米，翅展约 34 毫米。头胸部暗红褐色；前翅浓褐色带灰，前缘外方有一半圆形（近三角形）灰斑；后翅灰褐色，有 3 条褐色横线。

[学科分类]

鳞翅目
↓
夜蛾科

‹ **浓眉夜蛾·成虫展翅状** ›

102

润鲁夜蛾

[学名] *Xestia dilatata*（Butler）

[主要寄主] 烟草。

[形态特征] 成虫体长 18 ~ 20 毫米，翅展 45 ~ 49 毫米。头、胸部红褐色；腹部灰褐色。前翅红褐色微带紫色，内线深棕色，微外斜，剑纹小，环纹大，外线黑棕色锯齿形，齿尖在各脉上断为黑点，亚端线双线棕色，外线与亚端线间色淡灰黄，端线为 1 列黑点；后翅褐色。

[学科分类]

鳞翅目
↓
夜蛾科

< 润鲁夜蛾 · 成虫展翅状 >　　　　< 润鲁夜蛾 · 成虫 >

103

柿梢鹰夜蛾

[学名] *Hypocala deflorata* Fabricius

[主要寄主] 幼虫为害柿、君迁子。

[形态特征] 成虫体长 20 ~ 22 毫米，翅展 40 ~ 44 毫米。头、胸部灰褐带黑色。腹部黄色，背面各节有黑色横条。前翅灰褐色，顶角至外线有一白色斜纹，臀角处有一白斑；后翅黄色，中室有 1 个黑斑，外端有黑色宽带，后缘有两条褐带，臀角处有黄色斑纹。

[学科分类]

鳞翅目
↓
夜蛾科

< 柿梢鹰夜蛾 · 成虫展翅状 >

104

[学科分类]

鳞翅目
↓
夜蛾科

肖毛翅夜蛾

[学名] *Thyas honesta* Hübner

[主要寄主] 桦、李、木槿、梨、桃、柑橘。

[形态特征] 成虫头赭褐色，胸和腹红色；前翅赭褐或灰褐色，有 4 条红棕色横线，内线外斜，外线内斜，顶角至臀角有一内曲弧线。后翅黑色，端区红色，中部有粉蓝色弯钩形纹。幼虫老熟幼虫体长 56 ~ 70 毫米，深黄或黄褐色。蛹深褐色，纺锤形，体表被白粉。

[生活习性] 1 年发生 2 代，以蛹卷叶越冬。低龄幼虫多栖于植物上部，性敏感，一触即吐丝下垂，老龄幼虫多栖于枝干食叶，成虫趋光性强，吸取果实汁液。幼虫老熟后在土表枯叶中吐丝结茧化蛹。6 月和 8 月分别为各代幼虫期。

‹ **肖毛翅夜蛾·成虫展翅状**

防治方法

◆ 物理防治：安装频振式诱虫灯诱杀成虫。

105

斜纹夜蛾

[学名] *Spodoptera litura* Fabricius，又名斜纹贪夜蛾。

[主要寄主] 结缕草、早熟禾、黑麦草、马蹄金、白花三叶草、红花酢浆草、月季、菊花、荷花、木槿、桑、茶、蜀葵、泡桐、睡莲等。

[学科分类]

鳞翅目
↓
夜蛾科

[形态特征] 成虫雌体长 21～27 毫米，翅展 38～48 毫米；体黑褐色，触角丝状，灰黄色，复眼黑褐色；前翅黄褐色，外缘锯齿状，具有复杂的黑褐色斑纹，内外横线之间有灰白色宽带，自内横线前缘斜伸至外横线近内缘 1/3 处，灰白色宽带中有 2 条褐色线纹（雄蛾不显著）；后翅白色，带有红色闪光，外缘有 1 条褐色线。卵近圆球形，直径约 0.5 毫米，成块，黑绿色。幼虫初孵时体黑绿色，长约 1.5 毫米；老熟幼虫体长 38～51 毫米，体色因虫龄、食料、季节而变化，从初孵幼虫时的绿色渐变为老熟时的黑褐色，背线、亚背线橘黄色，胸、腹部各体节亚背线内侧具三角形黑斑一对。蛹体长 15～24 毫米，初时青绿色，后成深红褐色。

[生活习性] 1 年发生 5～7 代，世代重叠明显。主要以蛹在土中越冬，少数以幼虫在杂草间、土下越冬。一般 6 月监测到有少量成虫活动，7 月下旬至 9 月下旬为盛发期。成虫昼伏夜出，有较强的趋光性，卵多成块产于叶背，每头雌虫可产 8～17 卵块，每卵块有卵粒数 100～200 粒。产卵后 2～3 天即可孵化，初孵幼虫常群集为害，2～3 龄后分散，4 龄后进入暴食期。幼虫畏光，常藏于阴暗处，4 龄后则栖息于地面或土缝，傍晚取食为害。大发生时，如食料不足，有群体迁移习性。大面积单一种喜食植物可引起大暴发。

‹ 斜纹夜蛾·老熟幼虫 ›

‹ 斜纹夜蛾·成虫展翅状 ›

防治方法

◆ 5月底 ~ 9月安装斜纹夜蛾性诱剂诱杀雄成虫。安装频振式诱虫灯诱杀成虫。冬季清园，认真清除杂草及耕翻土地，消灭越冬蛹，以减少虫源。

◆ 化学防治：7月下旬喷洒 Bt 乳剂 500 倍液或短稳杆菌悬浮剂 800 倍液或森得保可湿性粉剂 1 000 ~ 1 500 倍或 1.2% 烟参碱 800 ~ 1 000 倍液防治幼虫。

106

[学科分类]

鳞翅目
↓
夜蛾科

烟实夜蛾

[学名] *Heliothis assulta* Guenée，又名烟青虫。

[主要寄主] 大丽花、蜀葵、唐菖蒲。

[形态特征] 成虫体色较黄，前翅上各线纹清晰；后翅棕黑色，宽带中段内侧有棕黑线 1 条，外侧稍内凹。卵淡黄色，稍扁，纵棱双序式，以 1 长 1 短为主，中部纵棱多为 22 ~ 24 条。幼虫前胸 2 根侧毛的连线远离气门下端，体表小刺短。蛹体前段略粗短，气门小而低，很少突起。

[生活习性] 1 年发生 3 ~ 4 代，以蛹在土中越冬。翌年 4 月中下旬成虫羽化，成虫昼伏夜出，成虫期 5 ~ 7 天，趋光性强。产卵于叶、萼片或花瓣，每处只产 1 粒，卵期 3 ~ 4 天。幼虫期 11 ~ 25 天，3 龄后幼虫蛀果而不再转移，多数 1 果 1 虫，成熟后才钻出果实下地化蛹。蛹期 10 ~ 17 天。

< 烟实夜蛾 · 成虫展翅状 <

防治方法

◆ 物理防治：安装频振式诱虫灯诱杀成虫。

◆ 化学防治：4 月下旬在第一代幼虫 3 龄前（蛀果期）进行防治喷洒 Bt 乳剂 500 倍液或 4.5% 高效氯氰菊酯 1 500 倍或灭幼脲Ⅲ 2 000 倍液防治幼虫。

107

银纹夜蛾

[学名] *Ctenoplusia agnata* Standinger

[主要寄主] 大豆、十字花科蔬菜。

[形态特征] 成虫体长 15～17 毫米，翅展 32～36 毫米；头部胸部及腹部灰褐色；前翅深褐色，外线以内的亚中褶后方及外区带金色，基线、内线银色，2 脉基部有一个褐心银斑，其外后方 1 银斑，肾纹褐色；后翅暗褐色。

[学科分类]

鳞翅目
↓
夜蛾科

‹ 银纹夜蛾·成虫展翅状 ‹

‹ 银纹夜蛾·成虫 ‹

108

[学科分类]

鳞翅目
↓
舟蛾科

杨小舟蛾

[学名] *Micromelalopha troglodyta*（Graeser）

[主要寄主] 杨、柳。

[形态特征] 成虫翅展 24 ~ 26 毫米，体赭黄、黄褐、或暗褐色，前翅有灰白色细横线 3 条，后翅黄褐色，臀角有赭色或红褐色小斑 1 个。卵半球形，黄绿色。幼虫老熟时体长 21 ~ 23 毫米，体灰褐、灰绿色，微带紫色光泽；头大，肉色，颅侧区各有由细点组成的黑纹 1 条，呈"人"字形，体侧各具黄色纵带 1 条，各节具有不显著的灰色肉瘤，以第一、第八腹节背面的最大，上面生有短毛。蛹体近纺锤形，褐色。

[生活习性] 1 年发生 4 ~ 5 代，以蛹越冬。翌年 4 月中旬越冬蛹开始羽化，5 月上旬第一代幼虫开始出现；5 月底至 6 月初为第一代成虫羽化高峰，6 月中下旬为第二代幼虫发生期，7 月中下旬至 8 月上中旬为第三代幼虫发生为害期，7 月中下旬进入为害高峰期，第四代幼虫于 9 月上中旬发生，10 月底老熟幼虫吐丝缀叶结薄茧化蛹越冬。成虫有趋光性，卵多产于叶片，呈块状。每块有卵 300 ~ 400 粒，幼虫孵化后群集叶面取食表皮，被害叶呈箩网状。卵被赤眼蜂寄生较多，第四代寄生率可达 90% 以上。

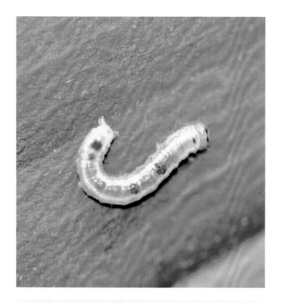

< 杨小舟蛾·低龄幼虫 <

< 杨小舟蛾·高龄幼虫 <

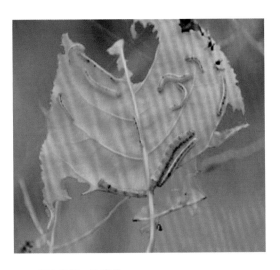

< 杨小舟蛾·为害状 <

防治方法

◆ 7 月初中旬释放周氏啮小蜂或舟蛾赤眼蜂进行生物防治。

◆ 安装频振式诱虫灯或黑光灯诱杀成虫。

◆ 6 月中使用 Bt 乳剂 500 倍液或短稳杆菌悬浮剂 800 倍液或 1% 苦参碱水剂 800 倍液或森得保可湿性粉剂 1 000 ~ 1 500 倍防治幼虫。

109

杨扇舟蛾

[学科分类]

鳞翅目
↓
舟蛾科

[学名] *Clostera anachoreta*（Denis & Schiffermüller）

[主要寄主] 杨、柳树。

[形态特征] 成虫体长约 15 毫米，褐灰色；前翅扇形，顶端有灰褐色扇形大斑 1 块。卵圆形，先橙红色，后黑褐色。幼虫体灰赭褐色，全身密被灰黄色长毛；头部黑褐色，胸部灰白色，侧面灰绿色，腹背灰黄绿色，两侧有灰褐色宽带；每节有环形排列的橙红色瘤 8 个，其上有长毛，两侧各有较大黑瘤 1 个，第一和八腹节背中央有红黑色大瘤。蛹体长圆形，长约 16 毫米，褐色。茧椭圆形，灰白色，丝质。

[生活习性] 1 年发生 5 ~ 6 代，以蛹在地面枯叶、墙缝粗树皮下地被植物下或表土层越冬。翌年 3 ~ 4 月间成虫羽化。成虫昼伏夜出，趋光性强；交尾后当天即产卵，每雌虫可产 100 ~ 300 粒，最多 600 粒。卵单层块状产于叶上。初孵幼虫群集啃食叶肉，2 龄后缀叶成苞，在苞内啃食叶肉，形成明显的枯苞，苞内有多条小幼虫。3 龄后分散取食全叶，可造成叶片大量残缺，严重时可将叶片全部吃光。每年 7 月前一般虫量不高，为害不明显，7 月后第三代幼虫数量增多，进入为害猖獗期，稍不注意就会出现叶片全部被食殆尽的严重后果，10 月陆续结茧化蛹越冬。

< 杨扇舟蛾·老熟幼虫 <

< 杨扇舟蛾·成虫 <

< 杨扇舟蛾·8 月为害意杨林 <

防治方法

◆ 采用杨树和刺槐，杨树和泡桐块状混交种植的方法减少害虫的发生。

◆ 3 月初安装频振式诱虫灯或黑光灯诱杀成虫。4～6 月人工摘除幼龄幼虫虫叶或化蛹虫苞也可结合冬季清除落叶时消灭越冬蛹。

◆ 6 月喷洒 Bt 乳剂 500 倍液或短稳杆菌悬浮剂 800 倍液或 1% 苦参碱水剂 800 倍液或森得保可湿性粉剂 1 000～1 500 倍防治幼虫。

◆ 保护和释放周氏啮小蜂和赤眼蜂等。

110

[学科分类]

鳞翅目
↓
舟蛾科

杨二尾舟蛾

[学名] *Cerura menciana* Moore，又名杨双尾舟蛾、双尾天社蛾。

[主要寄主] 杨、柳树。

[形态特征] 成虫体长 28～30 毫米，翅展 75～80 毫米。头、胸部灰白微带紫褐色，胸背有两列 6 个黑点；翅基片有 2 个黑点，前翅亚基部无暗色宽横带，有锯齿状黑波纹数排，中室有明显新月形黑环纹 1 个，胸背黑点排列成对；腹背黑色，第一～六腹节中央有灰白色纵带 1 条，两侧各具黑点 1 个；后翅白色。卵馒头形，红褐色，中央有黑点 1 个。幼虫体色随龄期而异，初孵时黑色，2 龄后渐紫褐至叶绿色；老熟体长约 50 毫米，头部深褐色，前胸背板大而硬，两侧下方各有圆形黑点 1 个，后胸背板呈峰突；第四腹节侧面近后缘有白色条纹 1 条；臀足特化呈尾须状，似后翅双尾。蛹体长椭圆形，尾部钝圆，褐色。茧扁椭圆形，黑色，坚硬，茧顶有胶状物封口。

[生活习性] 1 年发生 2 代，以蛹在树干上的茧内越冬。越冬代成虫出现于 4 月下旬至 5 月中旬，成虫有趋光性，卵散产于叶面，每叶可产 1～3 粒，每雌虫产卵 132～403 粒。第一代幼虫出现于 5 月下旬至 7 月上中旬，盛期在 7 月上旬。初孵幼虫体黑色，非常活泼，幼虫受惊时翻出紫红色尾突，并不断摇动。幼虫老熟时呈紫褐色或绿褐色，体较透明，爬到树干部，咬破树皮和木质部，吐丝结成坚实的硬茧。茧紧贴树干，茧色有保护色作用，与树皮相同。结茧后，幼虫经 3～10 天化蛹越冬。全年三代幼虫期分别出现在 5～7 月、8 月、9 月，其中 7～8 月发生数量多。10 月老熟幼虫结茧越冬。

< 杨二尾舟蛾·成虫（背面）<

< 杨二尾舟蛾·成虫（腹面）<

防治方法

◆ 物理防治：安装频振式诱虫灯诱杀成虫。

◆ 化学防治：暴发时化学防治，药剂选择参考杨扇舟蛾。

111

分月扇舟蛾

[学科分类]

鳞翅目
↓
舟蛾科

[学名] *Clostera anastomosis*（Linnaeus），又名银波天社蛾。

[主要寄主] 杨、柳树。

[形态特征] 成虫体长 12 ~ 18 毫米，翅展 32 ~ 47 毫米，体灰褐色，头顶和背中黑棕色。前翅有灰白横线 3 条，亚外横线由 1 列黑点组成。卵半球形，灰绿至红褐色，表面有灰白色平行纹 2 条。老熟幼虫体长 35.40 毫米，体红褐色，被淡褐色毛；前中胸有红点 4 个，其前有一对鲜黄色突起；中、后胸和腹部各有 2 个红色瘤状突起；两条亚背线之间除前胸、腹部第一、第八节外，每节有白色突起 1 对；腹部第一、第八节背有明显杏黄色叉状肉瘤。蛹长 15 ~ 18 毫米，红褐色，臀棘端分叉。

[生活习性] 1 年发生 6 ~ 7 代，幼虫老熟后，吐丝卷叶并在其内结薄茧化蛹越冬卵，主要以卵在枝干上越冬，也有少数以第六代 3、4 龄幼虫和蛹越冬，但死亡率很高。越冬卵 4 月上旬开始孵化，1 ~ 2 龄幼虫群集啃食叶肉，3 龄后分散食全叶，幼虫啃食芽鳞和嫩枝皮，随着叶片展开而取食叶肉、叶片，可造成叶片大量缺刻，严重时，可将整枝叶片吃光。成虫白天不活动，栖息在杨树或灌木枝叶上，晚上较活泼，有趋光性。5 月中下旬幼虫老熟化蛹；5 月中旬至 6 月上旬成虫羽化、交尾、产卵。卵呈块状产于叶背。平均每雌虫产卵 500 粒以上。以后基本每月繁殖一代，7 月下旬后为害明显逐渐严重。12 月上旬最后一代成虫羽化，交尾产卵于枝干上越冬。

[防治方法] 参见杨扇舟蛾防治。

分月扇舟蛾·卵

分月扇舟蛾·老熟幼虫

分月扇舟蛾·成虫

112

[学科分类]

鳞翅目
↓
粉蝶科

菜粉蝶

[学名] *Pieris rapae*（Linnaeus）

[主要寄主] 醉蝶花、旱金莲、大丽花与二月蓝、羽衣甘蓝等十字花科植物。

[形态特征] 成虫体长约17毫米，翅展50毫米；体黑色，有白色绒毛；前后翅为粉白色，前翅顶角有黑斑2个；后翅前缘有一黑斑。幼虫老熟时长约35毫米，体青绿色，背中线为黄色细线，体表密布黑色瘤状突起，着生短细毛。蛹体纺锤形，初为青绿色，后成灰褐色。卵长瓶形，高1毫米，表面为网纹，初产时黄绿色，后变为淡黄色。蛹纺锤形，体背有三条纵脊，青绿色或黑褐色。

[生活习性] 1年约发生7代，世代重叠，以蛹在篱笆、屋檐、墙角、枯枝落叶下越冬。翌年3~4月羽化，成虫白天活动，卵多产在叶片背面，卵期约7天。幼虫取食芽、叶、花，严重时将叶片食光，只留叶脉和叶柄。4~10月均有幼虫为害，但以夏季为害严重。

< 菜粉蝶·幼虫 <

< 菜粉蝶·成虫 <

防治方法

◆ 生物防治：保护和利用天敌，保护凤蝶金小蜂、姬蜂等天敌。

◆ 化学防治：幼虫低龄期选择短稳杆菌悬浮剂800倍液或3%阿维菌水乳剂素3 000倍液或4.5高效氯氰菊酯水乳剂1 500倍喷施防治幼虫。

113

[学科分类]

鳞翅目
↓
粉蝶科

宽边黄粉蝶

[学名] *Eurema hecabe*（Linnaeus），又名合欢黄粉蝶。

[主要寄主] 合欢、胡枝子、皂荚。

[形态特征] 成虫翅面淡黄或黄色；前翅外缘有黑带，翅中室内有2个斑纹；后翅因外缘略突出呈不规则圆弧形，翅脉顶端有黑斑，翅反面散布黑点。卵纺锤形，乳白色，表面有纵脊。幼虫体墨绿色，气门线灰白色，气门下线淡黑色，第六腹节亚背线处有1个淡黄肾斑，各体节有小环节5~6个，上密布小瘤突，体毛端球状。蛹体淡绿色，近三角形，两端尖。

[生活习性] 1年发生多代，世代重叠，幼虫越冬。新孵幼虫先食卵壳，后食叶，白天在叶背，可吐丝下垂，昼夜取食，在小枝上化蛹。成虫白天活动，产卵于向阳嫩叶上，散产。常州地区常见但很少暴发。

> 宽边黄粉蝶·成虫展翅状 <

防治方法

◆ 保护和利用天敌。秋季宽边黄粉蝶的茧已被绒茧蜂寄生，此时不建议化学防治。

114

[学科分类]

鳞翅目
↓
凤蝶科

樟青凤蝶

[学名] *Graphium sarpedon*（Linnaeus）

[主要寄主] 樟、肉桂、柑橘、含笑、桂花、月桂等。

[形态特征] 成虫体长 16 ~ 24 毫米，翅展 58 ~ 83 毫米，体黑色，翅底黑色，前后翅中央贯穿 1 列略呈方形的蓝色斑，后翅外缘有 1 列绿蓝色新月斑，翅基密生灰白色长毛，近基部有 2 个小红斑。卵圆形，直径约 1 毫米，淡黄色。幼虫形态变化较大，初孵幼虫体黑色，头部棕黑色，胸部各有 1 对黄色棘状刺，棘上有黑色刚毛，尾节有 1 对着生黑色刚毛的白色棘刺；2 龄幼虫体黑色；3 龄后体均为绿色；老熟幼虫胸部棘刺消失，仅留黑黄色痕迹。蛹长 30 ~ 40 毫米，淡褐色或青绿色。

[生活习性] 1 年发生 4 代，以蛹悬挂在寄主主枝、叶上越冬。翌年 4 月下旬至 5 月下旬开始陆续羽化。成虫大多在夜间羽化，数日后交配产卵，每雌虫产卵 18 ~ 34 粒，卵多单产，均产在嫩叶顶端。初孵幼虫啃食叶肉，随虫龄的增长，以 5 龄幼虫食量最大，多则一天可取食 2 片叶左右。老熟幼虫喜在隐蔽的小枝背面，用丝固定住尾部 2 ~ 3 天化蛹。常州地区常见但未见暴发。

< 樟青凤蝶·成虫展翅状 <

115

中华麝凤蝶

[学科分类]

鳞翅目
↓
凤蝶科

[学名] *Byasa confusus*（Rothschild）

[主要寄主] 接骨木、马兜铃。

[形态特征] 成虫雌雄异体。翅灰黑色，前翅脉纹两侧灰色或灰黑色，中室内有 4 条黑褐色纵纹。后翅一般比前翅颜色深，外缘区及臀角有红色新月形斑，翅反面色淡。

< 中华麝凤蝶·幼虫 <

< 中华麝凤蝶·成虫展翅状 <

< 中华麝凤蝶·成虫 <

金凤蝶

[学科分类]

鳞翅目
↓
凤蝶科

[学名] *Papilio machaon* Linnaeus，又名茴香凤蝶。

[主要寄主] 伞形科、芸香科植物。

[形态特征] 成虫翅金黄色，各翅脉周围有黑色条纹。前翅基部黑色，后翅臀角处有1圆红色斑。

[生活习性] 1年发生2代，成虫期4~8月。以蛹越冬。

< 金凤蝶·成虫 <

117

玉带凤蝶

[学科分类]

鳞翅目
↓
凤蝶科

[学名] *Papilio polytes* Linnaeus

[主要寄主] 柑橘、樟、金橘、桤木、柚等。

[形态特征] 成虫体长 25 ~ 28 毫米，翅展 95 ~ 100 毫米，全体黑色；胸部背有 10 个小白点，呈 2 纵列。胸前翅外缘有 7 ~ 9 个黄白色斑点；后翅外缘呈波浪形，有尾突，翅中部有黄白色斑 7 个，横贯全翅似玉带。卵球形，直径 1.2 毫米，初淡黄白，后变深黄色，孵化前灰黑至紫黑色。幼虫体长 45 毫米，头黄褐，体绿至深绿色。幼虫共 5 龄：初龄黄白色；2 龄黄褐色；3 龄黑褐色；1 ~ 3 龄体上有肉质突起褐淡色斑纹，似鸟粪；4 龄后油绿色，体上斑纹与老熟幼虫相似。蛹长 30 毫米，体色多变，有灰褐、灰黄、灰黑、灰绿等，头顶两侧和胸背部各有 1 突起，胸背突起两侧略突出似菱角形。

[生活习性] 1 年发生 4 代，少数 5 代，以蛹在枝干和叶背等隐蔽处越冬。翌年 5 月上旬成虫开始羽化，成虫白天活动交尾，产卵于寄主新梢嫩叶上，多单产。第一代幼虫为 5 月中旬至 6 月中下旬为害，初食嫩叶边缘，后食全叶，仅剩主脉和叶柄，对幼苗和小树为害明显。6 月中下旬第一代成虫羽化，第二、三代成虫期在 7 月中下旬和 8 月中下旬。第二、三、四代幼虫期分别在 6 月下旬至 7 月下旬、7 月下旬到 8 月上旬、8 月下旬至 9 月中旬。

‹ 玉带凤蝶·老熟幼虫 ›   ‹ 玉带凤蝶·雄成虫 ›

118

鳞翅目
↓
凤蝶科

红珠凤蝶

[学名] *Pachliopta aristolochiae*（Fabricius），又名红腹凤蝶。

[主要寄主] 马兜铃科植物。

[形态特征] 成虫翅展 70～94 毫米。雄蝶翅黑色，前、后翅黑色，脉纹两侧灰白或棕褐色，后翅中室外侧有 3~4 枚白斑，外缘波状，翅缘有 6～7 枚粉红色斑，多为弯月形。雌蝶翅型斑纹与雄蝶相似，但色略淡。

[生活习性] 1 年发生 2 代，以蛹越冬，成虫期 4～8 月。

< 红珠凤蝶·成虫展翅状 <

< 红珠凤蝶·成虫 <

119

柑橘凤蝶

[学名] *Papilio xuthus* Linnaeus，又名花椒凤蝶、黄菠萝凤蝶。

[主要寄主] 柑橘、佛手、柚、金橘等芸香科植物。

[形态特征] 成虫体长 27～30 毫米，翅展 91～100 毫米。翅绿黄色，沿脉纹有黑色带，臀脉上黑带分叉。外缘黑带宽，其外缘嵌有 8 个绿黄色新月斑，中室端有 2 个黑斑，基部有 4-5 条黑色纵纹。后翅黑带中嵌有 6 个绿黄色新月斑，其内方有蓝色斑列，臀角处有 1 橙黄色圆斑，斑内有黑点；中脉第三支向外延伸呈燕尾状。卵扁圆形，直径 1.2～1.3 毫米，初产时黄白色，后呈紫灰色。幼虫老熟时体长 40～48 毫米，4 龄前黑褐色，杂有白色，形似鸟粪，后变黄绿色，似玉带凤蝶幼虫，但体侧无斜行色带，仅有两条白线。前胸臭丫线橘黄色。蛹体纺锤形，黄色。

[生活习性] 1 年发生 4～6 代，以蛹在枝条、建筑物等处越冬。4～11 月均可见成虫活动，幼虫世代重叠。4 月中、下旬（花椒发芽期）成虫羽化，卵散产于嫩芽、叶背，5 月第一代幼虫孵化，咬食嫩芽、叶片，6 月上旬第一代成虫羽化，7 月下旬第二代成虫羽化。

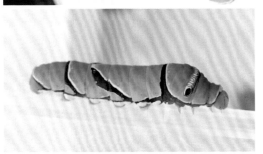

< 柑橘凤蝶·老熟幼虫 <

防治方法

◆ 物理防治：冬、春季在树枝、建筑檐下捕杀蛹。生长季节捕杀幼虫。

◆ 化学防治：低龄幼虫期喷洒 25% 除尽悬浮剂 1 000 倍液或 Bt 乳剂 500 倍液。大量发生时可参见菜粉蝶防治。

◆ 生物防治：保护、利用蝶蛹金小蜂、广大腿小蜂等天敌。

120

[学科分类]

鳞翅目

↓

蛱蝶科

小红蛱蝶

[学名] *Vanessa cardui*（Linnaeus）

[主要寄主] 菊科野艾蒿、牛劳、鼠麴草属等。

[形态特征] 成虫为中小型蛱蝶，翅背面呈淡橙红色，具黑色斑纹；前翅近顶角具白色小斑；后翅腹面呈淡褐色，亚外缘具1列小眼斑。卵长圆形，呈暗绿色，表面具纵脊。末龄幼虫背部呈黑色，散布黄色颗粒状小点，侧面气孔至腹足区域呈黄褐色；体表密布细毛；棘刺呈淡黄色，基部常呈橙红色。蛹长呈椭圆形，淡褐色，具褐色斑带和黑色小点。

< 小红蛱蝶·成虫 >

< 小红蛱蝶·翅反面 >

121

茶褐樟蛱蝶

[学名] *Charaxes bernardus* Fabricius

[主要寄主] 樟、天竹桂等。

[形态特征] 雌成虫体长 23~30 毫米。体背、翅红棕色，反面棕褐。前翅外缘及前缘外半部带黑色，中室外方有白色大斑；后翅亚外缘有黑带，自前向后渐窄，有尾突 2 个。卵扁圆形，直径 19 毫米，初产时黄绿色，后变暗红褐色。幼虫体长 33~62 毫米，老熟幼虫体色深绿色，头部后缘突起浅紫褐色锄形枝刺，第三腹节背中央有 1 个菱形淡黄色斑块。蛹长约 25 毫米，长卵球形，尾端有 3 对乳头状突起，碧绿色。

[生活习性] 1 年发生 3 代，以老熟幼虫在叶片正面越冬。翌年 3 月下旬活动取食，4 月中旬开始化蛹，5 月上旬成虫开始羽化，数日后进行交配产卵，每雌虫产卵 40 粒左右，卵都散产于老叶正面，一般每叶只产 1 粒。5 月中下旬第一代幼虫孵化，第二代幼虫始见于 7 月下旬，第三代幼虫始见于 9 月下旬。幼虫孵化后先吃卵壳，随后开始取食叶肉。老熟幼虫可食全叶，仅留下叶脉。饱食后栖息在叶片正面，通常叶面颜色与虫体相一致。老熟幼虫化蛹前吐丝缠在树枝或小枝叶柄上，然后再开始化蛹。

< 茶褐樟蛱蝶·幼虫 >

防治方法

◆ 此蝶一般虫口数量不大，除对幼苗、小树会造成一定为害，对大树不会造成明显为害，可不予防治。如需防治，可参见玉带凤蝶防治。

122

大红蛱蝶

[学名] *Vanessa indica* Herbst，又名赤蛱蝶。

[主要寄主] 榆、荨麻、椰榆。

[形态特征] 成虫体长 19 ～ 25 毫米，翅展 50 ～ 70 毫米，体黑色，翅红黄褐色，外缘锯齿状，有黄斑和黑斑，前翅外半部有小白斑数个。后翅正面前缘中部黑斑外侧具白斑，亚外缘黑带窄，外缘赤橙色，其中列生黑斑 4 个，内侧与橙色交界处有黑斑数个。后翅反面中室 "L" 白斑明显，有网状纹 4 ～ 5 个。卵圆柱形，顶部凹陷，淡绿色，近孵化时紫灰色。老熟幼虫体长 30 ～ 40 毫米，头部黑色，密布细绒毛，背中线黑色，两侧有淡黄色条纹，各体节上有黑褐色棘状枝刺数根，中、后胸各 4 枚，前 8 腹节各 7 枚，最后腹节各 2 枚，腹部黄褐色。蛹体长 20 ～ 26 毫米，深褐或绿褐色，上覆灰白细粉。

[生活习性] 1 年发生 2 ～ 3 代，以成虫越冬，6 月初至 10 月均有成虫出现。

[学科分类]

鳞翅目
↓
蛱蝶科

< 大红蛱蝶·成虫 <

< 大红蛱蝶·成虫展翅状 <

防治方法

◆园林常见，但发生量少，可不作防治。

123

斐豹蛱蝶

[学名] *Argyreus hyperbius* Linnaeus

[主要寄主] 榆、木槿、柳、慈竹等。

[形态特征] 成虫雌雄异型。雄蝶橙黄色、后翅边缘外缘黑色、具蓝白色细弧纹，翅面有黑色圆斑。雌蝶前翅端半部紫黑色，其中有 1 条白色斜带。

[学科分类]

鳞翅目
↓
蛱蝶科

< **斐豹蛱蝶·雄成虫展翅状** >

< **斐豹蛱蝶·雌成虫展翅状** >

124

黑脉蛱蝶

[学名] *Hestina assimilis* Linnaeus

[主要寄主] 柳、朴。

[形态特征] 成虫体和翅黑褐色，翅表布满青白色斑纹，前翅中室斑点前端有缺刻，其他各斑纹都断裂贯穿全室；后翅外缘有斑纹1列，亚外缘有红色斑纹4个。卵球形。幼虫体绿色，被绒毛，头有丝状角突1对，其顶分叉；后胸背及第二腹节背各有小白斑1对，第四腹节背有三角形黄白斑块1对。

[生活习性] 1年发生2代，以幼虫在寄主基部枯枝落叶下或主干越冬。幼虫取食量不大。

< **黑脉蛱蝶·成虫展翅状** <

125

黄钩蛱蝶

[学名] *Polygonia c-aureum* Linnaeus

[主要寄主] 柑橘、扶桑、榆、柳、梨、一串红等。

[形态特征] 成虫前翅中室内有3个黑褐斑；后翅中室基部有1个黑点；前翅后角和后翅外端的黑斑上有蓝色鳞片，翅外缘角突尖锐，秋型尤甚。

< **黄钩蛱蝶·成虫展翅状** <

126

柳紫闪蛱蝶

[学名] *Apatura ilia* (Denis *et* Schiffermüller)

[主要寄主] 柳、杨树。

[形态特征] 成虫体长 18 ~ 20 毫米，体色鲜艳；前翅三角形，侧缘向内弧形弯曲，雄蝶有紫色闪光，后翅白色横带无尖出；全翅深棕色，各径脉间中部有相连的无色方斑呈一横条，下方有一圆形黑斑。卵半圆球形，径约 1 毫米，体初为淡绿色，后为褐色。幼虫老龄时体长约 38 毫米，草绿色，头上有突起 1 对，体上有小颗粒，尾节向后尖突；胸部气门上线白色，腹气门上线斜向白色。蛹体垂蛹，长约 30 毫米，腹背棱线突出。

[生活习性] 1 年发生 2 代，以 2 ~ 3 龄幼虫在树干裂缝处或树洞内越冬。翌年 3 月下旬活动取食，5 月下旬成虫产卵。卵期 6 ~ 8 天，卵散产于叶面及嫩梢上。幼虫常利用前胸背板前端的长角丝突探索其取食部位。老熟幼虫在叶背化蛹，蛹体胸背呈叶状突起。

[防治方法] 成虫美丽，在发生数量不多的情况下可以不防治。

[学科分类]

鳞翅目
↓
蛱蝶科

‹ 柳紫闪蛱蝶·成虫 ‹

127

猫蛱蝶

[学名] *Timelaea maculata* Bremer *et* Grey，又名黑斑蛱蝶。

[主要寄主] 榆科植物。

[形态特征] 成虫翅橘黄色，密布黑色斑纹。前翅中室内有 6 枚黑斑，基部 1 枚呈斜形，后缘上有一长一短的长黑纹。

[生活习性] 1 年 发 生 多代，成虫期 5～9 月。

< 猫蛱蝶·成虫展翅状 <

128

尖翅银灰蝶

[学名] *Curetis acuta* Moore

[主要寄主] 豆科植物。

[形态特征] 雄蝶正面黑褐色，前翅中域、后翅外端有橙红色斑纹。雌蝶翅正面为黑底白斑纹，翅反面银白色。旱季翅形较尖，翅正面斑纹大而明显。

[生活习性] 1 年 发 生 多代，以成虫越冬。成虫期 7～10 月。

< 尖翅银灰蝶·成虫 <

129

点玄灰蝶

[学科分类]

鳞翅目
↓
灰蝶科

[学名] *Tongeia filicaudis*（Pryer）

[主要寄主] 景天科植物。

[形态特征] 成虫翅展 22～25 毫米。翅膀正面黑褐色，隐约可见后翅亚外缘有蓝斑 1 列，另有 1 条短细微突。翅膀反面呈灰白色，前翅中室内和下方有 2 枚小黑点，后翅外缘线褐色，内有围绕橙红色的 3 列黑斑。

[生活习性] 1 年发生多代，成虫期 4～11 月。

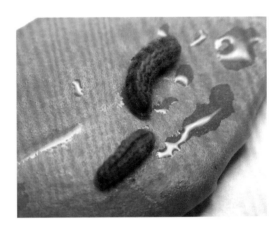

< 点玄灰蝶·幼虫为害景天 >　　　　< 点玄灰蝶·幼虫 >

< 点玄灰蝶·成虫 >

130

[学科分类]

鳞翅目
↓
灰蝶科

曲纹紫灰蝶

[学名] *Chilades pandava*（Horsfield）

[主要寄主] 苏铁。

[形态特征] 成虫体长 4 ~ 5 毫米，翅展约 20 毫米。翅面蓝紫色，前翅外缘黑色，后翅外缘有细的黑白边，其内有黑色窄带，翅反面灰褐色；前翅亚外缘有 2 条具白边的灰色带，臀角处有大的橙黄色斑，斑中有大黑斑，尾突细长，端部白色。幼虫老熟时体长 6.5 ~ 10.2 毫米，体被密布黑色细短毛，毛突明显，体周有较多的白色长毛。蛹紫红色或青绿色，椭圆形，长 8 ~ 44 毫米。

[生活习性] 1 年发生 4 ~ 6 代，以蛹在羽状复叶的背面或羽叶基部隐蔽处越冬，次年 6 月羽化，觅新叶产卵，7 月幼虫开始为害，全年 9 ~ 10 月为害最严重。幼虫有 4 龄，1 ~ 2 龄幼虫啃食新羽叶的叶肉，3 龄幼虫开始蚕食羽叶小叶的端半部，严重时将小叶全部吃光，仅留叶轴，此时幼虫钻入叶轴内继续为害，老熟后钻出叶轴化蛹。

< 曲纹紫灰蝶·成虫 <

防治方法

◆ 修剪老叶：5 月底之前，在越冬虫蛹羽化前将苏铁老叶全部剪掉，集中粉碎处理。

◆ 加强水肥管理，促进苏铁新叶在 5 月就早生快发，且发叶整齐，避开成虫择新叶产卵的为害。

◆ 化学防治：加强监测，7 月初第一代幼虫低龄期用 3% 阿维菌水乳剂素 3 000 倍液或 20% 啶虫脒可溶液剂 4 000 倍液防治幼虫。

131

直纹稻弄蝶

[学名] *Parnara guttata Bremer et* Grev

[主要寄主] 幼虫为害禾本科草坪、水稻。

[形态特征] 成虫体长 16 ～ 20 毫米，翅展约 40 毫米。体黑色，翅正面黑褐色，有金属光泽，基部带绿色。前翅上有 7 ～ 8 个半透明斑纹，构成半环形；后翅中域具 4 个半透明白斑及 1 枚不透明的中室端斑。

[学科分类]

鳞翅目
↓
弄蝶科

< **直纹稻弄蝶·成虫** <

< **直纹稻弄蝶·成虫展翅状** <

132

蒙链荫眼蝶

[学名] *Neope muirheadii*（Felder）

[主要寄主] 慈孝竹等多种竹类。

[形态特征] 成虫体长 18 ~ 23 毫米；翅展 60 ~ 70 毫米。翅面灰褐色。前翅外缘有 3 ~ 4 个黑色斑；后翅有 4 ~ 5 个黑斑。翅反面从前翅 1/3 处直到后翅臀角有 1 条棕色和白色并行的横带。前翅外缘有 3 ~ 4 个眼斑，后翅有 7 个眼斑，臀角处 2 个相连。卵近圆形，直径约 1.3 毫米，乳白色。幼虫老熟时体长 46 ~ 49 毫米，头土黄色，布满小突起，胸部较细，腹部 1 ~ 6 节特粗；背线粗，黑色，亚背线、气门上线、气门线细，土黄色，气门下线以下白色；尾部有尾角 1 对，黄色。蛹长 15 ~ 18 毫米，长椭圆形，深褐色。臀棘长而宽扁，向前与体垂直，尖端粗糙，黏附于枯叶上。

[生活习性] 1 年发生 2 代，以蛹越冬。翌年 4 月中旬至 6 月中旬成虫相继羽化，6 月上旬至 7 月上旬产卵，产卵于竹叶上，卵块产每块 18 ~ 36 粒。6 月中旬至 7 月下旬为第一代幼虫期，初孵幼虫群集在叶面，头向一个方向啃食叶片，至 3 龄仍集中取食，3 龄后分散，幼虫多 5 龄，少 6 龄。8 月上旬至 9 月上旬第二代卵，8 月中旬至 10 月底第二代幼虫期。9 月中旬至 10 月底陆续化蛹越冬。

< 蒙链荫眼蝶·成虫翅背面 <

< 蒙链荫眼蝶·成虫展翅状 <

防治方法

◆ 低龄幼虫群集，可人工摘除虫叶，多时可喷洒 25% 灭幼脲Ⅲ号 1 500 ~ 2 000 倍液或 0.36% 苦参碱 1 000 倍液。

133

稻眼蝶

[学名] *Mycalesis gotama* Moore

[主要寄主] 为害竹类。

[形态特征] 成虫体长 14.6 ~ 16.5 毫米，翅展 39 ~ 47.7 毫米。体背及翅正面灰褐色至暗褐色，腹面及翅反面灰黄色。前翅正反面都有 2 个蛇目状白圈白心黑色圆斑，近翅尖小，近臀角大；后翅反面有 6 ~ 7 个蛇目斑，近臀角一个特大。前后翅反面中央从前缘至后缘横贯 1 条黄白色带纹，外缘有 3 条暗褐色线纹。幼虫初孵时体长 2 ~ 3 毫米，浅白色。

[学科分类]

鳞翅目
↓
眼蝶科

‹ 稻眼蝶·成虫展翅状 ›

134

鞘翅目
↓
梨象科

紫薇梨象

[学名] *Pseudorobitis gibbus* Redtenbacher

[主要寄主] 紫薇。

[形态特征] 成虫体长 1.9 ~ 2.9 毫米，体凸圆，体壁黑色，头圆锥形，眼大，头顶刻点密集且浅。头、前胸背板、鞘翅奇数行间具特化的刚毛。触角 10 节。喙棕黑色，从基部向端部逐渐变宽。足粗壮，黑色，腿节粗大，基部黄褐色，胫节和跗节具 5 个齿。卵长约 0.5 毫米，乳白色，棒槌形或椭圆形。幼虫老熟时长约 5 毫米，初孵幼虫 0.6 ~ 0.8 毫米，"C"形，乳白色。

[生活习性] 1 年发生 1 代，以幼虫或成虫在紫薇硕果内越冬，有世代重叠现象。翌年 4 月下旬可见成虫活动，成虫期长达 4 个多月，6 ~ 8 月为成虫盛发期。成虫有假死性，以嫩叶、嫩梢、花和幼嫩种子补充营养。7 月紫薇花开时产卵，产卵期延续至 9 月中旬结束，25℃条件下卵期 5 天，9 月部分幼虫化蛹，成虫蛰伏在紫薇果实内越冬，但大多以幼虫越冬。翌年 4 月化蛹，4 月中旬至 5 月上旬为化蛹盛期，5 月下旬化蛹结束。

‹ 紫薇梨象·成虫 ‹

防治方法

◆ 结合冬季修剪，修剪果枝，粉碎处理，消灭越冬虫源即可。

135

[学科分类]

鞘翅目
↓
卷象科

桃虎象

[学名] *Rhynchites faldermanni* Schoenherr，又名杏虎象，桃象甲。

[主要寄主] 桃、杏、樱桃、李、枇杷等。

[形态特征] 成虫体长6~8毫米，宽3~4毫米，体椭圆形，体紫红色具光泽，触角棒状，11节。头长等于或略短于基部宽。鞘翅略呈长方形，两侧平行，端部缩圆或丁弯。后翅灰褐色，半透明。卵长1毫米左右，椭圆形，乳白色。幼虫乳白色，微弯曲，长10毫米。蛹为裸蛹，长6毫米，椭圆形，密生细毛。

[生活习性] 1年发生1代，以成虫在皮缝、杂草内越冬，少数以幼虫越冬。翌年桃花开时成虫出现，成虫为害期长达150天，产卵历期90天，3~6月为为害盛期。成虫怕光，有假死性。产卵时，成虫在果面咬一小孔，产卵于孔中，上面覆盖黑色胶状物，卵期7~8天，幼虫孵化后钻入果内为害，一果内可达数十头。幼虫期20余天，老熟后脱果入土，在10~25厘米深的土内结茧化蛹，蛹期30多天，多数成虫羽化后不出土，在茧内越冬，羽化早的成虫当年出土活动，秋末开始觅地越冬。成虫食芽、嫩枝、花、果实，产卵时先咬伤果柄造成果实脱落。幼虫蛀食幼果，造成果面蛀孔累累，影响品质。

< 桃虎象·成虫 <

< 桃虎象·成虫早春为害桃树 <

防治方法

◆ 人工捕杀：桃花开时注意成虫的发生量，发生量多时可在清晨于树下铺塑料膜或布，振动树体，成虫假死落地后收集消灭，5~7天进行1次。果期及时捡拾落果，集中销毁，消灭幼虫。

◆ 化学防治：成虫期可用10%顺式氯氰菊酯200 ml每亩稀释后浇灌。3月底用4.5%高效氯氰菊酯2 000倍液或1.2%烟参碱油800~1 000倍液在傍晚时分喷施叶面，每月1次，视虫情连续喷2~3次。

136

二带遮眼象

[学名] *Pseudocneorhinus bifasciatus* Roelofs

[主要寄主] 寄主植物较多，已知寄主超100种，垂柳、金边黄杨，尤其喜食樱花等蔷薇科植物。

[形态特征] 成虫体型肥硕，中部凸起，梨形，前翅宽于前胸背板，约5毫米长，全身布满棕色和灰色的鳞屑形成条带穿过前胸背板。成虫不能飞行。老熟幼虫为白色，无足，长7.5~8.5毫米。蛹白色，覆有黄色刚毛，长约6.3毫米。

[生活习性] 成虫期5~10月，成虫有假死性，白天取食叶片，受惊后迅速跌落落叶、草丛中。雌成虫折叠叶缘并用腿按压边缘制成卵荚。

[学科分类]

鞘翅目
↓
象甲科

< 二带遮眼象·成虫为害金边黄杨 <

防治方法

◆ 加强检疫，严禁带虫种子、苗木及原木外调。加强管理，及时清除被害落果、卷叶，并集中烧毁，减少虫源。保护利用天敌，如卷叶象茧蜂等。

◆ 化学防治：使用复配药剂：10% 吡虫啉 1∶1 000～1 500 倍液＋1% 甲维盐 1∶1 000～1 500 倍液或者 25% 噻虫嗪 1∶3 000～4 000 倍液＋4.5% 高效氯氰菊酯 1∶1 500～2 000 倍液喷雾，10～15天喷一次，连续喷 2～3 次；初次喷施药物后第二天或短期内加强防治，可喷施一次绿色威雷 1∶200倍液（绿色威雷持效期 30～40 天）。

137

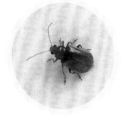

黑盾黄守瓜

[学名] *Aulacophora semifusca* Jacoby
[主要寄主] 成虫为害杂灌木、花卉及葫芦科植物。

[学科分类]

鞘翅目
↓
叶甲科

‹ 黑盾黄守瓜·成虫 ›

138

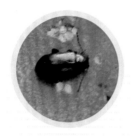

柳沟胸跳甲

[学名] *Crepidodera plutus*（Latrille），又名杨叶跳甲。

[主要寄主] 柳、杨。

[形态特征] 成虫体长约30毫米，前胸背板具金属红色光泽，近基部有一横沟，沟两端各有一短纵沟。鞘翅蓝绿色，有光泽，并有由小刻点形成的纵线。

[生活习性] 1年发生多代，以成虫在杨、柳主干树皮裂缝、伤口、空洞及固杆捆扎物内十头至数十头群集越冬。翌年3月中旬出蛰活动，成虫啃食杨、柳叶片，形成多个直径约10毫米不规则的小孔，尤以叶边缘为多，但不连续成片。5～7月下旬为成虫为害高峰。成虫产卵于土中，幼虫在土内啃食植物须根。9月起虫口密度下降，10～11月陆续以成虫越冬。

< 柳沟胸跳甲·成虫 >

防治方法

◆ 冬季找寻集中越冬的成虫予以消灭，也可以在树干上扎草，诱集成虫越冬，2月底成虫开始活动前集中消灭。

◆ 化学防治：成虫食叶为害期喷药防治。药剂可选用绿色威雷200倍液，每月防治1次。5～7月高发林内使用1.2%烟参碱乳油800倍液或4.5%高效氯氰菊酯1 500倍液防治。

139

柳圆叶甲

[学科分类]

鞘翅目
↓
叶甲科

[学名] *Plagiodera versicolora*（Laicharting），又名柳蓝叶甲、柳金花虫。

[主要寄主] 柳、杨树。

[形态特征] 成虫体长 3.0 ~ 5.0 毫米，体深蓝色，有金属光泽；头部横阔，触角褐色，上有细毛；前胸背板光滑，横阔，前缘呈弧形凹陷；鞘翅上有成行排列的刻点。卵长 0.8 ~ 0.9 毫米，椭圆形，橙黄色。幼虫长约 6.0 毫米，灰黄色；头黑褐色，前胸背板上有 2 个褐色斑，中、后胸背板侧缘有较大的乳状黑褐色突起；腹部各节有黑色小瘤突，腹端有黄色吸盘。蛹长约 4.0 毫米，黄褐色，椭圆形，腹部背面有 4 列黑斑。

[生活习性] 1 年发生 4 ~ 6 代，以成虫在土中的枯枝落叶或树皮缝隙处越冬。翌年 4 月上旬越冬成虫开始上树取食叶片并产卵。卵产于叶面，常数十粒竖立成堆。每雌虫可产卵 1 500 粒左右。卵期 5 ~ 7 天。幼虫常数头或数十头群集为害，啃食叶肉，被害处呈白色网膜状，但因布满黑色粪便，故受害处呈黑色。幼虫 4 龄。老熟幼虫蜕皮后以腹末吸盘黏附于叶片上化蛹，蛹期 3 ~ 4 天。第二代后世代重叠，同时可见各虫态并存。7 ~ 9 月为害最严重，10 月后成虫陆续下树越冬。

< 柳圆叶甲·成虫 >

防治方法

◆ 加强冬季清园，清理树下枯枝落叶和其他杂物，破坏成虫越冬场所，减少越冬成虫。

◆ 当年发生严重区域在初冬时用 3 波美度石硫合剂仔细喷洒柳树主干，消灭越冬成虫。

◆ 化学防治：加强巡查，5 月中下旬用 1.2% 烟参碱乳油 800 ~ 1 000 倍液或 10% 吡虫啉 1 000 ~ 2 000 倍液或 25% 灭幼脲 3 号 2 000 倍＋ 4.5% 高效氯氰菊酯 1 500 倍液防治。

140

鞘翅目
↓
叶甲科

榆紫叶甲

[学名] *Ambrostoma quadriimpressum*（Motschulsky），又名琉璃叶甲、榆紫金花虫。

[主要寄主] 榆树。

[形态特征] 成虫体长 10 ~ 11 毫米，近椭圆形，背面弧形隆起；头部刻点深凹，触角细长；前胸背板矩形；前胸背板及鞘翅有紫红与金绿色相间的色泽，少数紫褐色、蓝绿色、深蓝色或铜绿色；鞘翅密布刻点，尤以中央及凹陷内粗密，基部具横凹，凹后强烈隆起，具数条不规则的紫红色纵带纹；腹面铜绿色；足蓝色。卵长椭圆形，咖啡、茶、鹿棕或淡茶褐色。老熟幼虫体长约 11 毫米，乳黄色，头顶黑斑 4 个，前胸背板黑斑 2 个。蛹体乳黄色，近椭圆形，略扁。

[生活习性] 一年发生 1 代，以成虫在土中或石块下越冬和越夏。翌年 3 月下旬越冬成虫开始活动，4 月中旬至下旬为活动盛期，5 月上旬交尾、产卵盛期，5 月中旬孵化盛期，6 月上旬老熟幼虫化蛹盛期，6 月中旬新羽化成虫出现盛期，经过夏眠，9 月出蛰继续活动、交尾，但当年不产卵。成虫不太活跃，每雌平均产卵 800 余粒。

防治方法

◆ 化学防治：3 月下旬成虫上树取食为害期，喷洒 1.2% 烟参碱 800 ~ 1 000 倍液或 4.5% 高效氯氰菊酯 1 500 ~ 2 000 倍液；5 月中旬用 25% 灭幼脲Ⅲ号 2 000 倍液＋4.5% 高效氯氰菊酯 1 500 倍液或森得保可湿性粉剂 1 000 ~ 1 500 倍防治低龄幼虫。

◆ 保护和利用天敌（蠋蝽、螳螂等）。

< 榆紫叶甲·成虫 <

141

茄二十八星瓢虫

[学名] *Epicauta ruficeps*（Illiger），又名酸浆瓢虫。

[主要寄主] 茄科植物，也为害樟、桉、竹、柑橘、枸杞等植物。

[形态特征] 成虫体长约 6 毫米，半球形，黄褐色；前胸背板有 6 个黑斑，每鞘翅各有 14 个黑斑；体密被细毛，无光泽。卵长椭圆形，鲜黄色，长约 1.4 毫米。幼虫长约 7 毫米，纺锤形，灰白色，各节有白色枝刺，刺基有黑褐色环纹。蛹长约 5.5 毫米，椭圆形，黄白色，背部有黑色斑纹。

[生活习性] 1 年发生 4 代，以成虫在杂草丛、土缝、石块下、篱笆、墙缝等间隙中越冬，稍有群集性。翌年开春恢复活动，先在杂草上为害，后转移到茄科蔬菜等作物上。4～10 月均能看到各代成虫或幼虫为害。成虫昼夜均取食，有假死性。产卵于叶背，卵密集块产，竖立排列。初孵幼虫群集为害，稍大分散为害，成虫和幼虫食叶肉，残留上表皮呈网状，严重时全叶食尽。幼虫老熟后在叶背茎干、杂草上化蛹。

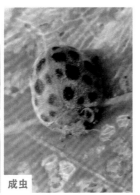

> 茄二十八星瓢虫·卵和成虫 ＜

> 茄二十八星瓢虫·为害状 ＜

防治方法

◆ 冬季和生长季都需要及时认真清园，消灭成虫。加强巡查，及时摘除叶上卵块和初孵幼虫，利用其假死性，捕杀成虫。

◆ 4 月底 5 月初，第一代幼虫期用森得保可湿性粉剂 1 000～1 500 倍或短稳杆菌悬浮剂 800 倍液或 1.2% 烟参碱水剂 800 倍液进行防治。

142

蔷薇三节叶蜂

[学名] *Arge pagana*（Panzer），又名玫瑰三节叶蜂，月季叶蜂。

[主要寄主] 玫瑰、月季、黄刺玫、蔷薇等。

[形态特征] 雄成虫体长 5.5 ~ 7.5 毫米，全体蓝黑色。雌成虫体长 7.5 ~ 8.6 毫米，翅浅棕褐色，有紫红色反光，并有棕黄色短绒毛。头、胸、足蓝黑色。复眼、触角黑色。触角丝状，3 节，第三节特别长。中胸背面具 "X" 形凹陷。雌成虫腹部黄色。卵长椭圆形，长 1.1 ~ 1.3 毫米，初为淡黄色，后为绿色。幼虫，老熟幼虫体长 18 ~ 20 毫米，初孵为淡绿色，老熟时为黄绿色，头部黄色，同步各节有 3 条横向黑色瘤突，上有短毛，胸足 3 对，腹足 6 对。蛹浅黄色，长 7 ~ 10 毫米。茧淡黄色，丝质，内层薄丝质，外层为网丝质。

[生活习性] 1 年发生 4 代，以老熟幼虫在土内越冬，各代成虫分别出现在 5 月下旬、6 月中旬、7 月上旬至中旬、8 月中旬至 9 月上旬、9 月下旬至 10 月上旬，幼虫有世代重叠现象，幼虫于 10 月中下旬至 11 月陆续老熟入土越冬。卵多产于距稍部 10 ~ 20 厘米半木质部的枝条组织内。卵期一般 7 天左右，幼虫期 30 天左右。

[学科分类]

膜翅目
↓
三节叶蜂科

防治方法

◆ 常州地区第一茬花后及时修剪，一般在 5 月下旬，修剪时注意产卵枝条的修剪。

◆ 化学防治，5 月底、6 月初第一代幼虫低龄期及时使用森得保可湿性粉剂 1 000 ~ 1 500 倍或短稳杆菌悬浮剂 800 倍液或 1.2% 烟参碱水剂 800 倍液进行防治。

蔷薇三节叶蜂·成虫

> 蔷薇三节叶蜂·幼虫

> 蔷薇三节叶蜂·幼虫为害状

143

[学科分类]

膜翅目
↓
叶蜂科

樟叶蜂

[学名] *Mesoneura rufonota* Rohwer

[主要寄主] 香樟。

[形态特征] 成虫雌虫体长 7 ~ 10 毫米，翅展 16 ~ 18 毫米；头黑色，触角黑色丝状；前胸背板、中胸背板、前盾片、盾片、小盾片褐黄色，有光泽；中胸背板发达，有"X"形凹纹。卵乳白色，半透明，长 0.7 ~ 1.1 毫米。幼虫共 4 龄，初孵幼虫乳白色，头浅灰；老熟幼虫体长 8 ~ 18 毫米，头黑色，有光泽，体浅绿色或黄绿色，个身多皱纹；胸足黑色，胸部及腹部第一、二小黑点大而明显。蛹长椭圆形体长 6 ~ 10 毫米，淡黄色，后变暗黄色。复眼黑褐色。茧长 9 ~ 14 毫米，长椭圆形，黑褐色，由丝与泥土混合而成。

[生活习性] 1 年发生 3 代，有世代重叠现象。以老熟幼虫在土中结茧越冬，翌年 3 月底成虫开始羽化。第一代幼虫 3 月底 4 月初出现，成虫产卵于嫩叶组织内，产卵处稍凸起，每雌虫产卵 75 ~ 158 粒，每叶产卵 4 粒左右，最多单叶产卵 25 粒。初孵幼虫群集在叶背为害，初啃食叶肉，2 ~ 3 龄后食全叶，幼虫期 15 ~ 20 天，4 龄幼虫入土结茧。第二代幼虫在 5 月上中旬出现。5 月中旬第二代的幼虫其中一部分以幼虫滞育越夏，另一部分继续发育，第三代幼虫期在 7 月。7 月后一般无幼虫为害。

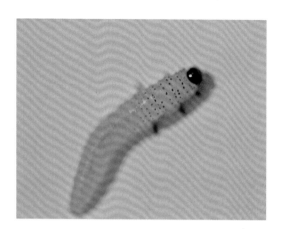

< 樟叶蜂·幼虫 <

< 樟叶蜂·幼虫为害状 <

防治方法

◆ 物理防治：加强冬季清园，冬季翻耕，消灭土中结茧幼虫。

◆ 化学防治：3月底4月初第一代幼虫低龄期可喷洒25%灭幼脲Ⅲ号2 000倍液＋4.5%高效氯氰菊酯1 500倍液或森得保可湿性粉剂1 000～1 500倍或短稳杆菌悬浮剂800倍液或1%苦参碱水剂800倍液进行防治。

144

浙江黑松叶蜂

[学科分类]

膜翅目
↓
叶蜂科

[学名] *Nesodiprion zhejiangensis* Zhou *et* Xiao

[主要寄主] 五针松、黑松、湿地松、马尾松、火炬松等。

[形态特征] 雄成虫体长6～7毫米，体黑色，触角双栉齿状；雌成虫体粗壮，黑褐色，长7～9毫米，触角栉齿状，胸密具粗刻点，前胸背板及腹板浅黄色，翅透明，翅痣和翅脉黑褐色。卵船形，长1～1.5毫米。老熟幼虫体长20～25毫米，头黑色，胴部嫩绿色，背上有2条绿色纵背线，体侧各有1条深蓝色或墨绿色气门上线。蛹长5～7毫米，黄白色。茧圆筒形，长6～9毫米，黄褐色。

[生活习性] 1年发生 3 ~ 4 代，以预蛹在茧内越冬。茧结于针叶丛间、枝杈间或地表枯叶背面。翌年 4 月中下旬羽化。卵产于针叶组织内，每针叶上产 2 ~ 3 卵粒，每雌虫可产卵 14 ~ 21 粒。有孤雌生殖现象，世代重叠明显。第一代幼虫从 5 月上旬开始至 6 月中旬，第二代、第三代幼虫 7 月下旬到 10 月上旬。幼虫喜群集为害，每平方米树冠可聚集 100 多条幼虫。幼虫寿命期长，食量大，1 龄幼虫取食当年生针叶，2 龄幼虫可取食老叶，能食尽全株针叶，仅剩叶鞘部分，3 ~ 5 龄幼虫食量最大。幼虫会随着被害叶的叶色变化而变换体色，隐蔽性强，发生初、中期难发现，一旦发生便易暴发。幼虫天敌较多，常见有寄蝇（寄生率高达 36%）姬蜂和白僵菌，故黑松叶蜂发生不严重，即使大发生后，虫口数量下降也很快。

< 浙江黑松叶蜂·幼虫 >

< 浙江黑松叶蜂·虫茧 >

< 浙江黑松叶蜂·成虫和羽化后的茧壳 >

< 浙江黑松叶蜂·为害五针松 >

防治方法

◆ 冬季认真清园，清除落叶，修剪或摘除枝上的越冬虫茧。保护利用天敌，天敌有寄蝇、姬蜂、长足黄蚁、白僵菌等。

◆ 5 月上、中旬第一代幼虫低龄期，用森得保可湿性粉剂 1 000 ~ 1 500 倍或短稳杆菌悬浮剂 800 倍液进行防治。

蛀干性害虫

1

[学科分类]

鞘翅目
↓
天牛科

薄翅锯天牛

[学名] *Megopis sinica* White

[主要寄主] 杨、垂柳、榆、松、杉、桑、梧桐、法桐、海棠、女贞、板栗等。

[形态特征] 成虫体长约50毫米，深褐或赤褐色；头部密布刻点和褐毛；鞘翅宽于前胸，向后逐渐收缩，翅面有明显纵凸线和细刻点。卵椭圆形，乳白色。幼虫体较粗短，乳白色，长约66毫米；前胸背板浅黄色，中央有纵线1条，中线两侧有凹陷斜纹1对。蛹体长35～55毫米，乳白至黄褐色。

[生活习性] 2年发生1代，以幼虫在寄主蛀道内越冬。6～7月成虫羽化，啃食树皮补充营养，产卵于寄主植物树干伤疤或其他天牛为害的蛀孔内，卵期20多天。孵化后的幼虫从树皮蛀入木质部，其后向上、下蛀食，为害到秋后在树内越冬。翌年春季继续为害，5月幼虫老熟，并在靠近树表做蛹室化蛹。幼虫常群集在其他天牛为害后的坑道内继续为害，虫粪细微如腐殖土，堵塞整个坑道，与其他天牛、锹甲等一起为害，加速寄主植物的死亡。

< 薄翅锯天牛·老熟幼虫 >

< 薄翅锯天牛·老熟幼虫头胸部特征 >

< 薄翅锯天牛与星天牛为害悬铃木 >

< 薄翅锯天牛·虫粪 <

薄翅锯天牛·雌成虫 <

防治方法

◆ 在严重为害区，彻底伐除没有保留价值的严重被害木，运出林外及时处理，以控制扩散源头。对新发生或孤立发生区要拔点除源，及时降低虫口密度，控制扩散。保护和利用天敌，如啄木鸟。

◆ 成虫期较长，6～7月在树干上绑缚白僵菌粉胶环，成虫在树干上活动爬行触及时，感病致死，防治成虫是防治中的关键。

2

桃红颈天牛

[学科分类]

鞘翅目
↓
天牛科

[学名] *Aromia bungii*（Faldermann）

[主要寄主] 桃、杏、李、梅、樱桃、苹果、梨。

[形态特征] 成虫体长 28～37 毫米，体黑色发亮；前胸棕红色或黑色，密布横皱，两侧各有刺突 1 个，背面有瘤突 4 个，鞘翅表面光滑。卵圆形，白色，长 6～7 毫米。幼虫老熟时体长 42～52 毫米，乳白色，长条形；前胸最宽，背板前半部横列黄褐斑 4 块；体侧密生黄细毛，黄褐斑块略呈三角形；各节有横皱纹。蛹体裸蛹型，长约 35 毫米，乳白色，后黄褐色。

[生活习性] 2 年发生 1 代，以幼龄和老龄幼虫在树干内越冬。6月上旬化蛹，6月下旬开始出现成虫，6月中下旬至 7月中旬是成虫羽化出孔高峰期。成

虫多于午间在枝干上多次交尾，产卵于树皮裂缝中，以主干为多，产卵期约1周。幼虫在树干内的蛀道极深，而且多分布在地上0.5米范围的主干内，干基密积虫粪木屑，桃树枝干流胶，常导致寄主植物死亡。

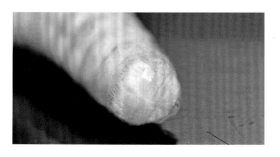

< 桃红颈天牛·高龄幼虫头前胸背板特征 <

< 桃红颈天牛·老熟幼虫口器 <

< 桃红颈天牛·成虫交尾状 <

< 桃红颈天牛·为害桃树 <

< 桃红颈天牛·成虫 <

防治方法

◆ 化学防治，6～7月成虫羽化期，在寄主主干和分枝喷洒绿色威雷150～200倍液或噻虫啉300～350倍液，防治在主干交配产卵的成虫。

◆ 防成虫产卵，6月初先用厚的保鲜膜缠绕树干和主枝基部，再在保鲜膜外部缠绕10毫米粗的草绳，等产卵期结束立即拆除保鲜膜和草绳并烧毁。

双斑锦天牛

[学名] *Acalolepta sublusca*（Thomson）

[主要寄主] 大叶黄杨、卫矛等。

[形态特征] 成虫体长 11 ~ 23 毫米，宽 5 ~ 7.5 毫米，栗褐色；头、前胸密被棕褐色绒毛，触角有稀少灰白色绒毛；雄虫触角长度超过体长 1 倍。卵长椭圆形。幼虫体圆筒形，长 15 ~ 25 毫米，浅黄白色，头褐色，前胸背板有淡黄色略呈方形的斑纹 1 个。蛹体纺锤形，裸蛹，长 20 ~ 25 毫米，乳白色，羽化前黄褐色。

[生活习性] 1 年发生 1 代，以幼虫在根部越冬。3 月上旬开始继续为害，5 月下旬在蛀道中做蛹室化蛹，6 月中旬成虫陆续羽化，成虫咬食寄主植物嫩茎皮层补充营养，在向阳枝条顶端交尾后成虫刻槽产卵。7 月卵产于离地面 20 厘米以下的较粗树干上，经 7 ~ 10 天后于 6 月下旬孵化。初孵幼虫先取食皮层内部，后逐渐蛀入木质部，咬成不规则蛀道，大多由产卵孔向下蛀食木质部，主要为害 4 年生以上的植株。

[学科分类]

鞘翅目
↓
天牛科

◆ 晴天中午捕捉成虫。

◆ 化学防治：6 ~ 7 月在寄主全株喷洒绿色威雷 150 ~ 200 倍液或噻虫啉 300 ~ 350 倍液防治在主干取食补充营养的成虫。

< **双斑锦天牛·成虫** <

4

桑天牛

[学科分类]

鞘翅目
↓
天牛科

[学名] *Apriona germarii*（Hope）

[主要寄主] 桑、榆树、扶芳藤、紫薇、柑橘、垂丝海棠、木瓜海棠、苦楝、红叶石楠、枇杷、杨、垂柳、刺槐、紫荆、女贞、乌桕、梨、构树、枣等。

[形态特征] 成虫体长 26～51 毫米，宽 8～16 毫米；体和鞘翅均为黑褐色，密生黄褐色绒毛，腹面棕黄色，头顶中央有纵沟；前胸背板有横行皱纹，两侧中央各有 1 个刺突；鞘翅基部有黑色颗粒状瘤突，肩角有 1 黑色刺。卵长椭圆形，长 5～7 毫米，略弯，乳白色。幼虫体长 45～60 毫米，圆筒形，体乳白色，头黄褐色，前胸背板密生黄褐色短毛和赤褐色刻点，从基部向前伸展出 3 对尖叶形凹陷纹，纹内光滑。蛹纺锤形，长约 50 毫米，初黄白色，后变黄褐色。

[生活习性] 2 年发生 1 代。以幼虫在树干蛀道中越冬。幼虫期长达 2 年，至第三年 6 月初化蛹，6 月下旬成虫陆续羽化。桑天牛雄虫先羽化，雌虫后羽化，前后羽化期相差 7～10 天。成虫羽化后，一般晚间活动，有假死性。成虫寿命可达 80 多天。成虫需啃食构树、桑、无花果等桑科植物的嫩梢，枝皮作补充营养，才能正常繁殖后代。7 月上中旬开始产卵，卵多产于直径 2 厘米左右的一年生枝条的上方，先咬出一个长方形的产卵刻槽，再将卵产于其中，每雌虫可产卵 100 余粒，卵期 8～15 天。7 月下旬孵化。初孵幼虫即可蛀入木质部，自上方向下蛀食，每隔一段距离向外咬一排粪孔排泄虫粪，并流出褐色汁液。幼虫一生蛀道可长达 1～2 米，可从一年生侧枝直蛀到根茎部。化蛹时，头转向上方，以木屑填堵两端孔道，蛹期 25～30 天。羽化时咬圆形羽化孔外出。桑天牛对于高大、生长旺盛、分枝多的树木的趋性强、为害重。

> 桑天牛·幼虫前胸及背板特征 <

< 桑天牛·产卵刻槽 <

< 桑天牛·为害垂柳造成顶梢大量枝枯 <

< 桑天牛·成虫 <

< 桑天牛·幼虫的排粪孔 <

< 桑天牛·幼虫为害枇杷 <

防治方法

◆ 幼虫期注意修剪。桑天牛幼虫期长，最初为害从植物的枝梢开始，虫孔明显易找，可结合冬季修剪，从产卵刻槽开始顺着排粪孔一路往下查找到最后的排粪孔，再往下约 30 厘米处修剪掉有虫枝，找到越冬幼虫消灭。也可对虫孔喷注烟参碱 100～200 倍液，或辛硫磷 100～200 倍液。

◆ 成虫活动期（6 月下旬至 8 月上旬）人工捕杀成虫，也可在成片杨、海棠、枇杷林附近丛生构树、桑树等桑科植物作诱木，在诱木上喷洒绿色威雷 150～200 倍液或噻虫啉 300～350 倍液毒杀补充营养的成虫。

5

白星瓜天牛

[学科分类]

鞘翅目
↓
天牛科

[学名] *Apomecyna cretacea*（Hope）

[主要寄主] 葫芦科的果实。

[形态特征] 体长 12.5 ~ 16 毫米，体宽 3 ~ 4.8 毫米。体较大，圆柱形，黑褐至黑色，被棕黄或棕褐色短绒毛。前胸背板有 4 个白色毛斑，位于前胸中部两侧各 1 及中央纵线上，一前一后 2 个，后两个毛斑较小。每个鞘翅有许多近圆形，大小不一的白色毛斑，可分成 3 组：第一组集中分布在中部之前，毛斑较多，11 ~ 13 个，后缘 1 列 4 个的白斑稍大，成一斜线排列，在斜线上有几个彼此接近的白斑；第二组在中部之后，5 ~ 6 个，略成 2 条斜线排列；第三组的白点较小，2 ~ 3 个，成 1 横排。腹部各节两侧略有白色小毛斑，有时不清楚。头部复眼深凹，上、下两叶几乎断裂，仅 1 列小眼连接，复眼下叶倾斜，2 倍长于颊；额宽略胜于长，头顶具深凹坑，头中央有 1 条细纵沟，头具深刻点。触角很短，粗壮，长度不超过翅中部，雌、雄虫触角长度差异不大；柄节粗大，第三节稍长于第四节，第三、四节与末端第七节之和大致等长。前胸背板宽胜于长，前端略窄，拱凸，不具侧刺突，胸面具粗深刻点；小盾片半圆形。鞘翅两侧近于平行，端缘略斜切，每翅中部有 10 列规则刻点，基部刻点不很整齐，翅端 1/5 处，向后方倾斜。足粗短，后足腿节不超过第三腹节后缘，腿节具粗糙刻点。后胸腹板两侧散布粗深刻点。本种同斜斑瓜天牛［*A. histrio*（Fabricius）］较接近，两者主要区别是：本种体较大；前胸背板及鞘翅刻点更粗深；每翅中部之前不具有白斑组成的 2 列斜斑，而白色毛斑彼此靠近。

< 白星瓜天牛 · 成虫 <

275

6

[学科分类]

鞘翅目
↓
天牛科

棟星天牛

[学名] *Anoplophora horsfieldii*（Hope ）

[主要寄主] 苦棟、朴树、榆等。

[形态特征] 成虫体长 31 ~ 40 毫米，宽 12 ~ 15.5 毫米。底色黑，光亮，全身布满大型黄色绒毛斑块，有头、胸部两条宽纵带，鞘翅上有 4 条横带。

[生活习性] 1 年发生 1 代，成虫羽化高峰期在 7 月上中旬，羽化期很集中。

[防治方法] 参见星天牛。

‹ 棟星天牛·成虫 ‹

7

黄星桑天牛

[学名] *Psacothea hilaris*（Pascoe）

[主要寄主] 桑、无花果、朴树、榉树、油桐。

[形态特征] 成虫体长 16 ~ 30 毫米，宽 4.5 ~ 9.5 毫米。体密被灰色或灰绿色绒毛，并有杏黄色绒毛斑纹。头中央有 1 条杏黄色纵纹，触角长度超过身体长度，两触角基往后至中胸后缘有 2 条黄色纵带。鞘翅上散生杏黄色圆斑。

[学科分类]

鞘翅目
↓
天牛科

< **黄星桑天牛·成虫头胸部特征** <

< **黄星桑天牛·成虫** <

8

[学科分类]

鞘翅目
↓
天牛科

橘褐天牛

[学名] *Nadezhdiella cantori*（Hope）

[主要寄主] 柑橘、葡萄、花椒、柚等。

[形态特征] 成虫体长 26～51 毫米，宽 10～14 毫米，体黑褐色至黑色，有光泽，被灰色或灰黄色短绒毛。头中有一条极深纵横沟，前胸背板密生瘤状皱褶，两侧各有 1 个尖刺。鞘翅肩部隆起，两侧近于平行，末端较狭。

[生活习性] 2～3 年完成 1 代，世代重叠，以成虫或幼虫在寄主枝干越冬。翌年 3 月中下旬陆续羽化，全年有两个成虫出孔高峰期，一个在 4 月，第二个在 7～9 月。4 月出孔的是去年 8～10 月羽化，以成虫越冬。7～9 月出孔的则以幼虫越冬。成虫可成活 3～4 个月，昼伏夜行，喜在雨天闷热的傍晚活动。雌成虫产卵前期可长达 3 个月，喜在树皮裂缝或伤疤处产卵，卵期 5～15 天。蛹期 30 天左右。

< 橘褐天牛·成虫头胸部特征 >

< 橘褐天牛·成虫 <

防治方法

◆ 人工捕捉成虫：4 月和 7～9 月成虫羽化高峰期的 19：00～20：00，成虫喜在寄主主干和第一、二级分支交配、产卵，此时人工捕捉效率高。

◆ 化学防治成虫：4 月和 7～9 月，在主干和第一、二级分支喷绿色威雷 150～200 倍液或噻虫啉 300～350 倍液防治成虫。

9

瘤胸簇天牛

[学名] *Aristobia hispida*（Saunders）

[主要寄主] 杉类、柏木、柳、板栗、胡枝子、核桃、桑树、紫穗槐、柑橘类、女贞、枫杨、桃、栎类等。

[形态特征] 成虫体长 26～39 毫米，宽 10～16 毫米，全体密被棕红色绒毛，夹杂稀疏的黑色竖毛，并杂有黑白色毛斑，头部较平，额微突。触角基部数节棕红色，其余各节灰黄色。前胸两侧刺突尖锐，前胸中部有一堆瘤突，瘤突基部愈合，上面有若干隆起的瘤。鞘翅基部有颗粒，翅末端凹进，鞘翅上的黑斑大于白斑。卵长卵圆形，宽 1.5 毫米，白色微黄。幼虫老熟时体长约 70 毫米，宽约 13 毫米，乳白色微黄，长圆筒形，略扁；前胸背板黄褐色，中央有一塔形黄板色斑纹，后缘有略隆起的凸字形刻纹。蛹乳白色。

[生活习性] 1～2 年发生 1 代，以幼虫越冬，少数以蛹越冬，翌年 5 月为羽化盛期，成虫寿命 43～63 天。6 月为产卵盛期，卵多产与离地 0.5 米的树干上。卵期一般 25～33 天，7～8 月为卵孵化盛期，幼虫期一般 150～170 天。

[学科分类]

鞘翅目
↓
天牛科

< **瘤胸簇天牛·头胸部特征** <

防治方法

◆ 夏季涂白防止产卵。每年 5 月初用涂白料刷在树干 1 米高处，两个月后再刷一次，可预防成虫把卵产在树干上。

◆ 化学防治：4～6 月，每月在树干和第一、二分支喷绿色威雷 150～200 倍液或噻虫啉 300～350 倍液防治成虫。

< **瘤胸簇天牛·成虫** <

10

星天牛

[学科分类]

鞘翅目
↓
天牛科

[学名] *Anoplophora chinensis*（Förster）

[主要寄主] 悬铃木、垂柳、乌桕、刺槐、核桃、杨、榆、桑、苦楝、柑橘等。

[形态特征] 成虫体长 27 ~ 41 毫米，体黑色而具金属光泽；鞘翅基部有小颗粒，每翅具大小不同的小白斑约 20 个，排成 5 横行，第一和第二行各 4 斑，第三行约 5 斑，第四和第五行各 2 和 3 斑，斑点变异大，有时很不整齐。卵长椭圆形，长 5 ~ 6 毫米，白色。幼虫老熟时体长 38 ~ 60 毫米，白色，前胸背板骨化区呈"凸"字形斑，其上方有飞鸟形纹 2 个；主腹片两侧各有密布微刺突的卵圆形区 1 块。蛹体纺锤形，淡黄色，长 30 ~ 38 毫米。

[生活习性] 1 年发生 1 代，以幼虫在木质部蛀道内越冬。5 月开始化蛹，蛹期约 20 天，6 月下旬成虫陆续开始羽化，7 月为羽化高峰，8 月仍有少量羽化。成虫羽化后在蛹室停留 10 天左右后出孔，成虫寿命 40 ~ 50 天，喜白天活动，喜在清晨 5 ~ 7 时，午后 14 ~ 18 时在树干活动，交尾后 3 ~ 4 天产卵，产卵刻槽为"T"或"人"形，每雌虫产卵约 30 粒。产卵部位以树干基部向上 10 厘米以内为多，树种不同产卵部位也有变化，常州地区垂柳、栾树常见在根颈部和侧根产卵，悬铃木则常见在根颈部至第一二级分支区域产卵，胸径 6 ~ 15 厘米的树木产卵较多，尤以胸径 7 ~ 9 厘米更多，卵经 9 ~ 15 天孵化，8 月是孵化高峰期，幼虫共 6 龄。

< 羽化后未出孔的星天牛成虫 <

< 星天牛·成虫 <

< 星天牛·蛹 <

< 星天牛·老熟幼虫头胸部的特征 <

< 星天牛的卵被寄生 <

< 星天牛在垂柳根部的为害状 <

防治方法

◆ 夏季涂白防止产卵。每年 5 月中下旬用涂白料（生石灰 5 千克，加硫磺 0.5 千克，水 20 千克拌成浆状物）刷在树干 1 米高处和裸露的侧根，两个月后再刷一次，可预防成虫把卵产在树干和侧根上。

◆ 6 ~ 8 月发现主干基部有产卵后的刻槽，可以锤击刻槽，杀死卵及幼龄幼虫。

◆ 化学防治：6 ~ 8 月，每月在树干和第一二级分支喷一次绿色威雷 150 ~ 200 倍液或噻虫啉 300 ~ 350 倍液防治成虫。

◆ 保护和利用天敌，如花绒寄甲、啄木鸟等。常州地区可在 4 月 20 日左右释放花绒寄甲卵卡，8 月 20 日左右释放肿腿蜂进行生物防治。

11

[学科分类]

鞘翅目
↓
天牛科

锈色粒肩天牛

[学名] *Apriona swainsoni*（Hope）

[主要寄主] 国槐、龙爪槐、黄金槐、女贞、垂柳。

[形态特征] 成虫体长 31～42 毫米，宽 9～12 毫米，栗褐色，被棕红色绒毛和白色绒毛斑；雌体触角与体等长，雄体触角略长于体长；前胸背板中央有大型颗粒状瘤突，前后横沟中央各有白斑 1 个，侧刺突基部附近有白斑 2～4 个；鞘翅基部有黑褐色光亮的瘤状突起，翅面上有白色绒毛斑数十个。卵长椭圆形，略扁，长约 2 毫米，黄白色。幼虫体圆管形，乳白色，微黄；老龄时体长约 76 毫米，宽 10～14 毫米，头小，上下唇浅棕色，颚片褐色；前胸宽大，背板较平，其骨化区近方形，前胸腹板中前腹片的后区和小腹片上的小颗粒较为稀疏，显著突起成瘤突。蛹体纺锤形，长约 42 毫米，黄褐色，触角达后胸部，末端卷曲；羽化前各部位逐渐变为棕褐色。

[生活习性] 2 年完成 1 代，以幼虫在蛀道内越冬。翌年 5 月中旬泡桐盛花时幼虫先在蛹室上方 2～3 厘米处咬一圆形但不透表皮的羽化孔，头部朝上，幼虫老熟化蛹。5 月下旬至 6 月中旬女贞始花时成虫羽化出孔。成虫不善飞翔，啃食枝梢嫩皮，补充营养，造成新梢枯死。女贞花末期成虫夜间产卵于树干中上部和大枝上。雌性成虫先在树干上寻找合适裂缝，用口器将树干缝处咬出一道浅槽，深约 1 厘米，再将臀部产卵器对准浅槽产卵，然后，用绿色分泌物覆盖于卵块上，卵块呈不规则椭圆形。槐树盛花期幼虫孵化，初孵化幼垂直蛀入边材，并将粪便排出，悬挂于排粪孔处，在蛀入 5 毫米深时，沿枝干最外年轮的春材部分横向蛀食，然后又向内蛀食，稍大蛀入木质部后有木丝排出，向上蛀纵直虫道，虫道长 15～18 厘米。大龄幼虫亦常在皮下蛀入孔的边材部分为害，形成不规则的片状虫道，横割宽度可达 10 厘米以上，蛀道多为"Z"字形，幼虫期历时 22 个月蛀食为害期长达 13 个月。造成侧枝或整株枯死，是一种为害性较大的蛀干害虫。

防治方法

◆ 严格检疫防止人为传播。

◆ 诱饵树诱杀，在寄主植物附近丛植紫穗槐，5～7 月在清晨 8 时之前在紫穗槐上人工捕捉成虫或每月喷一次绿色威雷 150～200 倍液或噻虫啉 300～350 倍液防治来补充营养的成虫。

◆ 6～7 月在寄主植物主干和第一、二级分枝喷绿色威雷 150～200 倍液或噻虫啉 300～350 倍液防治在此产卵的成虫。

< 锈色粒肩天牛 · 为害状 <

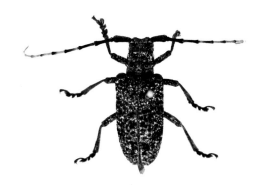

< 锈色粒肩天牛 · 成虫 <

12

芫天牛

[学科分类]

鞘翅目
↓
天牛科

[学名] *Mantitheus pekinensis* Fairmaire

[主要寄主] 白皮松、圆柏、刺槐等。

[形态特征] 成虫体长 18~21 毫米，宽 5~6.5 毫米，外形很像芫菁，体色黄褐色；雌雄异型，雌触角较细，长度不超过腹部，柄节粗短，第三~第十节近于等长，相当于柄节的 3 倍长；鞘翅短，仅达腹部第二节，每翅有纵脊线 4 条，后翅缺；腹部膨大，不为鞘翅所覆盖。雄虫体较窄，鞘翅覆盖整个腹部，翅中脉不明显，有后翅；触角较粗扁，长度超过体长。卵椭圆形，长约 3 毫米初产时淡绿色，后变淡黄色，卵排列成片块状。幼虫初孵时体略呈纺锤形，体长约 3 毫米，乳白色，体表有白色细长毛，胸足 3 对，发达，腹足退化，能爬行，老熟幼虫体长筒形，略扁，长约 30 毫米，白色略带黄色。蛹体长约 25 毫米，白色略带黄色，腹部颜色稍暗，触角及胸足色稍淡，略透明。

[生活习性] 2 年发生 1 代，以幼虫在土中越冬。6 月末 7 月初老熟幼虫开始化蛹，8 月中旬至 9 月下旬成虫羽化，卵多产于树干 2 米以下的翘皮缝下，成片块状，每块几十粒至数百粒不等。9 月开始幼虫孵出，不久幼虫即爬或落至地面，钻入土中咬食细根根皮和木质部，切断根的韧皮部和导管，伤口流胶变黑，造成根部前端死亡，影响根系吸水和养分的输导，造成树势衰弱，易引诱其他天牛、小蠹等次期害虫的寄生为害，加速树木的死亡。幼虫至少在土中为害 2 年。目前该虫在常州市发生数量较少。

< 芫天牛 · 成虫 <

13

云斑天牛

[学名] *Batocera* lineolata（Hope），又名云斑白条天牛。

[主要寄主] 桑、垂柳、泡桐、枇杷、杨、柑橘等。

[形态特征] 成虫体长 32 ~ 65 毫米，宽 9 ~ 20 毫米；体黑色或黑褐色，密被灰白色绒毛；前胸背板近中央有 1 对黄白色肾形斑，两侧各有一粗大刺突，小盾片半圆形密被白色绒毛；鞘翅上有排成 2 ~ 3 纵行 10 余个云片状斑纹，斑纹形状和颜色有较大变异，色斑呈黄白色或杏黄、橘黄混杂；鞘翅基有颗粒状光亮瘤突，约占鞘翅 1/4；复眼后方至腹末节的体两侧有白色绒毛组成的阔纵带 1 条。卵长 6 ~ 10 毫米，宽 3 ~ 4 毫米，长椭圆形，初产时乳白色，后变成黄白色。老熟幼虫体长 70 ~ 80 毫米，粗肥多皱，乳白色至淡黄色，前胸背板淡棕色，略呈方形，中线前方两侧各有 1 个小黄点，点内生刚毛 1 根。蛹长 40 ~ 70 毫米，淡黄白色。

[生活习性] 常州 1 ~ 2 年发生 1 代。以幼虫或成虫在虫道蛹室内越冬。全年有两个较明显的羽化出孔期，第一个在 4 月下旬至 6 月底，第二个在 8 月中下旬至 9 月中旬，第一个成虫羽化出孔率占全年的 90% 以上。卵大多产于离地面 1 米以下的树干基部，刻槽圆形或椭圆形，每穴产卵 1 粒，常绕树干周围 1 圈连续产卵 10 ~ 12 粒。每雌虫产卵 40 粒左右，卵粒分批产下，分批成熟；卵期 9 ~ 15 天。7 月初，初孵幼虫先在韧皮部蛀成"△"状食痕，被害部位树皮突张、纵裂，并排出木丝状粪屑，堆积于树干基部，特别显眼，以后渐蛀入木质部，深达髓部，再转向上蛀，虫道略弯曲。老熟幼虫在虫道末端做蛹室化蛹。成虫羽化后在蛹室内可生活 9 个月才离开树体，离树后的寿命在 40 天左右。

< 云斑天牛的天敌花绒寄甲 >

< 云斑天牛·成虫展足状 >

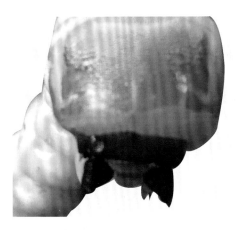

< 云斑天牛·老熟幼虫前胸背板特征 >

< 云斑天牛·卵和初孵幼虫为害状 >

< 云斑天牛·初孵幼虫的虫粪 >

< 云斑天牛·老熟幼虫的虫粪 >

防治方法

◆ 夏季涂白防产卵，在 5 月中旬前在树干 1.2 米处涂白，减少成虫在树干基部的产卵量。

◆ 5 月、6 月、8 月、9 月每月月初在主干和一、二级分枝喷绿色威雷 150～200 倍液或噻虫啉 300～350 倍防治在此产卵的成虫。

◆ 敲击产卵刻槽消灭虫卵，每年的 6～9 月加强巡查，发现主干的产卵刻槽用榔头敲击，消灭虫卵。

◆ 生物防治，保护天敌，如跳小蜂、小茧蜂、核型多角体病毒等。在每年的 8 月 20 日之前释放川硬皮肿腿蜂防治当年新出的幼虫。

14

黑尾拟天牛

[学名] *Nacerda melanura*（Linnaeus）

[主要寄主] 腐朽的树木、木制家具。

[形态特征] 成虫体长约 10 毫米。体橙色，尾部黑色。

[生活习性] 幼虫生活在潮湿的朽木内蛀食，在住房内往往蛀食厨房、厕所等潮湿环境的木材，成虫羽化后会大量进入室内干扰正常生活。

[学科分类]

鞘翅目
↓
拟天牛科

< 黑尾拟天牛 · 成虫 <

15

竹横锥象甲

[学名] *Cyrtotrachelus buquetii* Guer，又名笋横锥大象、长足大竹象。

[主要寄主] 慈孝竹及其他竹类。

[形态特征] 雌成虫体长 25～36 毫米，雄成虫体长 26～41 毫米，体色橙黄色；前胸背板后缘中央有一个黑色斑，为不规则圆形，顶端呈箭头状，鞘翅臂角处有 1 个 45° 的突出齿。幼虫初孵体长约 4 毫米，幼虫全身乳白色，头壳淡黄色，有"八"字纹，体节不明显，老熟幼虫体长 45～54 毫米，淡黄色，头黄褐色，口器黑色，背上有一黄色大斑。卵长托沿线，长 4～5 毫米。蛹长 32～52 毫米，初为乳白色，后变为土黄色。茧附有竹笋纤维和泥土，长椭圆形，长 53～67 毫米。

[学科分类]

鞘翅目
↓
象甲科

[生活习性] 1 年发生 1 代，以成虫在竹丛地下蛹室内越冬。6 月中下旬成虫出土，7 月下旬至 8 月上中旬为出土高峰期，7～9 月为幼虫为害高峰期，7 月下旬至 11 月中下旬羽化成虫在茧内越冬。

< 竹横锥象甲·卵 <

< 竹横锥象甲·为害竹类 <

< 竹横锥象甲·成虫倒产卵刻槽 <

< 竹横锥象甲·成虫展虫状 <

防治方法

◆ 6～9月幼虫盛期加强巡查，及时修剪被害竹子，粉碎处理。

◆ 6～8月中旬每月在被害竹林喷一次绿色威雷150～200倍液或噻虫啉300～350倍液毒杀在竹竿上产卵的成虫。

16

[学科分类]

鞘翅目
↓
锹甲科

扁锯颚锹甲

[学名] *Serrognathus platymelus*（Saunders），又名锹形甲。

[主要寄主] 杨、柳、榆、栎、构、柑橘、梨等。

[形态特征] 成虫雌雄异型，雄虫体长 35 ~ 90 毫米（含上颚），宽 12 ~ 28 毫米。体扁，深棕褐色至黑褐色，有光泽。上颚发达，较扁阔，端部明显内弯，近基部有三角形齿 1 枚。端部有 1 小锥齿。雌虫体长 21 ~ 40 毫米，上颚不发达。

[生活习性] 成虫喜在寄主树干伤口处活动。

< 扁锯颚锹甲·成虫 <

17

[学科分类]

鞘翅目
↓
锹甲科

简颚锹甲

[学名] *Nigidionus parryi*（Bates）

[主要寄主] 各类杂灌木。

[生活习性] 成虫、若虫食害杂灌木。

< 简颚锹甲·成虫 <

18

咖啡木蠹蛾

[学名] *Zeuzera coffeae* Nietner，又名咖啡豹蠹蛾、棉茎木蠹蛾。

[主要寄主] 月季、樱花、茶花、石榴、杜鹃、大叶黄杨、法桐、刺槐、葡萄、海棠、无患子、枫杨、乌桕等。

[形态特征] 成虫灰白色，体长 11 ~ 26 毫米，翅展 25 ~ 55 毫米；雌蛾体大且触角丝状，雄蛾体小触角基半部羽毛状，端半部丝状；在中胸背板两侧，有 3 对青蓝色鳞毛组成的圆斑；翅上散生多个青蓝色斜条短纹，外缘具蓝黑色圆斑 8 个；腹部 3 ~ 7 节背面各有 3 个蓝黑色斑形成纵带，两侧各有一个圆斑。卵椭圆形，长约 0.9 毫米，淡黄色。幼虫老熟时体长约 30 毫米，暗紫红色，体上有多个黑色小瘤，瘤上着生一根白色细毛；头部橘黄色，前胸背板黑褐色较硬，后缘有 4 列锯齿状小刺，腹部末端臀板骨化强，黑褐色，故称"两头虫"。蛹长筒形，赤褐色。

[生活习性] 1 年发生 1 代，以老熟幼虫在被害枝蛀道内越冬。翌年 4 月开始活动，5 月中下旬开始化蛹，幼虫化蛹前先吐丝，缀屑堵塞蛀道两端，并向外咬一圆形羽化孔，孔口以薄丝膜封盖。6 ~ 7 月间成虫出现。成虫具趋光性，白天静伏，黄昏后活动。卵单粒，散产于树皮缝隙、嫩梢或芽腋间。每雌虫产卵 300 ~ 800 粒。6 月上旬可见初孵幼虫。初孵幼虫从嫩梢端部或叶柄处蛀入，后转蛀到一二年生枝条的近基部，侵入后总是先环蛀一周，再由髓心上蛀，并每隔一段距离咬圆形排粪孔，排出黄白色、短柱形干燥虫粪。被蛀枝很快萎枯，易风折。幼虫一生会多次转枝，会造成多枝枯萎、折断。11 月上旬幼虫开始在蛀道内越冬。

< 咖啡木蠹蛾·幼虫前胸背板形状 >

< 咖啡木蠹蛾·为害月季 >

防治方法

◆ 6 ~ 7 月安装频振式诱虫灯诱杀成虫。

◆ 及时剪除凋萎的蛀害枝条和从环蛀处折断的枝条。

19

梨豹蠹蛾

[学名] *Zeuzera pyrina*（Linnaeus），又名六星黑点木蠹蛾、豹纹木蠹蛾、胡麻布木蠹蛾。

[主要寄主] 悬铃木、珊瑚、枣、枫杨、石榴、桃、梨、柳、榆、杨、樱花、梅、丁香等。

[形态特征] 成虫体长 20 ~ 36 毫米，翅展 40 ~ 60 毫米；体灰白色，胸部背板有蓝黑斑点 6 个排成 2 行；前翅上有许多蓝黑色斑点（雌虫多于雄虫），后翅外缘有少量蓝黑斑；雌虫触角丝状，雄虫触角基半部羽毛状，端半部丝状。卵椭圆形，长约 1.2 毫米，初产时淡黄色，后变为橘黄色。幼虫头部黑褐色，体暗紫红色或深红色，尾部淡黄色；老熟幼虫体长 27 ~ 45 毫米，每节有黑色毛瘤，上有毛 1 ~ 2 根，前胸背板上有黑色发亮的大斑 1 个，后半部密布黑色小刻点，臀板硬化、黑色。蛹长圆筒形，黄褐色，长 18 ~ 36 毫米。

[生活习性] 1 年发生 1 代，以老熟幼虫在被害枝干内越冬。翌年春取食，4 月上旬开始化蛹，4 月中旬成虫开始羽化，羽化当晚即可交尾产卵。每雌虫产卵 400 粒左右。卵一般产于树皮缝及树枝分叉处。5 月幼虫孵化，初孵幼虫先在表皮层蛀食，后钻入木质部，幼虫蛀食习性同咖啡木蠹蛾。幼虫钻食的蛀道较长，有多个排粪孔。成虫羽化时将一半蛹壳留于羽化孔中。

[防治方法] 参照咖啡木蠹蛾防治方法。

< 梨豹蠹蛾 · 成虫展翅状 <

20

日本木蠹蛾

[学名] *Holcocerus japonicus* Gaede

[主要寄主] 杨、柳、榆、白蜡、麻栎、槐、核桃、马褂木等。

[形态特征] 成虫体长约 26 毫米，翅展 36 ~ 75 毫米；前翅顶角圆钝，基半部深灰色，仅前缘有短黑线纹，端半部灰黑色；后翅黑灰色，无条纹。卵椭圆形，其表面有网纹。幼虫扁圆筒形，粗壮，老熟时长约 65 毫米；头部黑色，前胸背板为一整块黑斑，有 4 条乳白色线纹从前缘楔入，黑斑中部有黄白线一条；中胸背面有黑褐色斑 3 块，中部明显大；后胸背板有黑褐色斑 4 块，呈"八"字形；腹背部深红色，无光泽，腹面黄白色。蛹褐色，长17 ~ 38 毫米。腹节背面有 2 行刺列。

[生活习性] 2 年发生 1 代，以幼虫在树干蛀道内越冬。成虫有较强的趋光性。卵产于树皮裂缝和伤疤处，单粒或成堆。初孵幼虫先食卵壳，然后蛀食韧皮部，3 龄后分散为害，不分昼夜蛀食，11 月上旬在蛀道中越冬。翌年全年以幼虫继续为害并越冬。第三年 3 月下旬幼虫继续为害，5 月化蛹，蛹期14 ~ 52 天。成虫羽化后，蛹壳半露在树干排粪孔处，经久不掉。常在云斑天牛、星天牛蛀孔、蛀道内发现老熟幼虫，受惊后会迅速在坑道内逃逸或爬出虫孔。

[学科分类]

鳞翅目
↓
木蠹蛾科

防治方法

◆ 灯诱或性引诱剂诱杀成虫。

◆ 在修剪或机械伤口处及时涂伤口保护剂，防止成虫在伤口处产卵。及时清除严重受害木，粉碎处理，消灭幼虫。

◆ 蛀道内注射白僵菌粉剂 100 倍液防治幼虫。

◁ 日本木蠹蛾·老熟幼虫 ◁

21

小线角木蠹蛾

[学名] *Streltzoviella insularis*（Staudinger），又名小木蠹蛾。

[主要寄主] 白蜡、垂柳、槐树、龙爪槐、银杏、悬铃木、香椿、白玉兰、元宝枫、丁香、麻栎、海棠、山楂、榆叶梅等。

[形态特征] 成虫翅展 38~72 毫米，灰褐色；前翅灰褐色，满布弯曲的黑色横纹多条，翅基及中部前缘有暗区 2 个，前缘有黑色斑点 8 个。卵圆形，乳白至褐色。幼虫体初孵时粉红色；老熟时体扁圆筒形，腹面扁平，长约 35 毫米，头部黑紫色；前胸背板有大型紫褐色斑 1 对，胸、腹部背板浅红色，有光泽；腹节腹板色稍淡，节间黄褐色。蛹体暗褐色，体稍向腹面弯曲。

[生活习性] 2 年发生 1 代，以幼虫在干枝木质部内越冬。5 月下旬至 9 月中旬成虫期。成虫羽化后蛹壳一半露在枝干外，一半留在树体内。卵单产或成堆块状产于树皮缝中，初孵幼虫顺树皮缝爬行，寻找合适钻蛀部位，聚集在形成层和木质部浅层为害，逐渐蛀入木质部。

< 小线角木蠹蛾·蛹壳 <

防治方法

◆ 伐除被害严重的树木，粉碎处理，清除虫源。

◆ 成虫期进行灯光和性引诱剂诱杀。

◆ 蛀道内注射白僵菌粉剂 100 倍液防治幼虫。

22

[学科分类]

膜翅目
↓
蜜蜂科

竹蜂

[学名] *Xylocopa dissimilis* Lepetetier，又名乌蜂。

[主要寄主] 慈孝竹、早园竹等竹类植物。

[形态特征] 成虫体长 25 毫米，体黑色，密生柔软的黑绒毛，复眼一对；触角稍弯曲，胸部背面密生黄毛；翅紫蓝色，基部色泽较深，全翅闪现金色光辉，足 3 对，黑色。

[生活习性] 以幼虫寄生竹类茎秆中将唾液与竹木屑混合制成隔板，将巢穴间隔成若干格，用来储藏花粉和花蜜，并产卵其中。发生量大时会导致慈孝竹竹竿枯萎。

< 竹蜂·幼虫与蜂蜜 >

< 竹蜂·初羽化的成虫和蛹 >

< 竹蜂·成虫 >

< 竹蜂在慈孝竹上为害的虫孔 >

防治方法

◆ 通过修剪能达到良好的防治，每年 4～10 月加强巡查，及时修剪有虫孔的竹竿，剪下竹竿后粉碎处理。

23

[学科分类]

膜翅目
↓
茎蜂科

月季茎蜂

[学名] *Neosyista similis* Moscary，又名玫瑰茎蜂、蔷薇茎蜂、折心虫。

[主要寄主] 月季、蔷薇玫瑰、十姐妹等。

[形态特征] 成虫雌体长 16 毫米，翅展 22～26 毫米；体黑色有光泽；腹部 3～5 节和 6 节基半部赤褐色，1～2 节背板两侧黄色。雄虫略小，颜面中央有黄斑，腹部赤褐或黑色，各背板两侧缘绿黄色。卵长 1.2 毫米，黄白色。幼虫体长约 17 毫米，乳白色，头部浅黄色。蛹纺锤形，棕红色。

[生活习性] 1 年发生 1 代，以老熟幼虫在被蛀茎干基部蛀道内越冬。当年 11 月上旬在干内离地 30 毫米左右处化蛹，初蛹复眼绿色，4 天后呈褐色。翌年 4 月中下旬成虫羽化，产卵于当年新梢和含苞待放的花梗上，产卵处伤口明显，横切，褐黑色，幼虫孵化后在杆心向下蛀食，不久新梢、花梗萎蔫折断。幼虫由上往下蛀食，虫粪充塞在蛀道内不外排，6～7 月幼虫蛀至离地 10 厘米处，可蛀入地下根部，但由于只在髓心蛀食，韧皮部完整，除梢折外，对生长影响不大，仍叶绿干青。

< **月季茎蜂·卵** <

防治方法

◆ 4 月中下旬发现萎枯折梢及时剪除，消灭干内幼虫。

◆ 冬季对发生严重区的月季重度回缩修剪，砍除当年枝条，集中焚烧处理。如根茬芯部有蛀道，注射药剂后用泥巴封堵蛀孔，消灭钻蛀进根部的越冬幼虫。

24

淡竹笋夜蛾

[学名] *Kumasia kumaso*（Sugi），又名基夜蛾。

[主要寄主] 竹笋。

[形态特征] 成虫体长 15～21 毫米，翅展 38～45 毫米，体淡褐色；前翅浅褐色，缘毛波状，端线浅灰白色，内有 1 列黑色三角形小斑，亚端线波状，剑状纹深褐色，肾纹浅褐色；后翅暗灰色，无斑。卵扁椭圆形，长约 1 毫米，初为淡黄色，后为淡褐色。幼虫老熟时体长 34～48 毫米，头部橘黄色，虫体灰白并带有紫色；前胸背板硬皮板黑色；体光滑，有隐隐浅色背线，无其他线纹；前胸盾板、臀板黄褐色。蛹体长 18～21 毫米，红褐色，臀棘 4 根。

[生活习性] 1 年发生 1 代，以卵越冬。越冬卵于 4 月上中旬孵化，初孵幼虫离开产卵处，在竹枝上爬行，觅食竹叶叶芽，2 龄后若未出笋，则短暂滞育后在地面爬行，觅笋为害，幼虫钻入竹子叶芽中取食；5 月上中旬幼虫蛀入笋中为害，在笋中取食 15～25 天后，幼虫老熟，出笋下地结茧化蛹；6 月上中旬成虫羽化，随之交尾产卵越冬，成虫产卵于竹叶鞘内。

[学科分类]

鳞翅目
↓
夜蛾科

‹ 淡竹笋夜蛾·成虫 ‹

防治方法

◆ 5 月开始加强监测，发现有幼虫钻入笋内深处，及时挖除"退笋"，粉碎处理。

◆ 6～7 月用频振式诱虫灯诱杀成虫。

◆ 保护和利用天敌，卵期有赤眼蜂寄主，幼虫期有寄蝇寄生。

25

桃蛀螟

［学名］*Dichocrocis punctiferalis* Guenée，又名桃蛀螟、桃斑螟。

［主要寄主］梅、山楂、板栗、桃、樱花、石榴、梨、杏、枇杷、向日葵等。

［形态特征］成虫长约 10 毫米，翅展约 24 毫米，鲜黄色；前翅散生不规则状黑斑 25 ~ 28 个。卵椭圆形，乳白至橘红色，表面粗糙，有网状线纹。幼虫老熟时体长约 22 毫米，灰褐或暗红色，前胸背板褐色，腹背面各节有毛片 4 个，前 2 个大，后两个小。蛹体长约 13 毫米，黄褐色，第五 ~ 七腹节前缘各有小刺 1 列，腹末有细长曲钩刺 6 个。茧灰褐色，丝质。

［生活习性］1 年发生 4 代，第一代幼虫主要为害桃、李果，第二代继续为害，部分转向玉米和早葵花，第三、第四代主要为害葵花、玉米、蓖麻等农作物。以老熟幼虫在果树裂缝中、向日葵籽盘及玉米、高粱等作物的果穗或残株上越冬。翌年 4 月化蛹，5 月上旬羽化。成虫昼伏夜出，趋光性强，产卵于枝叶茂密的桃树果实上，成虫产卵有"趋光性"，枝叶密集，特别是两相碰接处产卵较多。早熟桃着卵早，晚熟桃着卵量大，受害期长。5 月下旬到 6 月上旬为第一代产卵高峰期，以后各代产卵期为 7 月上中旬、8 月上中旬、9 月上中旬，卵期 6 ~ 7 天。第一代幼虫孵化高峰在 6 月下旬，幼虫孵化后，多从果蒂、果叶或两果相接处蛀入果内。蛀入孔处堆积很多深褐色粒状虫粪，并流出黄褐色胶液，致使果实腐烂、脱落，幼虫会转移为害多个果实，造成"十桃九蛀"。

< 桃蛀螟·成虫 <

幼虫

< 桃蛀螟·为害状 <

防治方法

◆ 安装诱虫灯或桃蛀螟信息素诱虫灯诱杀成虫。加强桃园管理，合理修剪疏枝、疏果，减少产卵量。5月下旬及时给早熟桃套袋。

◆ 化学防治：加强虫情监测，虫量大时在6月中下旬喷25%灭幼脲Ⅲ号1 500倍＋4.5高效氯氰菊酯2 500倍混合液或森得保可湿性粉剂1 000～1 500倍防治幼虫。

26

亚洲玉米螟

[学名] *Ostrinia furnacalis*（Guenée）

[主要寄主] 杨、柳、大丽花、菊花及农作物。

[形态特征] 成虫体长约12毫米，翅展约24毫米，体黄褐色；前翅黄褐色，有两条褐色波状横纹，两纹之间有两条黄褐色短纹；后翅颜色较淡。卵扁椭圆形，白色，光滑，有透明感。幼虫体浅黄褐色，有光泽，老熟时体长约25毫米；背中有明显褐色透明线1条。蛹体被蛹型，黄褐色。

[生活习性] 1年发生3代，以老熟幼虫在玉米秆、根茬、果穗中越冬。越冬幼虫5月上旬开始化蛹，5月中下旬为羽化盛期，成虫昼伏夜出，有趋光性。6月中旬为产卵盛期。卵鱼鳞状块产于叶背，卵期约一周，幼虫从杨树幼苗顶梢的叶柄和芽基部蛀入，由上往下蛀食，蛀孔口堆积黑褐色虫粪，造成梢部枯萎发黑，易折断，并有转梢为害习性，8～9月为害最重。

[学科分类]

鳞翅目
↓
螟蛾科

‹ 亚洲玉米螟·成虫 ‹

防治方法

◆冬季在发生严重地区修剪有虫茎秆，集中粉碎处理，减少越冬虫源。卵期释放赤眼蜂。

◆安装频振式诱虫灯诱杀成虫。在玉米田附近的杨、柳林要加强虫情监测。

第四节

地下害虫

1

白星花金龟

[学科分类]

鞘翅目
↓
金龟甲科

[学名] *Potosia brevitarsis*（Lewis），又名白星花潜、铜色白纹金龟子。

[主要寄主] 女贞、月季、梅花榆树、海棠、木槿、杨、柳、椿、槐、苦楝、白榆、桃、柑橘、葡萄、无花果、樱桃、梨等多种植物。

[形态特征] 成虫椭圆形，体长 18～24 毫米，背面扁平；体黑紫铜色，带有绿色或紫色光泽；头方形，前缘微凹，稍向上翘起；前胸背板梯形，小盾片三角形，前胸背板和翅鞘上散布不规则的条状白斑纹 10 个左右，并有小刻点。卵乳白色，圆形或椭圆形。幼虫体长 24～39 毫米，肛腹片上的刺毛呈倒"U"形两纵列排列。蛹卵圆形，长 20～23 毫米，蛹外包有土室。

[生活习性] 1 年发生 1 代，以幼虫在土壤中越冬。翌年 6～7 月成虫羽化，成虫白天活动，常群集为害花和成熟果实，造成落花、落果或群集于树干上的因机械损伤、虫蛀等原因形成的流出汁液的伤口或裂缝处，加速伤口的腐烂速度。成虫对糖醋液有趋性。卵产于粪土堆内，幼虫喜食腐殖质，幼虫老熟后在土中化蛹。

《 **白星花金龟·成虫** 《

防治方法

◆ 6～8 月，成虫期向寄主植物或成虫聚集处喷洒 1.2% 烟参碱 800～1 000 倍液或 4.5% 高效氯氰菊酯 1 500～2 000 倍液或绿色威雷 300 倍液。

◆ 幼虫期可用 21% 噻虫嗪 3 000 倍或 10% 顺式氯氰菊酯 1 500 倍灌根毒杀幼虫。

2

黑绒鳃金龟

[学名] *Serica orientalis*（Motschulsky），又名东方绢金龟、天鹅绒金龟。

[主要寄主] 杨、柳、榆、槐、樱花、梨、杏、梅、桃、葡萄、柿、李等，及多种粮食、蔬菜近 150 种植物。

[形态特征] 成虫体长 8 ~ 9 毫米，卵圆形；初羽化时为棕褐色，后渐成黑褐色至黑色；体表密被细短绒毛，有丝绒般光泽；每鞘翅有 10 行由细刻点形成的隆起线。卵椭圆形，乳白色，长约 1.2 毫米。幼虫体长 14 ~ 20 毫米，乳白色，头部黄色，体表多褶皱；肛门纵裂，肛前散生的刚毛中有 14 ~ 21 根粗短扁直的刚毛横向排成弧形。蛹长约 8 毫米，黄褐色，头部黑褐色。

[生活习性] 1 年发生 1 代，以成虫在土中越冬。翌年 3 月底、4 月上中旬出土活动。昼伏夜出，喜食植物的幼嫩芽梢。成虫有趋光性和假死性。5 ~ 6 月中旬为盛发期。成虫一般在阵雨 1 ~ 2 天后开始大量出土。6 月中下旬成虫交配产卵，卵多产于 10 ~ 20 厘米深的土中，卵期 5 ~ 10 天。幼虫啃食植物嫩根和腐殖质，8 ~ 9 月幼虫老熟下潜做土室化蛹，蛹期 10 余天。成虫羽化后部分会出土取食，但大部分不出土，在土中越冬。

< 黑绒鳃金龟·成虫 <

防治方法

◆ 3 ~ 6 月安装频振式诱虫灯或者黑光灯诱杀成虫。

◆ 3 ~ 5 月下旬，成虫期每 15 天向寄主植物喷洒 10% 吡虫啉粉剂 1 000 倍液或 1.2% 烟参碱 800 ~ 1 000 倍液或 4.5% 高效氯氰菊酯 1 500 ~ 2 000 倍液毒杀成虫。

3

黄粉鹿金龟

［学名］*Dicranocephalus wallichi bowringi* Pascoe

［主要寄主］梨、栎、松等。

［形态特征］成虫体长19～25毫米，体被有黄绿色粉层。唇基部呈鹿角状前突，前胸背板中央有2条叉状、栗色肋纹，较短。鞘翅近于长方形，肩部最宽，两侧向后逐渐收缩变窄，缝角不突出。

‹ 黄粉鹿金龟·成虫 ›

4

双叉犀金龟

［学名］*Allomyrina dichotoma*（Linnaeus），又名独角仙。

［主要寄主］成虫为害桑、榆树、无花果等树木的嫩枝。

［形态特征］成虫体长35～60毫米，宽19～34毫米。体红棕色、深褐色至黑褐色；雄虫体有光泽，雌虫体灰暗。雌雄二型，雄虫头上有强大双分叉角突，角突端部向上后方弯指。雌虫无角突。

< 双叉犀金龟·雌成虫 <

< 双叉犀金龟·雄成虫 <

5

黄褐异丽金龟

[学科分类]

鞘翅目
↓
金龟甲科

[学名] *Anomala exoleta* Faldermann

[主要寄主] 杨、泡桐、榆、柳、苹果、核桃、杏等多种林木。

[形态特征] 成虫体长 15 ~ 18 毫米，宽 7 ~ 9 毫米，卵圆形。全体黄褐色，略带红色，有光泽。前胸背板深黄褐色，小盾片前面密生黄色细毛，鞘翅密生刻点。前足胫节外侧有齿突。腹部淡黄色，密生细毛，腹部分节明显。

[生活习性] 1 年发生 1 代，以成虫在土中越冬，翌年 3 月底 4 月初出现成虫 4 月成虫大量出现。

< 黄褐异丽金龟·成虫 <

防治方法

◆ 3～6 月安装频振式诱虫灯或者黑光灯诱杀成虫。

< 频振式诱虫灯诱杀黄褐异丽金龟效果 <

6

阔胫玛绢金龟

[学科分类]

鞘翅目
↓
金龟甲科

[学名] *Maladera verticalis*（Fairmaire）

[主要寄主] 榆、柳、杨、梨、苹果等多种植物。

[形态特征] 成虫体卵圆形，赤褐色，具光泽；鞘翅满布纵列隆起带；胫节端距在前端两侧，外缘有棘刺群。卵椭圆形，白色。幼虫臀节腹面刺毛列呈单行横弧形，凸面向前，每列 24～27 根，肛门孔纵裂长度等于或大于一侧横裂的 1 倍。蛹体乳黄或黄褐色，尾角 1 对。

[生活习性] 1 年发生 1 代，以幼虫越冬。翌年 6 月化蛹，6 月末成虫羽化，7 月成虫交尾产卵，8 月后成虫减少。成虫昼伏夜出，取食苗叶，趋光性强，有假死性。卵散产，卵期约 12 天，幼虫活泼，在浅土层中活动。

< 阔胫玛绢金龟成虫 <

防治方法

◆ 6～8 月安装频振式诱虫灯或者黑光灯诱杀成虫。

◆ 6 月下旬，成虫期向寄主植物喷洒 10% 吡虫啉粉剂 1 000 倍液或 1.2% 烟参碱 800～1 000 倍液或 4.5% 高效氯氰菊酯 1 500～2 000 倍液。

7

铜绿异丽金龟

[学名] *Anomala corpulenta* Motschulsky

[主要寄主] 杨、柳、榆、松、杉、栎、油桐、油茶、乌桕、核桃、板栗、苹果、梨等。

[形态特征] 成虫体长约20毫米，宽10毫米；背面铜绿色，有光泽；头部较大，深铜绿色；复眼黑色，大而圆；触角9节，黄褐色；鞘翅纵肋3条；臀板三角形，上有三角形黑斑1个。卵近球形，长约2.3毫米；乳白至淡黄色，表面平滑。老龄幼虫体长约40毫米，头部暗黄色，近圆形，前顶毛每侧各8根，后顶毛10~14根；腹部乳白色，腹末端2节灰白色，其表皮内呈泥褐色，微带蓝色，腹面有钩状毛和2纵列刺状毛14~15对，肛门孔横裂状。蛹体椭圆形，长约25毫米，土黄色，稍扁，末端圆平。

[生活习性] 1年发生1代，以3龄幼虫在土中越冬。翌年5月开始化蛹。6月出现成虫，6月下旬至7月上旬为高峰期，9月中旬终止。7月见卵，8月孵化出幼虫，10月幼虫深藏越冬。成虫食性杂、食量大，群集为害，林木叶片常在几天内全被食光，有假死性和强烈的趋光性，夜间8~9时为活动高峰期。幼虫主要为害植物根系，一般在傍晚或清晨从土层深处爬到表层取食，啃食皮层或根系，使寄主植物叶子萎黄甚至整株枯死。

< 铜绿异丽金龟·成虫 <

防治方法

◆ 冬季中耕松土、捕杀幼虫。

◆ 6~9月安装频振式诱虫灯或黑光灯诱杀成虫。

◆ 化学防治：6~9月在傍晚向寄主树冠喷1.2%烟参碱800~1 000倍液或4.5%高效氯氰菊酯1 500~2 000倍液防治成虫；受幼虫为害的草坪或灌木灌足水后在傍晚向根部喷洒21%噻虫嗪3 000倍液或用10%顺式氯氰菊酯200毫升/亩稀释后灌根防治幼虫。

8

斑喙丽金龟

[学科分类]

鞘翅目
↓
金龟甲科

[学名] *Adoretus tenuimaculatus* Waterhouse，又名茶色金龟子。

[主要寄主] 苹果、梨、丁香、核桃、杨。

[形态特征] 成虫体长 10～11.5 毫米，全身密生黄褐色鳞毛，杂生灰白色毛斑，鞘翅上有 4 条纵棱，腹面栗褐色，密被绒毛。卵椭圆形，乳白色。幼虫体长 13～16 毫米，灰乳白色。蛹椭圆形，长约 10 毫米。

[生活习性] 1 年发生 2 代，以幼虫越冬，翌年 5 月出现成虫。成虫昼伏，傍晚活动，喜食植物嫩梢、嫩叶。第一代幼虫期 6～7 月，第二代幼虫期 8 月，幼虫 10 月下旬越冬。

> 斑喙丽金龟·成虫 <

防治方法

◆ 安装频振式诱虫灯或黑光灯诱杀成虫。

◆ 5 月中下旬在傍晚向寄主树冠喷 1.2% 烟参碱 800～1 000 倍液或 4.5% 高效氯氰菊酯 1 500～2 000 倍液防治成虫。受幼虫为害的草坪或灌木灌足水后在傍晚向根部喷洒 21% 噻虫嗪 3 000 倍液或用 10% 顺式氯氰菊酯 200 毫升 / 亩稀释后灌根防治幼虫。

9

[学科分类]

鞘翅目
↓
叩头甲科

细胸锥尾叩甲

[学名] *Agriotes subvittatus* Motschulsky

[主要寄主] 各种园林植物。

[形态特征] 成虫体长约9毫米；背较扁，密被黄色细卧毛；头顶拱凸，密布细刻点，触角细短，前胸背板长稍大于宽，后角尖锐上翘；鞘翅翅面有细颗粒状，每翅具深刻点9行。

[生活习性] 2～3年完成1代，以幼虫和成虫在土内越冬。翌年6月成虫羽化，成虫活动能力强，产卵于土表，卵经10～20天孵化，幼虫喜潮湿和酸性土壤。成虫对禾本科草类刚腐烂发酵的气味有趋性。

< 细胸锥尾叩甲·头胸部特征 <

< 细胸锥尾叩甲·成虫 <

◆冬季清园时深翻土壤，冻死越冬幼虫。

◆灯光诱杀，在6月悬挂频振式诱虫灯诱杀成虫。

10

大地老虎

[学名] *Agrotis tokionis* Butler

[主要寄主] 草坪草、农作物、林木的根部。

[形态特征] 成虫体长 20 ~ 25 毫米,翅展 52 ~ 58 毫米,黑褐色;前翅暗褐色,前缘 2/3 呈黑褐色,前翅上有明显的肾形斑纹,肾形纹外侧中部无楔形纹;后翅褐色。卵半球形,初产时浅黄色,孵化前灰褐色。幼虫体长 40 ~ 62 毫米,扁圆筒形,黄褐至黑褐色,体表多皱纹。蛹体纺锤形,体长 22 ~ 29 毫米,赤褐色。

[生活习性] 1 年发生 1 代,以低龄幼虫在表土层或草丛根颈部越冬。翌年 3 月开始活动,昼伏夜出咬食花木幼苗根颈和草根,造成大量苗木死亡。幼虫经 7 龄后在 5 ~ 6 月间钻入土层深处(15 毫米以下)筑土室越夏,8 月化蛹,9 月成虫羽化后产卵于表土层,卵期约 1 个月。10 月中旬孵化不久的小幼虫潜入表土越冬。成虫寿命 15 ~ 30 天,具趋光性,但趋光性不强。

[学科分类]

鳞翅目
↓
夜蛾科

< **大地老虎 · 成虫** <

防治方法

◆ 冬季清园或春季播种前深翻土壤,消灭土中幼虫及蛹。

◆ 性引诱剂诱杀成虫。

◆ 化学防治:4 ~ 6 月在时下午时寄主植物灌足水,傍晚时在寄主根部喷洒 21% 噻虫嗪 3 000 倍或 10% 顺式氯氰菊酯 1 500 倍液灌根毒杀幼虫。

11

[学科分类]

鳞翅目
↓
夜蛾科

小地老虎

[学名] *Agrotis ipsilon*（Hufnagel）

[主要寄主] 松、杨、柳、广玉兰、大丽花、菊花、蜀葵、百日草、一串红、羽衣甘蓝等。

[形态特征] 成虫体长约 20 毫米，翅展约 50 毫米；灰褐色；前翅面上的环状纹、肾形斑和剑纹均为黑色，有显易见；后翅灰白色。卵扁圆形，有网纹。幼虫老熟时体长约 50 毫米，灰褐或黑褐色；体表粗糙，有黑粒点；背中线明显，臀板黄褐色。蛹体赤褐色，臀刺 2 根。

[生活习性] 1 年发生 4~5 代，以蛹及老熟幼虫越冬。翌年 2 月中旬即有成虫出现，3 月中至 4 月下旬盛发。成虫白天潜伏于土隙、枯叶、杂草等隐蔽处，黄昏后开始飞翔、觅食、交尾、产卵等活动。对黑光灯有强烈的趋光性，特别喜欢酸、甜、酒味，故各地多用糖醋酒液来诱杀和测报。成虫羽化后 3~5 天开始产卵，卵多散产于低矮叶密的杂草上，一般以靠近土面的叶上最多。每雌虫产卵千余粒。幼虫共 6 龄。2 龄前昼夜均可为害，群集在幼苗茎叶间取食嫩叶；3 龄以后分散活动；4 龄后白天潜伏于表土的干湿层之间，夜晚出土为害，从地面将幼苗植株咬断，拖入土穴中，或咬食未出土的种子。幼虫有假死性，受到惊扰即蜷缩成团。幼虫老熟后多潜伏于 5 厘米左右深土中筑土室化蛹，蛹期 9~19 天。全年中以 4 月下旬至 5 月中下旬的第一代幼虫为害最为明显，其后各代为害不显著。

‹ **小地老虎·成虫展翅状** ‹

< 小地老虎·成虫 >

防治方法

◆ 采用黑光灯或糖醋液诱杀成虫。

◆ 清除杂草、降低虫口密度。

◆ 化学防治：3 月底幼虫初孵期白天在发生为害区灌水，傍晚时用短稳杆菌悬浮剂 800 倍液或森得保可湿性粉剂 1 000～1 500 倍液或 25% 灭幼脲Ⅲ号悬浮剂 1 000～1 500 倍液防治幼虫。

< 小地老虎·卵 >

12

黄脸油葫芦

[学科分类]

直翅目
↓
蟋蟀科

[学名] *Teleogryllus emma*（Ohmachi *et* Matsumura）

[主要寄主] 草坪草、农林植物的幼苗和根系。

[形态特征] 通体褐色或黑褐色，有光泽，头大，圆球形；头部背面看两条眉状纹呈"人"字形；前胸背板黑褐色，左右具浅色斑纹各一块；前翅背面褐色，有光泽，侧面黄色；足褐色或土黄色，两条尾须长，超过后足股节颜色较体色浅。

< 黄脸油葫芦 >

13

东方蝼蛄

[学名] *Gryllotalpa orientalis* Burmeister，又名非洲蝼蛄，俗称土狗子。

[主要寄主] 海棠、悬铃木、龙柏、柳、杨、榆、槐、柑橘等幼苗、草本花卉和草坪等。

[形态特征] 成虫体长 30 ~ 33 毫米，灰黑色；梭形，全身密被细毛，头圆锥形，触角丝状；前胸背板卵圆形；前足为开掘足，后足胫节有刺 3 ~ 4 根，腹部有尾须 2 根。卵椭圆形，乳白色至暗紫色。若虫体黑褐色，无翅，仅有翅芽。

[生活习性] 1 年发生 1 代，以若虫和成虫在土中越冬，翌年 3 月底开始活动，成虫和若虫都喜欢在夜晚活动，咬食植物根部，4 月中下旬为害最剧烈，越冬若虫 5 ~ 6 月羽化，成虫在腐殖质较多的土层内筑巢产卵，若虫 2 龄后开始分散为害，常在草坪的浅表土层钻成纵横的隧道，啃食草根，使草坪发黄，破坏草坪品相，成虫有很强的趋光性和趋粪性。

< 东方蝼蛄·成虫 <

< 东方蝼蛄·草坪为害状 <

<< 频振式诱虫灯诱杀的东方蝼蛄成虫 <<

防治方法

◆ 物理防治：安装频振式诱虫灯诱杀
成虫。

◆ 化学防治：5月下旬至7月的若虫期，
白天在草坪上灌足水，傍晚喷施短稳杆
菌800倍液有较好防效。

14

黑翅土白蚁

[学科分类]

等翅目
↓
白蚁科

[学名] *Odontotermes formosanus* Holmgren

[主要寄主] 香樟、樱花、松、栎、泡桐、檫木、柑橘、柚等。

[形态特征] 有翅成虫体长27～29.5毫米，翅展45～50毫米。头、胸、腹面黑褐色，前胸背板中央有以浅色"＋"形纹，翅黑褐色，前翅鳞大于后翅鳞，前翅翅脉M由Gu分出，Gu有8～12根明显的分支。工蚁体长4.61～4.90毫米，头黄色，胸腹部灰白色。卵乳白色，椭圆形，长0.6～0.8毫米。

[生活习性] 黑翅土白蚁为土栖昆虫，每年11月下旬工蚁陆续转入地下活动，翌年3月气候转暖开始出土为害，此时，刚出巢的工蚁活动能力弱，泥被、泥线大多出现在蚁巢附近。4～6月在靠近蚁巢附近地势开阔、植被稀少的地方，工蚁筑成20～100个形如圆锥状的羽化孔突，当日均气温达20℃，相对湿度80%以上，高温高湿下雨的傍晚出现婚飞，黑翅土白蚁婚飞较集中，有可能在一次全部飞出。婚飞配对后形成新的蚁王蚁后，筑新巢于地下1～2米处，主巢直径可达1米以上，每巢繁殖蚁数可达200万头以上。每年4月工蚁外出觅食，啃食树根，沿树干筑成泥路，多条泥路合并成片状，蚁群在泥路下面形成的隧道内活动，啃食树皮和形成层，常造成幼树枯萎，对成材大树的长势也有影响。

‹ 黑翅土白蚁·有翅成虫及翅形 ›

‹ 黑翅土白蚁在香樟上的蚁路 ›

‹ 黑翅土白蚁蚁路下的工蚁为害状 ›

< **黑翅土白蚁·有翅成虫展翅状** <

防治方法

◆ 专业灭杀：白蚁的防治需要很强的专业性，发现白蚁为害却不具备技术条件时需请专业的白蚁防治公司进行灭杀。

◆ 灯光诱杀或性诱剂诱杀：4至6月在有白蚁活动的树林内采用黑光灯或者安装踪迹性息素诱杀。

◆ 诱集坑诱杀：4～10月在白蚁出现的地方挖长 × 宽 × 深＝ 40×20×30 厘米的诱集坑坑内放置 WAX～8202 白蚁诱杀剂或自制诱饵（甘蔗渣＋0.75‰百菌清的混合物）进行诱杀。一周检查一次，发现有白蚁可喷杀虫剂灭杀。

第三章

常见病害

1

树木腐朽病

[病原]病菌种类很多，大多属于担子菌亚门。常见种类如下：担子菌亚门伞菌目：裂褶菌（*Schizophyllum commune* Fr.）；非褶菌目：云芝菌［*Polysitictus versicola*（L.）Fr.］、毛栓菌［*Trametes hirsuta*（Wulf. ex Fr.）Pil.］；木耳目木耳（*Auricularia* sp.）；栓菌属 *Trametes* 朱红栓菌［*Trametes cinnabarina*（Jacq）Fr］；多孔菌目环带小薄孔菌［*Antrodiella zonata*（Berk）］等。
[为害]为害樱花、梅、合欢等各种长势弱的乔、灌木的主干和枝干。病害发生后树木树龄缩短，易遭风折，影响景观效果。

< 木耳目腐朽菌为害垂柳 <

< 木耳目腐朽菌为害械树科植物 <

< 朱红栓菌为害梅花 <

< 环带小薄孔菌为害梅花 <

[症状] 病害发生在树木的主干和枝条。树皮表面或无树皮的木质部表面生长蘑菇、木耳或其他各种形状的大型子实体。受害部位的树皮死亡并逐渐蔓延，然后深入木质部使木质腐朽，造成树干、枝干中空。因病菌种类不同，病害在木质部的蔓延部位、腐朽木质地、颜色各不相同。

[发病规律] 病菌在树木受害部分越冬，春夏或夏秋间产生各种形状子实体，子实体一年生或多年生，子实体内产生担孢子进行传播然后从各种伤口侵入，病菌也可以通过土壤中菌索延伸侵入

根部，病菌还可以从病健树组织相互接触传染侵入。因此树势衰弱的树木、密林中的衰弱枝、各种天然和人为伤口，特别是木质部裸露，不易愈合的大型伤口等往往易遭病菌侵入。侵入后病菌菌丝在木质部不断蔓延扩大，有的种类在当年或次年产生新的子实体，有的种类在若干年后产生新的子实体。当子实体出现时木质部已发生腐朽，木材强度降低易遭风折。如果病菌蔓延至形成层，会引起皮层死亡，扩大后引起树木死亡。

< 金针菇担子果 >

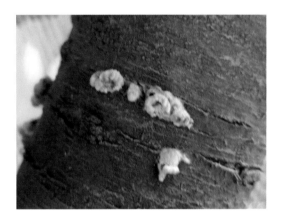

< 裂褶菌为害樱花 >

防治方法

◆ 加强检疫，杜绝病树进入城市或在市内移植，健康树的调运前也要做好杀菌工作。

◆ 保护树体，减少伤口，30毫米以上的伤口应立即涂抹伤口保护剂，并增强树势，促进伤口愈合。注意剪刀、锯子等修剪工具的消毒，尤其是明显有腐朽菌为害的植物，修剪后修剪工具应立即用高锰酸钾溶液浸泡消毒。

◆ 每年黄梅季来临前，对绿地内树林木开展检查，对有腐朽菌为害的病枯枝及时修剪并开始化学防治，病害严重的濒危树及时砍伐，集中焚烧处理，严禁随意抛弃该类植物的废弃物，名贵古树应定期做防腐杀菌处理，以延长树龄。

2

雪松枯梢病

[病原] 蝶形葡萄孢菌（*Botrytis latebricola* Jaap.），属真菌界无性真菌类丝孢纲丝孢目。

[为害] 为害雪松嫩枝，影响树木生长和观赏价值。

[症状] 主要出现在春梢的针叶上。先在针叶近基部产生淡黄色小圆点，后扩大成段斑并向针叶束座蔓延，引起全束基部变黄萎缩，进而向叶尖端扩展，使针叶变黄褐色，枯死。在连续阴雨高湿天气，病叶束基部出现灰白色霉状物。病害蔓延到嫩梢后，引起嫩梢变色枯死。病菌也可直接为害嫩梢，产生淡褐色小斑。扩大后凹陷，引起嫩梢变褐，高湿条件下产生灰色霉状物。

[发病规律] 病菌在病残体上越冬，3月中旬开始活动；4～5月是雪松新梢和针叶萌发期，此时若低温多雨，阴雨期长，就形成病害高发期。6月上旬以后，随着气温升高，病害停止发展，此时枯梢症状十分明显。

< 雪松枯梢病·初发状态 <

< 雪松枯梢病·为害嫩梢 <

防治方法

◆ 冬季结合修剪，清除病枝病梢。4～5月病害初起时，用70%甲基硫菌灵1 500倍液或10%苯醚甲环唑2 000倍液喷雾，10～15天一次，连续2～3次，交替用药。可减轻发病。

3

水杉赤枯病

[病原]巨杉尾孢菌（*Cercospora sequoiae* Ell. et Ev.），属真菌界无性真菌类丝孢纲丝孢目暗色孢科尾孢属。

[为害]苗木和幼树受害最重，严重时造成大量死亡。水杉大树受害后提早落叶，严重影响景观效果。

[症状]此病一般先从水杉下部枝叶发病，逐渐向上发展蔓延，最后导致全株枯死。感病叶片大多由叶尖扩展至全叶，初期产生褐色小斑点，后为深红褐色，病斑上产生灰黑色绒点。病叶提前脱落。病害还可蔓延到绿色的小枝，形成下陷的褐色溃疡斑，环绕小枝后，引起上部枯死。在潮湿条件下，病枝也产生灰黑色小点。

[发病规律]病菌以菌丝体在寄主组织中越冬。翌年4~5月间产生分生孢子，借风雨传播；萌发后从气孔侵入，进行初侵染。大约20天出现症状，可多次再侵染。梅雨及台风、秋雨期间，形成发病高峰，1~4年生的幼树易感染，随着树龄的增长，发病较少。凡苗木和幼树栽植过密、通风透光不良、引起徒长的环境都会导致发病或病害加重。水杉大树上半年发病较轻，不易发现。8月中下旬病叶增多，此时若遇台风或连续秋雨，病害迅速加重，引起大量落叶，使落叶期提早2~3个月。刺吸式口器害虫易快速传播病菌。

< 水杉赤枯病·初发状 <

< 水杉赤枯病·病叶 <

防治方法

◆ 栽种株行距要适宜，要求通风透光，降低湿度，促使树木生长健壮，提高抗病能力；冬季加强清园，发病区冬季落叶要尽可能清除。

◆ 苗木和幼树在4月新叶萌发期和8～9月发病期可喷施50%多菌灵可湿性粉剂500倍液绘绿2 500倍液或10%苯醚甲环唑2 000倍液喷雾，10～15天一次，连续2～3次，交替用药。

4

罗汉松叶枯病

[别名] 罗汉松灰枯病。

[病原] 罗汉松盘多毛孢（*Pestalotia podocarpi* Laughton），属真菌界无性真菌类腔孢纲黑盘孢目黑盘孢科盘多毛孢属。

[为害] 引起叶枯、枯梢，甚至引起全树叶片感病、枯死。

[症状] 此病多在罗汉松上部的枝梢部位发生，叶色发红，病斑条状或不规则，后转淡褐色至灰白色，上有黑色点状子实体。病叶在室内保湿培养后，黑点上生长白色至灰白色霉点。轻则叶片先端枯死，病部与健部分界明显。严重时整个梢头的叶片全部枯死形或整株枯死。

[发病规律] 病菌在病叶、病梢上越冬。从伤口侵入、借风雨传播。春季气温上升到15℃左右时病菌活动，25℃时有利于病害发展。大叶罗汉松比小叶罗汉松易感病。

< 罗汉松叶枯病·为害状 <

防治方法

◆ 加强水肥管理，增强树势，提高抗病力。

◆ 松树栽植时切忌深栽，树圈内忌种花草和其他地被植物。

◆ 初发时或生长期及时剪除病枝病叶。冬季剪除病枝病叶，修剪后立即喷药防治。发病初期可使用75%百菌清或500倍液绘绿或50%嘧菌酯2 500倍液或10%苯醚甲环唑2 000倍液喷雾，10~15天一次，连续2~3次，交替用药。发病初期及时防治和增加喷药次数可有效提高防治效果。

5

银杏枯叶病

[病原]可能有多种病原菌真菌引起，贯穿整个发病期。细交链孢[*Alternaria alternate*（Fr.）Keissl]是主要的病原菌，在发病早期还可以分离得到子囊菌门小丛可菌群围小丛壳[*Glomerella cingulata*（Stonem）Spauld *et* Schrenk]，后期可以分离得到银杏盘真菌类黑盘孢多毛孢属多毛孢（*Pestalotia ginkgo* Hori）。

[为害]其发生严重时可引起整株叶片脱落，果实干瘪瘦小。

[症状]该病害最初多为黄化植株，叶片先端变黄，后黄色部位逐渐褐变坏死，并由局部扩展到整个叶缘，呈褐色至红褐色叶缘病斑，此时病斑与健康组织的交界部位清晰明显，可见黄色线带。后期，病斑逐渐向叶片基部蔓延，病健组织的界限逐渐不明显，病斑上出现小黑粒或暗色霉状物的病原菌子实体。

[发病规律]6月中旬开始发病，大树7~8月开始表现出症状，8~9月是为害高峰期，到10月逐渐停止。在同一立地条件下，大树较小苗抗病。同龄大树，雌树由于大量结果，消耗养分较多，抗病能力下降，导致雌树的发病率高于雄树。银杏叶枯病的发生与多种环境因素有关，温度和降雨与此病的发生呈正相关，在土壤缺肥、低洼积水，植株根部受伤、上部黄化等条件下，易感病。一般施基肥的较施追肥的感病轻，冬季施肥的较春季施肥的发病率低。银杏与大豆间作则发病较轻，与松树间作发病严重，距水杉近的发病严重。

< 银杏枯叶病·病叶 <

< 银杏枯叶病·为害状 <

防治方法

◆ 冬季清园：在银杏枯叶病发病后期和初冬落叶后，将银杏枯枝、病叶收集起来，集中烧毁，以减少病原菌蔓延。

◆ 加强肥水管理，提高树体的抗病能力，及时排水、灌溉，避免积水，杜绝与松树、水杉间作，提高苗木栽植质量，以增强苗木的抗病性。

◆ 控制亚健康银杏的挂果量，长势弱的雌株控制挂果，避免营养消耗，防止树势衰落，控制病菌在银杏树上蔓延发生。

◆ 及时防治地下害虫，以免伤害根系，提高其抗病能力。

◆ 化学防治：6月上旬，发病初期用40%多菌灵胶悬剂500倍液或80%代森锰锌可湿性粉剂600倍液向树冠喷雾。8～9月为发病盛期，用绘绿（50%嘧菌酯）2 500倍液或10%苯醚甲环唑2 000倍液喷雾，10～15天一次，连续2～3次，交替用药。

6

悬铃木白粉病

[病原]（*Microsphaera* sp.），病菌属于真菌的子囊菌亚门白粉菌目。

[症状]叶片、叶柄、嫩枝、花、果都能感病，感病部位出现白色至灰白色粉层，后期白粉层中产生黄色颗粒，逐渐加深成深褐色至黑色颗粒，也有的白粉层始终不产生黑色颗粒。有的植物感病后出现病叶皱缩扭曲、变形，嫩枝变粗、弯曲。受害组织褪绿变黄，有的后期变黑。

[发病规律]病菌以闭囊壳在病组织上越冬，或以菌丝在芽内和病组织上越冬。在生长季节，病菌以分生孢子反复侵染，扩大为害。白粉菌较耐干旱，相对湿度在30%～100%内都能萌发；对温度适应范围也较大，温度超过32℃时，大多数白粉菌活动能力下降。

< 悬铃木白粉病·病叶 <

< 悬铃木白粉病·为害状 <

防治方法

◆调节林木种植密度或通过修剪改善通风透光程度，调整密林下灌木种类和密度，降低林地湿度；结合水肥管理，及时消灭虫害，增强树势，育壮树，增强抗病能力。

◆化学防治：可选用12%腈菌唑2000倍液或倍液10%苯醚甲环唑2000倍喷雾，10～15天一次，连续2～3次，交替用药。早期防治和增加喷药次数可有效提高防治效果。

7

桧柏－梨锈病

[病原] 亚洲胶锈菌（*Gymnosporangium asiaticum* Miyabe ex Yamada），属真菌界担子菌门柄锈菌纲胶锈菌属。

[为害] 侵染桧柏、龙柏、蜀桧等桧柏类植物，为害梨、杜梨、山楂、贴梗海棠、木瓜等观赏植物。

[症状] 在梨、贴梗海棠等寄主植物上，侵害叶片、新梢、果实。发病初期，受害叶片正面出现黄色或橙黄色有光泽的圆形小斑点，后病斑边缘出现黄绿色晕圈，病斑中有针头状橙黄色小黑点，为病菌性孢子器。病斑扩大后正面凹下，叶背凸起，产生灰褐色毛状物是病菌锈孢子器，以后病斑变黑，病叶枯死早落。幼果、果柄、叶柄也易受害。

[发病规律] 病菌在桧柏等植物上越冬。翌年2~3月侵染部位从小黄点逐渐长大成锥状或扁楔形，褐色角状突起，遇雨吸水膨大成表面有一层很薄的黄色粉末是冬孢子萌发产生担孢子，借风雨传播，传播距离可达5~10千米，3月中旬至4月中旬借风雨传播到梨树为害。梨树在4月中下旬、5月初出现症状，5月中旬开始出现毛状物。散出的锈孢子借风雨传播到龙柏等植物，侵入后越冬成次年病菌来源。梨树四周5~10千米范围内存在龙柏等植物就有利病害发生。2月温度偏高，3~4月雨水偏多，有利病害发生，加重为害。

‹ 桧柏－梨锈病 · 为害状 ›

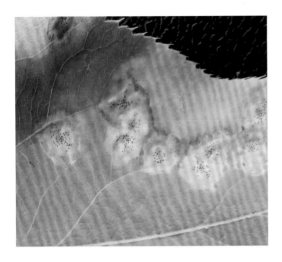

‹ 桧柏－梨锈病·梨树性孢子器

‹ 桧柏－梨锈病·梨树锈孢子器

‹ 桧柏－梨锈病·为害贴梗海棠

‹ 贴梗海棠上的锈孢子器

防治方法

◆ 植物合理配植，在梨园 5 千米范围内不种植桧柏，观赏植物不要与柏类植物混栽。

◆ 化学防治：2 ~ 3 月及时修剪桧柏上膨大的担孢子，并及时喷洒 3 ~ 5 波美度的石硫合剂或 12% 腈菌唑 2 000 倍液。4 月上中旬梨树、贴梗海棠开始萌芽展叶时，喷洒 12% 腈菌唑 2 000 倍液或 10% 苯醚甲环唑 2 000 倍液或 80% 代森锰锌可湿性粉剂 600 倍液喷雾防治，10 ~ 15 天一次，连续 2 ~ 3 次，交替用药。

8

柳树锈病

[病原] 栅锈菌属（*Melampsora* spp.）下的多个种，属真菌界担子菌门冬孢子菌纲。

[为害] 各种柳树。

[症状] 柳树锈病的症状主要有两种：一种为害前一年的越冬芽，越冬芽长出的嫩叶、嫩枝、花絮、叶柄、果柄都感病；嫩叶叶片皱缩、加厚、反卷、弯曲变形，上面着生大块状的夏孢子堆，发病严重时嫩枝很快枯死。另一种仅为害叶片，叶片不变形，叶片上产生近圆形黄色、橙色偏平的粉状堆，是病原菌的夏孢子堆；冬孢子堆可在叶正反面着生，叶背多于叶面，呈暗褐色稍突出的小板块。

< 柳树锈病·夏孢子 <

< 柳树锈病·叶面为害状 <

防治方法

◆ 加强冬季修剪，剪除病枝，疏剪枝条，让柳树树形优美，合理保留树枝数量，确保春夏季树冠通风透光。加强冬季清园，彻底清除病叶枯枝，减少越冬病原。

◆ 冬季修剪、清园后喷洒 3 ~ 5 波美度石硫合剂或 12% 腈菌唑 2 000 倍液，交替用药，连续 2 ~ 3 次。3 月初新叶初萌期喷洒 12% 腈菌唑 2 000 倍液或 10% 苯醚甲环唑 2 000 倍液，10 ~ 15 天一次，连续 2 ~ 3 次，交替用药。

9

杨树锈病

[病原] 病原菌为栅锈菌属一种（*Melampsora* sp.），属真菌界担子菌门冬孢菌纲栅锈菌属。

[症状] 为害杨树的芽、叶、叶柄、幼枝，以叶片症状最明显，叶片正反两面都可出现病斑。病斑初期微小、圆形，后逐渐扩大，斑上出现黄色粉末，是病菌的夏孢子堆；病斑可相互连接成大斑，病叶后期出现黄褐色斑，近圆形至多角形、稍隆起，是病菌的冬孢子堆。随着病斑数目的增多，全叶变黄，易脱落，严重时病叶率超过60%。叶柄及嫩枝的病斑椭圆至梭形。

[发病规律] 杨树锈病在常州5月中下旬出现病叶，通常在8月下旬进入迅速发展期，9月中下旬大量落叶，比正常落叶提早2~3个月。夏孢子和冬孢子阶段在杨树上，性孢子和锈孢子阶段在落叶松上。病菌以冬孢子堆在杨树冬芽和枝梢内越冬，第二年越冬孢子遇水或潮气后萌发，借气流传播到落叶松叶片上，7~10天长出性孢子，很快长出锈孢子器，借助风雨、气流飞落到杨树叶片上，锈孢子器不再侵染落叶松，经7~12天产生夏孢子堆，夏孢子堆多次产生和重复侵染，从而加重病情。夏孢子靠风传播，气候条件适宜时，病害迅速扩展，引起大量叶片感病。杨树不同种和品种对锈病的抗病性存在明显差异。种植密集、通风不良的绿地受害严重。

< 杨树锈病·病叶 >

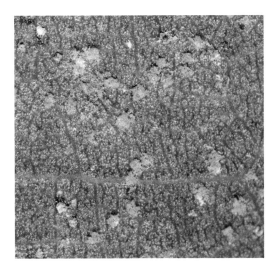

< 杨树锈病·夏孢子 >

< **杨树锈病·7月底8月初为害状** <

防治方法

◆ 选用抗病品种，降低种植密度，避免大面积杨树纯林；加强冬季和秋季清园，及时清扫落叶，集中深埋或焚烧处理。

◆ 化学防治：选用12%腈菌唑2000倍液，或20%苯醚甲环唑水分散粒剂2000倍液喷雾防治。

10

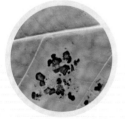

鹅掌楸褐斑病

[病原] 属于真菌界无性真菌类炭疽菌属的一种（*Colletotrichum* sp.）和链格孢属的一种（*Alternaria* sp.）。

[症状] 病害发生在叶片上。初期病斑先出现在主侧脉两侧或叶片中部，初为褐色小斑，圆形或不规则形，中央黄褐色至褐色，边缘为深褐色，病斑周围常有黄色晕圈，后期病斑扩大，不规则形，中间褐色，有的有轮纹，散生

小黑点，边缘黑褐色，斑外有黄色晕圈。叶背病斑外常有小褐点。病害严重时引起全叶变黑、脱落。

[发病规律] 每年 4 月中下旬开始发病，6 ~ 8 月为发病高峰，夏季连续高温、台风暴雨或树池、种植区域排水不畅的病害加重。

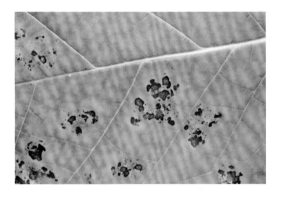

< 鹅掌楸褐斑病 · 叶面症状 <

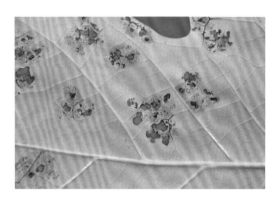

< 鹅掌楸褐斑病 · 叶背症状 <

< 鹅掌楸褐斑病 · 为害状 <

防治方法

◆ 种植区域、行道树树池要注意排水，林带要避免种植过密；早春发叶前可以根灌物之春等氨基酸复合肥溶液促进植物长势健壮，多发新根，有效抵御恶劣气候导致的伤害。

◆ 发病初期立即喷药，可选用 10% 苯醚甲环唑 2 000 倍液或 80% 代森锰锌可湿性粉剂 600 倍喷雾防治，10 ~ 15 天一次，连续 2 ~ 3 次，交替用药。

11

香樟炭疽病

[病原]无性阶段为胶孢炭疽菌（*Colletrichum gloeosporioides* Penz.），有性阶段为围小丛壳菌［*Glomerellacingulata*（Stonem.）Spauld *et* Schrenk］，属子囊菌亚门核菌纲球壳目疗座霉科小丛壳属，在树木上不常产生。

[为害]主要出现在苗圃和幼林中，成年大树发病很轻。染病苗木生长势衰弱，枯枝、枯梢多，严重的整株死亡。

[症状]叶片病斑圆形至不规则形，病斑可相互连接，病斑初黑褐色，扩大后中间灰褐色，边缘紫褐色至黑褐色，中间有小黑点，感病重的叶片常变形。嫩梢嫩枝病斑初近圆形、下陷、紫褐色，后期中间灰白色边缘黑褐色，病斑扩大或相互连合后引起枝条变黑枯死，上有小黑点。叶片和嫩枝上小黑点在潮湿天气下分泌出粉红色黏液。果实也能感病，出现黑色圆斑。

[发病规律]高温高湿条件有利于病害发生，土地贫瘠、管理粗放发病重。

< 香樟炭疽病·叶背症状 >

< 香樟炭疽病·叶面症状 >

防治方法

◆ 林带种植密度适宜。加强林带抚育管理，及时疏剪，调节林带的通风透光性，可减轻病害。

◆ 加强冬季清园和初夏新叶萌发时落叶的清理，减少病原菌越冬病枝病叶，发生不严重可不防治，发生严重时喷洒杀菌剂 32.5% 苯甲·嘧菌酯悬浮剂 1 500 倍或 70% 甲基托布津可湿性粉剂 800 倍液或 10% 苯醚甲环唑 2 000 倍或 70% 炭疽福美可湿性粉剂 300 倍。10 ~ 15 天一次，连续 2 ~ 3 次，交替用药。

12

香樟黄化病

[病原] 此病为生理性病害。主要是种植地块的土壤不适宜香樟的生长，如土壤偏碱，土壤中的有效铁含量低，从而影响叶绿素合成，降低叶绿素含量；土壤黏重，地下水位高，使根系发育差，不能正常吸收营养，使树体生长不良引起黄化；香樟根部受伤严重，树势较弱也可导致黄化病的产生。

[症状及发病规律] 叶片上初期叶缘稍褪绿，随病害加重变为黄绿色，并向叶内的叶肉扩大，叶脉颜色接近正常绿色，进而全叶变黄、变薄，仅中部叶脉保持褪绿色，然后叶色变黄白，边缘枯焦直至全叶枯焦、脱落。以后每年新萌的叶片变小变薄发黄，因病树受害程度不同，单张叶片黄化程度和全树枝叶黄化程度有很大变化。病树受害轻的全树仅枝梢顶部叶片褪绿，受害重的树木由枝梢叶片开始变色扩大到全树叶片变黄变小、枯焦、脱落，枝梢萎缩，树冠变小，数年后病树死亡。病树全年呈现黄化症状，以新梢生长期最为明显，新叶黄化重于老叶。同样环境条件下，新栽树黄化重于已栽多年的老树。

< 香樟黄化病 <

防治方法

◆ 加强水肥管理，冬季用钢管在树池内打孔，深度 40 ~ 50 厘米以上，每穴 4 ~ 6 孔，然后根灌植物氨基酸肥料 2 500 倍水溶液或者 2‰ ~ 3‰ 的硫酸亚铁水溶液。新叶萌发时叶片喷施 3‰ 的尿素或者物之春氨基酸肥料 2 500 ~ 3 000 倍液，能有明显改善。从 4 月初开始连续 2 ~ 3 次，每次喷洒间隔 10 ~ 15 天；秋梢生长期也可再重复 2 ~ 3 次。

13

桃生理性流胶病

[别名]桃流胶病。

[病原]桃树流胶病是一种非侵染性病害。凡造成桃树不能正常生长发育的原因，如蛀干性虫害、机械损伤等伤口，施肥不当、土质黏重、排水不良、夏季修剪过重等环境条件不宜都能引起树体流胶。

[为害]是桃、杏、梅、李、樱桃等核果类果树常发生的一种生理病害，严重影响树势和景观效果，缩短寿命。

[症状及发病规律]主要发生在枝干，尤以主干、主枝杈桠部最为常见，发病严重时小枝也会发病。枝干受害初期病部稍肿胀，木质部变色，从病部流出半透明黄色树胶，尤其雨后积水的流胶现象更为严重。流出的树胶与空气接触后，变为黄褐色，胶冻状，干燥后变为红褐、茶褐色、黑色的硬胶块。病部伤口易被腐生菌侵染，使皮层死亡和木质部变质腐烂，致树势衰弱。为害严重时，枝干或全株枯死。桃、杏、梅果实也能流胶。整个生长期都可发病，梅雨季节和台风季节发生最重，特别是长期干旱后降暴雨常引发严重流胶。老树、弱树较幼树、健壮树流胶严重。果实流胶与虫害有关，天牛、桃蛀螟等为害严重的，果实流胶严重。

< 桃流胶病 <

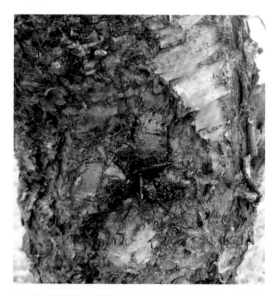

< 桃流胶病·初期症状 <

防治方法

◆ 建立排水系统，降低地下水位；改良种植土壤，避免板结不透气和肥力不均衡，合理整枝修剪，保护修剪伤口；调节结果量；冬季防冻害和夏季日灼。

◆ 在冬春季节树干涂白，生长期及时防治蛀干害虫、蛀果性害虫；在冬季至春季发芽之前，剪除病枝后在伤口涂刷3～5波美度的石硫合剂。

14

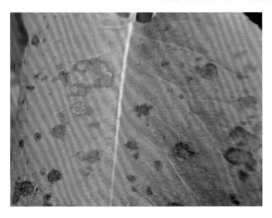

梨褐斑病

[别名] 梨叶斑病、梨白星病、梨斑枯病。

[病原] 病原为梨球腔菌 [*Mycosphaerella sentina* (Fr.) Schroeter]，属真菌界子囊菌门球腔菌属。

[症状] 主要为害叶片，初期在叶片上出现点状斑，边缘清晰，以后逐渐扩大发展成椭圆形或不规则形、中央灰白色、周围褐色，外层黑色的大病斑；发病严重时，叶片的病斑可达数十个，病斑上密生黑色小点，后期中部呈灰白色，造成8～9月梨园大量早期落叶。一般病叶率不仅影响当年产量、还影响来年的花芽分化和结果，褐斑病发生严重的，会导致梨树越冬性大大降低，树体衰弱，部分大枝甚至整株被冻死。

[发病规律] 以子囊壳或分生孢子器在落叶的病叶上越冬。翌年春天雨后，产生孢子，成熟后借风雨传播并黏附在新叶上。一般4月中旬开始发病，5月中下旬发病高峰期。潮湿是越冬病菌产生孢子并扩散的必要条件，干燥及沤烂的病叶均不能产生分生孢子。

< 梨树褐斑病 <

防治方法

◆ 冬季防治清园，及时清除园内落叶，集中深埋或烧毁。此法最简单易行又极为有效可靠。

◆ 加强梨园的养护；冬季修剪，保证梨园内通风透光。生长季及时清除梨园杂草、摘除梨园病叶、病果和剪除病梢，集中烧毁，也能有效控制病害的发生率。

◆ 科学水肥管理：施好采收后至落叶前的"月子肥"，以完全腐熟的有机肥为主，配合适量化肥、微量元素肥，平衡施肥，此时施肥量要达到全年施肥总量的 70% ~ 80%；花芽期追施磷钾肥，施肥量占全年施肥量的 20% ~ 30%；雨后注意梨园排水，以降低园内湿度，降低病害的发生和蔓延。

◆ 合理修剪：对负载过重的树体，及时疏花疏果。对栽植密度过大的果园，进行间伐。对枝叶过多的树体，及时修剪，疏除生长过旺、过密的枝条、内膛枝，改善树体通风透光条件。

◆ 药剂防治：5 月上、中旬至黄梅雨季来之前，结合防治梨锈病喷 3 ~ 5 波美度石硫合剂，每隔 10 ~ 15 天喷 1 次，连喷 3 次。梨树开花后，喷 70% 甲基硫菌灵悬浮剂 800 倍液或 50% 苯菌灵可湿性粉剂 1 500 倍液，每隔 15 ~ 20 天喷 1 次，一般喷药 2 ~ 3 次，有良好防效。

15

根癌病

[病原] 根癌土壤杆菌 [*Agrobacterium tumefaciens*（Smith *et* Towns.）Conn.]。

[为害] 樱花、樱桃、桃、李、月季、红叶李、梨等。

[症状] 在寄主根颈处，主根、侧根以及地上部分的主干和侧枝上出现大小不等，形状各异，可相互愈合的瘤状物。可导致花木生长不良，枝叶短小，叶枯黄，提早落叶，花小或不开花或猝死。

[发病规律] 该杆菌在肿瘤皮层内、病残体和土壤中存活，近距离传播途径有灌溉水、雨水、地下害虫、修剪工具等。病株调运是该病远距离传播的途径。杆菌从各种伤口侵入，侵入时如遇低温（10℃以下）可潜伏侵染，不表现症状，气温升高后才产生癌肿。初期肿瘤小，质软，白色，以后逐渐增大，变为深褐色，表面粗糙呈龟裂纹，质地坚硬，木质化。

< 根癌病·为害月季 >

< 樱花根癌病·为害樱花 >

防治方法

◆ 加强植物检疫，病树不得调运，以防蔓延；以芽接代替切接，减小伤口。

◆ 冬季和早春寻找病株及时切除肿瘤，然后用伤口用 5 波美度石硫合剂涂抹伤口或亮盾（精甲·咯菌腈）300 倍涂抹伤口和浇灌病株根部土壤。

16

八角金盘疮痂型炭疽病

[病原] 病原为胶孢炭疽菌（*Colletotrichum gloeosporioides* Penz. ），属真菌界无性真菌类黑盘孢目刺盘孢属。

[症状] 发生在八角金盘叶片、叶脉、叶柄和浆果果柄上。先在叶面出现针头大小的褐色略凹小点，褐色小点周围具淡黄色晕，病斑背面突起。以后病斑扩大，褐色点和周围淡黄色晕圈明显，病斑背面圆形疣状突起，病斑中间开裂。后期病斑扩大呈 3~6 毫米的病斑，病斑正面灰白色，疥藓状略增厚，病斑背面圆形疣状突起明显，病斑中间开裂，并不发硬发脆。病斑多时病叶开裂、皱缩、畸形，最后病叶干枯而死。

[发病规律] 孢子在病残体上越冬。每年早春新叶萌发时侵染新叶，出现症状，4~6 月是全年为害高峰。一旦有病株发生，在相邻植株间传播、扩散明显。

< 八角金盘疮痂型炭疽病·叶面症状 <

> 八角金盘疮痂型炭疽病·叶背症状 <

< 八角金盘疮痂型炭疽病·为害状 <

> 八角金盘疮痂型炭疽病·叶柄为害状 <

防治方法

◆ 加强检疫，禁止病株调运是防治关键。

◆ 早春新叶初发时是防治关键期，及时修剪病枝病叶病果。生长季加强巡查，一旦发现病株，及时修剪病叶病枝，集中焚烧处理。

◆ 4月初使用 30% 吡唑醚菌酯悬浮剂 2 000 倍或 32.5% 苯甲·嘧菌酯悬浮剂 1 500 倍或 70% 甲基托布津可湿性粉剂 800 倍或 10% 苯醚甲环唑 2 000 倍或 70% 炭疽福美可湿性粉剂 300 倍。10 ～ 15 天一次，连续 2 ～ 3 次，交替用药。

17

山茶灰斑病

[病原] 茶褐斑拟盘多毛孢菌（*Pestalotia guepini* Desm.），属真菌界无性真菌类拟盘多毛孢属。

[为害] 是一种常见病害，也可为害油茶、茶梅等。

[症状] 主要为害叶片，也为害新梢。叶片病斑初期近圆形或不规则形，病健组织界限不明显，褐色；扩大后病斑中心灰白色，边缘黑褐色，并明显隆起，病健组织界限分明或有褐色晕圈。病斑间可相互连接，后期病斑上产生黑色小点，较粗大，病斑表层后期易破碎脱落，呈黑褐色，受害严重的病叶易脱落。新梢病斑呈浅褐色，长形、水渍状，边缘明显，后来逐渐凹陷、缢缩，不连续地纵裂成溃疡斑，大小自几毫米至几厘米，后期病皮能脱落。

[发病规律] 病菌在病叶和病枝中越冬，病菌分生孢子可随病株组织传播，也可随气流、雨水传播。翌年4～5月，分生孢子开始侵染新叶和嫩梢。

< 山茶灰斑病·为害茶花 <

< 山茶灰斑病·为害茶梅 <

防治方法

◆ 冬季清园、修剪清除病枝，清理病残体。注意减少日灼伤和人为伤口。

◆ 4月新叶萌发、抽梢期喷施药剂防治，可用10%苯醚甲环唑2 000倍或80%代森锰锌可湿性粉剂600倍液喷雾防治，10～15天一次，连续2～3次，交替用药。

18

山茶炭疽病

[病原]胶孢炭疽菌［*Colletotrichum gloeosporioides*（Penz.）Sacc.］，属真菌界无性真菌类黑盘孢目刺盘孢属，又称山茶云纹叶枯病。

[为害]山茶和茶梅。

[症状]为害叶片和枝梢，病斑在叶缘和叶尖发生多，褐色，近圆形、半圆形或不规则形，边缘紫红色，常不规则、深浅不匀的轮状细皱纹。后期病斑灰白色，有不明显同心纹和散生活轮生的小黑点，病健交界处具暗褐色纹线。潮湿时，病斑正反面可见粉红色小点，发生严重时病斑可蔓及全叶而导致落叶，芽和嫩叶枯死脱落，嫩梢变黑，形成枯梢。

[发病规律]病菌以菌丝体在病叶中越冬，翌年4月上旬开始萌发侵染。病菌借助风雨传播，多从伤口侵染为害。对温度适应广，孢子和菌丝在8~38℃均可萌发、生长。高于39℃时开始抑制菌丝生长和孢子萌发。6~8月为病害发生高峰期。

[防治]参考八角金盘疮痂型炭疽病。

< **山茶炭疽病·为害茶梅** <

19

茶梅叶斑病

[病原]叶点霉属的一种（*Phyllosticta* sp.），属真菌界无性真菌腔孢纲球壳孢目叶点霉属。

[为害]茶花和茶梅。

[症状]症状多发生在上部娇嫩的叶片上，初为淡褐色圆形水渍状小点。后病斑扩大，黄褐色，呈不规则形，病斑边缘褐色至深褐色，叶背病斑稍隆起，病斑散生细小黑点，多个病斑可连成较大的病斑，引起叶片焦枯和脱落。

[发病规律]病菌在病残体上越冬，翌年春季，孢子借风雨、流水传播。病害一般从5月开始发生，7~9月为发病高峰。高温多雨，种植密度过高易感病或发生严重。

[防治]参考八角金盘疮痂型炭疽病。

叶面

叶背

< 茶梅叶斑病·叶面、叶背症状 <

< 茶梅叶斑病·为害状 <

20

石楠白粉病

[病原] 真菌界无性真菌类丝孢目，粉孢属的一种（*Oidium* sp.）。

[为害] 为害石楠和椤木石楠，严重影响树木生长势和景观效果。

[症状] 嫩梢、嫩叶出现白色点状霉粉层，叶片正反面均可受害，严重时全叶覆盖白色霉粉层，嫩叶不能正常展叶，扭曲皱缩变形，最后叶片黄化脱落。

[发病规律] 每年3月中旬展叶不久就出现感染，导致新叶不能正常展叶、扭曲。病害不断向植株上部蔓延。4月中旬病情加重，5月为全年发病盛期。密植、不合理修剪、营养跟不上的植株易感。

< 石楠白粉病·为害状 <

防治方法

◆ 冬季清园时用绿篱吹风机彻底清除板块下的枯叶。3月病害初发时剪除发病枝叶，减少病菌来源。平时养护时注意，调整种植密度，修剪过密枝条，避免林地高湿，光照不足，以防病害大流行。

◆ 冬季清园后、早春发叶前喷施药剂。病害发生初期喷施12%腈菌唑2 000倍或倍液10%苯醚甲环唑2 000倍或80%代森锰锌可湿性粉剂600倍液，10~15天一次，连续2~3次，交替用药。

21

红叶石楠炭疽病

[病原] 胶孢炭疽菌 [*Colletotrichum gloeosporioide* (Panz.) Sacc.]，属真菌界无性真菌类黑盘孢目刺盘孢属。

[症状] 发病时可见褐色病斑，其上呈明显的同心轮纹，病斑边缘常为红色。

[发病规律] 病菌在病株和病残体上越冬，翌年4月初新叶萌发时入侵。新叶、老叶都可为害。严重叶片布满病斑，严重影响光合作用，新叶发黄、变薄变小，整株枯死，积水严重的绿地易感。

< 红叶石楠炭疽病 · 叶面症状 <

< 红叶石楠炭疽病 · 叶背症状 <

< 红叶石楠炭疽病 · 为害状 <

防治方法

◆ 及时清除病害严重的植株，集中焚烧处理。

◆ 发病初期及时修剪病枝病叶，修剪后喷30% 吡唑醚菌酯悬浮剂 2 000 倍或 32.5% 苯甲·嘧菌酯悬浮剂 1 500 倍液。10 ~ 15 天一次，连续 2 ~ 3 次，交替用药。

22

狭叶十大功劳白粉病

[病原] 多丝叉丝壳（*Microsphaera multappendicis* Zhao & Yu.），属子囊菌亚门核菌纲白粉菌目叉丝壳属。

[为害] 病叶布满白粉，后期病叶变黑，冬季易遭冻害，引起枝条大批死亡。

[症状] 叶片茎秆嫩梢都可感病。叶片正反两面都可出现白粉，后期白粉层上出现黄色小点，逐渐加深变为深褐色，白粉层消失后病叶变黑死亡，病株枝条生长不健壮，冬季易冻死。

[发病规律] 病菌菌丝在病叶、嫩枝上越冬，每年 5 月、9 月为病害高峰期，受感染后病原菌在叶片正面出现一个个不规则霉粉层，随着病害的加剧，霉粉层覆盖整个叶片导致植物光合作用减弱，植株自身营养积累少逐渐瘦弱，抗寒能力降低，受冻叶片发黑，严重时枝条枯萎直至死亡，郁闭度高的林下、高架桥下光照弱的绿地病情明显严重。

< 狭叶十大功劳白粉病·叶片症状 >

< 狭叶十大功劳白粉病·重修剪 >

狭叶十大功劳白粉病·重修后春季发叶

狭叶十大功劳白粉病·防治效果

防治方法

◆ 回缩重修剪：12月中旬对感病区所有狭叶十大功劳病株进行回缩修剪，仅保留地上部分20～30厘米枝干。

◆ 彻底清园：修剪结束立即彻底清园，摘除留茬枝干上剩余的叶片，把种植垄里的枯枝落叶、砖块、垃圾杂物清出，最后用绿篱吹风机将散落的细碎落叶全部清除干净。

◆ 水肥管理：浅松土后在垄里施基肥，基肥配比：固体颗粒鸡粪＋氮磷钾均衡复合肥＝3：1混合后条施，每米条施125克混合肥料，再覆土3～5厘米。最后浇透水。第二年3月浇1～2次返青水。

◆ 化学杀菌：冬季彻底清园后进行2～3次药防。喷12.5%腈菌唑乳剂2 000倍或12.5%烯唑醇可湿性粉剂2 000倍或80%代森锰锌可湿性粉剂600倍液，10～15天喷一次，交替用药。翌年3月底新叶萌发初期再一轮喷药，用药与冬季相同。防效非常彻底。

23

紫薇白粉病

[病原] 病原菌为南方小钩丝壳 [*Uncinuliella australiana*（McAlp.）Zhen & Chen]，属子囊菌亚门白粉菌目小钩丝壳属。

[为害] 紫微。

[症状] 为害叶片、嫩梢、花序，老叶不受侵害或受害轻。受害部位产生白色粉层，后变灰白色，严重时使嫩叶皱缩。嫩梢受害后生长受抑制，畸形萎缩。花序受害后花朵变畸形。

[发病规律] 病菌以菌丝体潜伏于病株叶芽内越冬。每年春季发芽不久即可受害，在气候条件适宜时病菌不断产生分生孢子，侵染新梢、新叶和花序，高温季节病害停止发展。秋季病害继续发展。栽植过密、通风透光不良的条件下发病重。

< 紫薇白粉病·嫩叶症状 <

< 紫薇白粉病·嫩梢症状 <

防治方法

◆合理栽培，避免过密栽植导致不透风或缺少光照。加强栽培管理，增施磷钾肥，提高植株抗病能力。

◆4月初，开芽放叶后开始喷药预防。用药参考狭叶十大功劳白粉病。

24

红叶小檗白粉病

[病原] 病原菌为孢子菌属的一种（*Oidium* sp.），属真菌界无性真菌类丝孢纲丝孢目丝孢科。

[为害] 红叶小檗。

[症状] 叶片、叶柄、嫩枝、花、果都能感病，感病部位出现白色至灰白色粉层，后期白粉层中产生黄色颗粒，逐渐加深成深褐色至黑色颗粒，也有的白粉层始终不产生黑色颗粒。有的植物感病后出现病叶皱缩扭曲、变形，嫩枝变粗、弯曲。受害组织褪绿变黄，有的后期变黑。

[发病规律] 病菌以闭囊壳在病组织上越冬，或以菌丝在芽内和病组织上越冬。在生长季节，病菌以分生孢子反复侵染，扩大为害。温度超过32℃时，大多数白粉菌活动能力下降。

< 红叶小檗白粉病·为害状 <

◆ 调节林木种植密度或通过修剪改善通风透光程度，降低林地湿度。

◆ 4月中旬病害初发时选择化学防治。用药参考狭叶十大功劳白粉病。

25

大叶黄杨白粉病

[病原] 正木粉孢霉 [*Oidium euonymi japonicae*（Arc.）Sacc.]，属真菌界无性真菌类丝孢目粉孢霉菌属。

[为害] 大叶黄杨、扶芳藤等。

[症状] 主要为害幼嫩新梢和叶片。发病时，先在叶表面产生白色粉状小圆斑，后逐渐扩大，白粉层可布满整个嫩叶嫩梢，严重时引起叶片皱缩、纵卷、新梢扭曲、萎缩。

[发病规律] 病菌一般以菌丝在病组织越冬，越冬病组织为翌春的初侵染源。病害为害高峰期在每年的4～5月。7～8月高温时，病害发展逐渐停滞。在发病期间雨水多、栽植过密、光照不足、通风不良、低洼潮湿等因素都可加重病害的发生。

< 大叶黄杨白粉病·为害扶芳藤 <

防治方法

◆加强管理，避免种植过密，以增强树势，改善通风透光以降低小环境的湿度。结合修剪整形，及时除去病梢、病叶，以减少侵染源。

◆化学防治：每年3月中旬，新叶萌发时药剂防治，用药参考狭叶十大功劳白粉病。

26

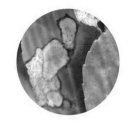

黄杨炭疽病

[病原] 一种为胶孢炭疽菌 [*Colletotrichum gloeosporioide* (Panz.) Sacc.]，属真菌界无性真菌类黑盘孢目刺盘孢属。一种为灰色炭疽菌（*Colletotrichum griseam* Heald *et* Walf），属半知菌亚门腔孢纲黑盘孢目炭疽菌属。

[为害] 发病严重时引起枝叶枯死。

[症状及发病规律] 有两种症状类型。类型一：叶片上病斑很小，直径通常只有 0.5 ~ 2 毫米，初期为突起小点，后呈圆形或近圆形，褐色，边缘隆起，如疮痂状，病斑与健康组织分界明显；病斑中央灰白色，其上产生 1 ~ 2 个小黑点，在潮湿条件下，黑点上分泌粉红色黏胶；后期病斑中央脱落成穿孔，严重时整张叶片布满病斑。类型二：叶片上病斑椭圆形或圆形，大小 3 ~ 12 毫米，中间灰褐色，后期灰白色，边缘深褐色，隆起，病斑上产生较粗小黑点、散生或轮生；叶片病斑有时与叶斑病病斑混合发生。前一种症状发病期较早，5 月中下旬就可见到病斑，梅雨期进入高峰期，6 月下旬至 7 月初可见到大量病叶，严重受害的病叶布满病斑。后一种症状发生期较晚，5 ~ 6 月温湿度适宜时病菌从伤口侵入，7 月进入病害高峰期。病菌在病残体和病株组织上越冬。植株种植过密，通风不良易发病；植株养分不足，生长势弱也会加重病情，喷射浇水引起水滴反溅，有利病菌传播为害。

< 黄杨炭疽病·类型一 >

< 黄杨炭疽病·类型二 >

◆ 加强监测，发现病叶及时摘除，冬季清除病残体，集中烧毁。加强植株的水肥管理，生长季节中施增施 1 ~ 2 次磷钾肥。4 月下旬发病初期及时化学防治，药剂使用参考红叶石楠炭疽病的防治。

27

月季白粉病

[病原] 蔷薇单丝壳 [*Sphaerotheca pannosa*（Wallr.）Lev.]，属于真菌界子囊菌单丝壳属。无性阶段为粉孢霉属真菌（*Oidium* sp.），月季上只有无性期。

[为害] 月季、玫瑰、蔷薇等蔷薇科植物。发病严重时整株布满白色粉末，导致植株不能正常生长发育，不开花或畸形花，影响观赏。

[症状] 叶片、叶柄、花蕾、花梗及嫩梢等均可受害。病叶初期在受害部位出现白色霉点，后着生白粉，病叶出现反卷、皱缩、变厚、变小、停止生长。叶柄和嫩梢染病部位稍膨大，向下呈弯曲状，节间缩短。花蕾染病后不开花或花姿畸形。

[发病规律] 病菌主要以菌丝在寄主的病芽上越冬，病叶或病枝及落叶上也可越冬。翌年3月上旬开始为害，3月下旬至5月中旬为发病高峰，5月中旬后病害主要出现在嫩叶、嫩梢、花梗。夏季气温达到30℃以上，病害停滞。9~10月间又出现为害高峰。土壤中氮肥过多、密植、闷湿雨水多易发病早而重。发病与品种有明显关系。

< 月季白粉病·为害玫瑰 <

< 月季白粉病·为害大花月季 <

< 月季白粉病·为害地被月季 >

防治方法

◆ 选种抗病品种。

◆ 合理调整大花月季种植密度。蔷薇等藤本类在花后需及时疏剪老枝，确保植株疏密有度。适当增施磷钾肥，提高植株抗病性。

◆ 生长季及时修剪感染组织，必要时可回缩重修后重新萌发，修剪后喷施 12% 腈菌唑 2 000 倍或 10% 苯醚甲环唑 2 000 倍或 80% 代森锰锌可湿性粉剂 600 倍或力克菌 2 500 倍液防治，10～15 天一次，连续 2～3 次，交替用药。

28

樱花褐斑穿孔病

[病原] 核果假尾孢菌 [*Pseudocercospora circumscissa* (Sacc.) Liu *et* Guo]，属真菌界无性真菌类丝孢纲假尾孢属。

[为害] 主要为害樱花，也是桃、梅、红叶李、榆叶梅等常见病害。常与细菌性穿孔病并发。

[症状] 该病主要为害已成型稍老的叶片、嫩枝。发病初期叶片上出现针尖大小紫褐色小点，后逐渐扩大成圆形至近圆形斑，直径 1～5 毫米，病斑中间褐色至灰白色，略带轮纹，边缘紫色至紫红色，潮湿时病斑上可见灰褐色绒状霉层。后期病斑脱落，形成穿孔，穿孔边缘整齐。发病严重时，出现大量穿孔，导致叶片早落。

[发病规律]病菌菌丝体在枝梢和落叶中越冬，翌年仲春产生分生孢子，借风雨传播开始新的侵染。病部可产生分生孢子进行再侵染。一般6月初见下部叶片发病，8～9月为发病高峰期，病叶大量脱落，仅枝梢残留少量叶片。密植、通风不良、光照不够、树势衰弱易感病。

< 樱花褐斑穿孔病·病斑 <

< 樱花褐斑穿孔病·叶片症状 <

防治方法

◆冬季彻底清园、修剪病枯枝，清理病落叶，集中销毁。雨季及时排水，降低湿度，清除杂草，增施有机肥，以增加树势，提高植物抗病力。

◆萌芽前，植株全株细致喷施3～5波美度石硫合剂消毒，4月新叶初发时用72%农用链霉素可湿性粉剂3 000倍或3%中生菌素（克菌康）可湿性粉剂1 000倍或80%代森锰锌600倍液全株均匀喷药，交替用药，7～10天一次，连续3～4次。

< 樱花褐斑穿孔病·为害榆叶梅 <

29

核果类植物细菌性穿孔病

[病原] 树生黄单胞菌李变种，[*Xanthomonas arboricola* pv. *pruni*（Smith）Vauterin *et al*]，属细菌界薄壁菌门黄单胞菌属。

[为害] 是蔷薇科李属植物桃、樱桃、樱花、梅、李和杏的常见病害。如果一个区域相邻地块栽植其他核果类植物，可互相传染。

[症状] 主要为害叶片，枝梢和果实也能受到侵染。叶片开始出现水渍状略带浅绿色的小褐点，而后扩展成圆形或多角形病斑，褐色或紫褐色的病斑边缘有淡黄色晕圈。潮湿情况下，病斑背面有浅黄色菌脓，后期水渍状边缘消失，病斑干枯脱落，严重时数个病斑相互重合，病斑脱落形成穿孔病症状，病斑大多分布在叶尖部和叶的中脉周围。枝梢受害后引起溃疡或肿瘤，果实受害后表皮形成黑斑，最后凹陷、龟裂。

[发病规律] 病原菌在枝条和芽内越冬，春季随风雨或昆虫传播，由叶片的气孔、枝条、果实的皮孔侵入。潜伏1~2周，在4月中下旬出现症状。5~8月为发病盛期。第一次感染后以后每年都会发生。

< **核果类植物细菌性穿孔病 · 为害紫叶桃** <

< **核果类植物细菌性穿孔病 · 为害桃树** <

防治方法

◆ 加强冬季清园，清除落叶、病枝，集中焚烧处理。清园后在寄主上细致全面地喷 2~3 波美度石硫合剂，寄主附近地面喷 5 波美度石硫合剂杀菌。

◆ 加强水肥管理，均衡肥分，提高植物抗病性，加强冬季修剪，均衡树势，改善树冠的通风透光性。

◆ 3 月底植物发叶时喷 72% 农用硫链霉素可湿性粉剂 3 500 倍或 3% 中生菌素（克菌康）可湿性粉剂 1 000 倍或 80% 代森锰锌 600 倍全株均匀喷药，交替用药，7~10 天一次，连续 3~4 次。

30

紫藤叶斑病

[病原]［链格孢菌 *Alternaria alternate*（Fr.）Keissler］，属真菌界链孢霉目链格孢属。

[为害]紫藤。

[症状]主要发生在紫藤叶片上，叶片上先后出现针尖大小的褐色斑点，后扩展为圆形或近圆形病斑，最外缘黄色，内缘黑色到褐色，交界明显，周围有明显黄色晕圈。

[发病规律]病菌随紫藤病残体在土壤中越冬，翌年 4 月感染新叶，孢子通过风传播，雨水多、高温、高湿易于发生，7~8 月是发病高峰期。

< 紫藤叶斑病·为害状 <

< 紫藤叶斑病·后期症状 <

< 紫藤叶斑病·叶面症状 <

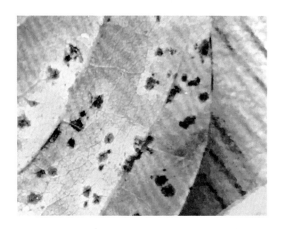

< 紫藤叶斑病·叶背症状 <

防治方法

◆ 加强紫藤的冬季修剪和落叶的清扫工作，减少越冬病原。初夏及时修剪初感病的新叶。

◆ 4月中下旬及时喷施10%苯醚甲环唑2 000倍或80%代森锰锌可湿性粉剂600倍或力克菌2 500倍液或72%农用链霉素可湿性粉剂3 000倍或中生菌素（克菌康）3%可湿性粉剂1 000倍液预防，10～15天一次，连续2～3次，交替用药。

31

女贞叶斑病

[病原] 棒孢霉属的一种（*Corynespora* sp.），属真菌界无性真菌类丝孢目。

[为害] 女贞、金叶女贞、金森女贞。

[症状] 主要为害叶片和嫩枝。初期受害叶片上产生圆形至近圆形2～6毫米的褐色病斑，最外圈有黄绿晕圈，中央浅褐色，四周边缘颜色较深，常具轮纹。发病严重时，相邻病斑相连，叶片扭曲变形，叶片早落。嫩梢受害后嫩叶变黄褐色枯萎，枝条受害后，产生梭形病斑，病健交界明显。发病后期整个板块植物叶片脱落，失去观赏价值。

[发病规律] 病菌在病残体上越冬或越夏，初发病在4月下旬，梅雨后的7～8月进入发病高峰期，10月还有一个发病高峰期，多雨、高温高湿有利于发病，板块状种植密集的方式、光照少、缺肥的植株易发病。

< 女贞叶斑病·为害金森女贞叶片（初期）<

< 女贞叶斑病·为害金森女贞叶片（后期）<

< 女贞叶斑病·叶片为害状 <

防治方法

◆ 发病严重的植株应及时清除，冬季清园应彻底，病叶、枯枝集中焚烧处理。

◆ 化学防治应当在发病初期进行，用药参考紫藤叶斑病。

32

紫荆角斑病

[病原] 紫荆假尾孢霉 [*Pseudocercospora chionea* (Ell. *et* Ev.) Liu & Guo]，属真菌界无性真菌丝孢目尾孢属。

[为害] 为害紫荆和紫荆属的其他一些植物。

[症状] 主要为害叶片，也为害嫩梢和果荚。叶片发病初期为褐色小点，逐渐扩大，呈多角形，褐色至紫黑色。后期病斑上产生灰黑色绒点。病斑可相互连接成大斑，造成叶片枯死，枯叶表面产生深灰色至墨绿色霉层。果荚上产生近圆形斑或不规则形斑，覆盖深灰色霉层。发病严重时，提早落叶出现无叶光杆，影响生长和观赏。

[发病规律] 病菌在植株发病部位以菌丝越冬。第二年春季借风雨传播，从自然孔口或伤口侵入。多雨年份、湿度大的种植区紫荆病情发展快，发病严重。气温偏低或偏高，病害发生缓慢。4～10月均可发病，6～7月为发病高峰期。

< 紫荆角斑病 · 叶面症状 <

< 紫荆角斑病 · 叶背症状 <

防治方法

◆ 加强栽培管理，调整种植密度和分枝密度，降低空气湿度，利于树木生长发育，提高抗病力。冬季清除病枝、病荚、病叶、落叶，集中烧毁或深埋，以消灭越冬病原菌。

◆ 发病初期，喷洒70%甲基托布津可湿性粉剂800倍液或10%苯醚甲环唑2 000倍或80%代森锰锌可湿性粉剂600倍液喷雾防治，10～15天一次，连续2～3次，交替用药。

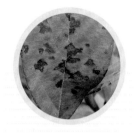

33

贴梗海棠角斑病

[病原] 榅桲假尾孢 [*Pseudocercospora cydoniae*（Ell. *et* Ev.）Guo & Liu]，属半知菌亚门丝孢纲丝孢目。

[为害] 侵染倭海棠、白海棠、西府海棠、木瓜等花木。

[症状及发病规律] 感病初期叶片上形成褐色小斑，病斑逐渐扩大形成 2 ~ 6 毫米近圆形或多角形病斑，暗褐色，有时中间暗灰色；中后期病斑布满叶片，病叶易脱落，影响正常生长发育和观赏；发病严重时，导致整叶死亡。病斑上生有许多灰黑色霉状小点是病菌繁殖器官。病叶易脱落，病原菌以菌丝体在病叶上越冬，分生孢子借气流传播。梅雨季节和秋雨季节发病严重。

< 贴梗海棠角斑病 · 病叶 <

< 贴梗海棠角斑病 · 为害状 <

防治方法

◆ 冬季剪除枯枝病叶，清除病落叶，集中销毁。贴梗海棠注意水肥管理，避免积水，栽植不宜过密，注意通风透光。

◆ 发病初期使用化学防治，用药参考紫荆角斑病。

34

杜鹃红斑病

[病原] 壳色单隔孢属的一种（*Diplodia* sp.），属真菌界无性真菌类球壳孢目。

[为害] 为害杜鹃属植物，主要发生在毛鹃上，其次是夏鹃、映山红等品种。

[症状] 初期叶片上产生红色小斑点，多在顶部叶片边缘和叶尖部，病斑逐渐扩展成近圆形或不规则形红褐色斑。病健交界处明显，呈深褐色。发病后期病部出现黑色小点，受害叶部脆而易破裂，最后，病斑扩展到大部分或整个叶片，造成提前落叶。

[发病规律] 以分生孢子器在病组织中越冬，4月中旬开始发病，6~7月为发病高峰期，9月以后随着气温的逐渐下降和新叶的萌发，发病率开始下降。夏季遮阴处杜鹃的发病率较阳光直射处低。病菌从伤口侵染，侵染对湿度的要求不高。

< 杜鹃红斑病·病叶 <

< 杜鹃红斑病·为害状 <

防治方法

◆ 合理配植，乔灌搭配，夏季避免过度暴晒。高温时适当遮阳，增强植物长势。增施有机肥料，增强抗病能力。冬季和初夏及时清除落叶，减少病原菌。

◆ 4月上中旬，发病初期喷洒70%甲基托布津可湿性粉剂800倍或10%苯醚甲环唑2 000倍或80%代森锰锌可湿性粉剂600倍液防治，10~15天一次，连续2~3次，交替用药。

35

杜鹃褐斑病

[病原] 拟盘多毛孢属的一种（*Pestalotiopsis* sp.），属真菌界无性真菌黑盘孢属。

[为害] 为害杜鹃属植物。

[症状] 主要为害嫩叶和新梢，发病初期叶片边缘产生褐色病斑，病健交界处不明显，呈浅绿色、褐色至红色的渐变色。在适宜的条件下，病斑迅速扩大或整片叶子均边上褐色，早春叶片早落，甚至整株枯死。

[发病规律] 病菌在病残体及土壤中越冬，分生孢子可随病株传播，也可随气流、雨水传播。梅雨期开始的 6 ~ 8 月是发病高峰期，9 月份发病率下降。

< 杜鹃褐斑病·发病初期症状 <

< 杜鹃褐斑病·为害状 <

防治方法

◆ 选择抗病品种种植。冬季清除落叶和枯死枝，减少病原。

◆ 预防为主，4 月发新叶时开始防治。用药参考杜鹃红斑病。

36

杜鹃叶肿病

[病原] 外担菌属真菌（*Exobasidium* spp.），属真菌界担子菌门。

[为害] 主要为害杜鹃属的植物。

[症状] 叶片受害后，叶边缘或全叶肿大肥厚，呈半球状或肿瘤状的肉质菌瘿，病部颜色淡绿色至红褐色或黄褐色，潮湿多雨时，菌瘿表面凹陷处长出白色粉状霉层是病菌子实体。霉粉飞散后，受害部位变为褐色至黑色。嫩芽受害后，嫩梢顶端形成肉质叶丛或肉瘤，影响抽梢。花和花蕾受害后变厚、变硬、肉质，成为"杜鹃苹果"。

[发病规律] 病丝体在病残体上越冬，翌年杜鹃发叶抽梢时病菌产生担孢子，担孢子随风雨传播幼叶、嫩梢和花瓣。全年有两个发病高峰期，春末夏初和秋末冬初。春夏季和秋冬季如遇多雨、闷湿则发病重。种植密度大、通风差、种植环境潮湿则发病重。叶片厚、蜡质多的夏杜鹃发病重。

< 杜鹃叶肿病·叶片为害状 >

< 杜鹃叶肿病·整体为害状 >

防治方法

◆ 选择抗病品种，合理配植，提高板块的通风透光性。加强栽培管理，避免种植区积水、不通风。冬季清园彻底清除落叶和死枯枝，减少病原。

◆ 预防为主，在杜鹃发叶期开始预防，化学用药参考杜鹃红斑病。

37

桂花叶枯病

[病原]多种病原真菌引起，木犀生叶点霉（*Phyllosticta osmanthicola* Trin.）或变叶木叶点霉（*Phyllosticta ghaesembillae* Koorders），属真菌界无性真菌类球壳孢目叶点霉属。

[为害]为害各种桂花，严重时病叶早落。

[症状]病斑大多出现在叶尖或叶缘，发病初期在叶尖或叶片前半部分的边缘出现红褐色不规则病斑，病健交界处明显，呈深褐色。以后病斑逐渐扩大，受害重的叶片病斑可扩至叶面的一半。后期病斑上产生大量小黑点，为病原菌的分生孢子器。树冠下部叶片发病率高于上部。

[发病规律]病菌在病残体上越冬，早春形成分生孢子，随风雨传播。树势衰弱、土壤板结、肥料不足，连续高温干旱时病情严重。受伤叶片易感病，老叶比新叶易感病，5~6月新叶上出现病斑。病菌发育最适温度为27℃。

< **桂花叶枯病·叶片为害状** <

防治方法

◆ 冬季结合清园清除地上落叶、修剪树上宿存病叶，集中焚烧处理。增施肥料，天气炎热干旱时适当浇水。

◆ 预防为主，冬季清园后喷杀菌剂进行越冬病原的清除，可用3~5波美度石硫合剂或70%甲基托布津可湿性粉剂800倍液或10%苯醚甲环唑2 000倍或80%代森锰锌可湿性粉剂600倍液喷雾防治。

◆ 4月发新叶时再用以上药剂进行一轮防治。10~15天一次，连续2~3次，交替用药。

38

桃缩叶病

[病原]畸形外囊菌［*Taphrina deformans*（Berk.）Tul.］，属真菌界子囊菌门外囊菌目外囊菌属。

[为害]桃树叶片受害最重，还为害新梢和果实。

[症状]早春桃叶展叶期即能发病，病叶卷曲畸形、肥厚、质脆，呈红褐色，春末病叶上有一层白色粉状物是病菌子囊层，最后病叶变褐色、枯焦脱落。新梢发病后节间缩短，略肿大扭曲，灰绿色至黄绿色，叶片丛生，最后整枝枯死。幼果感病后畸形，果面疮痂状开裂，很快脱落；较大的果实感病后，果实畸形、肿起，黄色或红色，毛茸多消失，病果易早落。

[发病规律]病菌主要以孢子附着在枝上或芽鳞上越冬，也能在土壤中越冬，次年桃芽萌动期和露红期即可侵入，展叶初期也能侵入。一年只有一次侵染，病菌喜欢冷凉潮湿的气候。病菌发育的最适温度20℃，最低10℃，最高26℃左右，因此，春季，桃树发芽展叶期如遇多雨低温天气，桃树萌芽和展叶过程延长，往往发病严重。病害盛发期在4月下旬至5月上旬，6月以后气温升至20℃以上时，病害停止发展。一般在积水、地势低洼的种植区发病严重。

< 桃缩叶病 <

◆预防为主，需在症状出现前防治。桃芽萌动期至露红期及时喷洒2～4波美度石硫合剂或其他杀菌剂，都有很好效果。

◆发病期间及时剪除病梢病叶，集中烧毁，减少下一年病原。发病重的树和年份，注意增施肥料，促进树势恢复，增强抗病能力。

39

栀子花炭疽病

[病原]（*Gloeosporium* sp.），属真菌界无性真菌腔孢纲黑盘孢目刺盘孢属。

[为害] 大花栀子、山栀子等。

[症状] 在叶片上出现退绿点，后扩展成半圆形、圆形或不规则的褐色斑块，有轮纹，后期出现少量小黑点。如遇多雨潮湿的环境，则形成污白、橙黄色的分生孢子堆。

[发病规律] 分生孢子、菌丝体以病残体或在土壤中或在枝条上越冬。翌年春季从皮孔、气孔及伤口侵入，也可直接从叶面侵入。高温、高湿、通风不良的环境利于发生，生长势弱、黄化的植株易感病。

< 栀子花炭疽病·病斑 <

< 栀子花炭疽病·叶片为害状 <

防治方法

◆ 加强栽培管理，营造通风透光的生长环境，增施有机肥，补充铁等微量元素，培养壮苗，增加植株抗性。

◆ 发病严重的植株可在冬季进行重修剪后摘除所有叶片，彻底清除落叶枯枝，施足基肥，再用30%吡唑醚菌酯悬浮剂2 000倍或32.5%苯甲·嘧菌酯悬浮剂1 500倍液杀菌2～3次。春季加强水分管理，发叶时再一轮化学防治，防治效果极佳。每次喷药间隔10～15天一次，连续2～3次，交替用药。

40

栀子花黄化病

[病原] 为生理性病害，因缺乏可吸收的铁元素引起黄化。

[症状] 症状先从植株枝梢顶部幼嫩叶片表现褪绿；病害加重后，叶肉由褪绿变黄，叶脉仍呈现绿色。随着病情发展，全叶变浅黄色，进而变白，严重时叶尖叶缘枯焦并向内扩展。变色叶片从植株顶部向下部、从外部向内部、从嫩叶向老叶逐渐发展；严重时整株叶片变小，枯焦，植株生长极度衰弱，直至最后整株枯死。

[发病规律] 栀子花适于弱酸性土壤上生长，石灰质过多、黏重板结、偏碱性的土壤会限制根系生长，造成根尖死亡，并且碱性土壤中铁转化成不易吸收的化合物，使植物不能正常生长发育，引起叶色黄化、生长衰退，甚至枯死。

< 栀子花黄化病·叶片症状 <

< 栀子花黄化病·整体为害状 <

防治方法

◆ 增施酸性有机肥或将硫酸亚铁拌入有机肥料混合施用。

◆ 新梢新叶生长期叶面喷洒 0.2% ~ 0.3% 硫酸亚铁 2 ~ 3 次，或喷洒硫酸亚铁、硫酸锌、尿素混合液。

41

栀子花叶斑病

[病原] 栀子生叶点霉（*Phyllosticta gardeniicola* Saw.），属真菌界无性真菌腔孢纲球壳孢目。另外，（*P. gardenia* Tassi）和（*Cercospora* sp.）也可引起叶斑。

[症状] 主要发生在叶片上，叶点霉引起的病斑圆形或近圆形，发生在叶缘的为不规则形，中央淡褐色或灰白色，有稀疏轮纹。几个病斑愈合形成不规则大斑。病斑出现很多小黑点，为病菌子实体。（*Cercospora* sp.）引起的病斑不规则形，病斑间可连成大斑，褐色，外有黄色晕圈，病斑表面散生灰褐色小霉点。

[发病规律] 病菌在病落叶或病叶上越冬；下部叶片先发病。栀子花栽植过密、通风不良的情况下容易发病。周围树木密集、光照不足也容易发病。大叶栀子花比小叶栀子花容易感病。

< 栀子花叶斑病·病斑 <

< 栀子花叶斑病·为害状 <

防治方法

◆ 合理种植密度，保持植株间通风透光。冬季修剪清除病枝病叶、清除落叶枯枝。

◆ 加强水肥管理，增施有机肥料，及时补充铁元素，避免黄化引起植株衰弱，提高树木抗病能力。

◆ 预防为主，发病初期摘除病叶、轻度修剪后开始喷药。可选用80%大生600～800倍液或30%吡唑醚菌酯悬浮剂2 000倍或32.5%苯甲·嘧菌酯悬浮剂1 500倍液防治。每次喷药间隔10～15天一次，连续2～3次，交替用药。

42

金丝桃褐斑病

[病原] 金丝桃褐斑病菌（*Cercospora* sp.），属真菌半知菌亚门丝孢目尾孢属。

[为害] 金丝桃。

[症状] 主要为害金丝桃下半部叶片。一般从叶尖开始发病，受害部位变为红褐色，可扩展至大半个叶片，叶片受害后早落。

[发病规律] 病原菌以菌丝体、子座在病残体上越冬。翌年5月开始发生，7～9月为发病高峰。高温、闷湿气候利于发病。

< 金丝桃褐斑病·叶片为害状 >

< 金丝桃褐斑病·为害状 >

防治方法

◆ 合理调整种植密度，后期加强养护，花后修剪调整植株枝量，保证植株之间通风透光。冬季清园清除落叶，减少越冬病原菌。

◆ 提前预防，5月初开始预防，用50%多菌灵1 000倍或80%代森锰锌可湿性粉剂600倍或力克菌2 500倍液叶面喷施防治，交替用药，7～10天一次，连续防治2～3次。

43

八仙花炭疽病

[病原]多种炭疽菌引起，绣球花炭疽菌（*Colletotrichum hydrangea* Sawada）或复合种胶孢炭疽菌［*Colletotrichum gloeosporioides*（Penz.）Sacc.］，属真菌界无性真菌黑盘孢目刺盘孢属。

[为害]八仙花的叶和花。

[症状]叶片上产生红色小点，后扩展成圆形或近圆形病斑，病斑中央浅褐色至灰白色，具轮纹，后期病斑上出现小黑点。病斑大小不一，直径1～10毫米。花瓣被侵染后产生褐色小圆点。

[发病规律]以分生孢子或菌丝体在病残体上越冬。翌年春季病菌随风雨传播，多从伤口入侵，病菌在生长季可反复多次侵染，以6～9月发病最重。

[防治]参照栀子花炭疽病防治和用药。

< 八仙花炭疽病·病斑 <

< 八仙花炭疽病·为害状 <

44

竹丛枝病

[病原] 不同类型的竹丛枝病病原不同。刚竹属、倭竹属、苦竹属等 5 个竹类的竹瘤座菌型丛枝病病源是竹针孢座囊菌（*Aciculosporium take* Miyak），属真菌界子囊菌门针孢座囊菌属。

[为害] 主要为害刚竹、淡竹等小竹类竹子。

[症状] 竹瘤座菌型丛枝病春天仅个别枝条发病，接着大量小枝丛生呈鸟巢状或扫帚状。重生枝细弱、节间短，叶畸变呈雀舌状或鳞片状。每年 4~6 月，在病枝顶端的叶鞘内产生白色米粒状物，为病菌菌丝和寄主组织形成的假子座。

[发病规律] 竹瘤座菌型丛枝病的竹瘤座菌在竹子的病枝内越冬，翌年春季病枝新梢上产生分生孢子成为初侵染源，分生孢子通过风雨飞溅作近距离传播，传播期为 3 月末至 6 月上旬，高峰期在 4 月下旬，可侵染新竹，引起当年发病。

< 竹丛枝病·为害刚竹 <

防治方法

◆ 冬季清园清除病竹，翌年 3 月中旬前均可寻找病竹，清除病原。

◆ 定时间竹，每年清除老弱病竹，保持竹园通风透光。

◆ 发病严重的竹园，可在冬季彻底清园后再进行化学防治。药剂可选择 70% 甲基托布津可湿性粉剂 800 倍或 10% 苯醚甲环唑 2 000 倍或 80% 代森锰锌可湿性粉剂 600 倍液喷雾防治。

45

牡丹灰霉病

[病原] 牡丹葡萄孢菌（*Botrytis paeoniae* Oudem），属真菌界无性真菌丝孢纲丛梗孢目葡萄孢属。

[为害] 牡丹的叶、茎、花等部位均可受害。

[症状] 主要为害叶片，易感染下部叶片。发病初期为近圆形或不规则形水渍状病斑，多发于叶尖和叶缘。后期病斑多达 1 厘米以上，病斑褐色至紫褐色，有时产生轮纹。湿度大，叶部正背面均产生灰色霉层，茎上病斑褐色，常软腐，导致植株折倒或全株倒伏。花受害后变褐色腐烂，产生灰色霉层。病部有时产生黑色菌核。

[发病规律] 以菌核、菌丝体和分生孢子随病残体在土壤中越冬。翌年菌核萌发产生分生孢子，孢子随风雨传播，从伤口或衰老组织入侵。发病后产生大量分生孢子进行再侵染。高温多雨高湿天气，加重发病。

叶面

叶背

< 牡丹灰霉病·叶片症状 >

< 牡丹灰霉病·为害状 >

防治方法

◆ 选择排水良好的地方栽培，种植密度不宜过大，保持植株间通风透光。合理水肥管理，增施磷钾肥，培养壮苗，提高牡丹抗性。

◆ 冬季清园，彻底清除枯枝和落叶，集中焚烧处理。减少越冬病原。

◆ 冬季清园后用 3～5 波美度石硫合剂或 70% 甲基托布津可湿性粉剂 800 倍或 10% 苯醚甲环唑 2 000 倍或 80% 代森锰锌可湿性粉剂 600 倍液喷雾防治。4 月发新叶时再用以上药剂进行一轮防治。10～15 天一次，连续 2～3 次，交替用药。

46

月季黑斑病

[病原] 病菌有性阶段为蔷薇双壳孢菌（*Diplocarpon rosae* Wolf），属于真菌界子囊菌门双壳孢属。无性阶段蔷薇盘二孢 [*Marssonina rosae*（Lib.）Fr.]，属于真菌界无性真菌类盘二孢属。

[为害] 月季、金樱子、黄刺玫和蔷薇等。

[症状] 叶、叶柄、嫩枝、花梗都可受害，以叶片受害最重。发病初期呈现褐色放射状小斑，以后逐渐扩大为紫褐色或黑褐色圆形或近圆形斑，病斑边缘有放射状细丝，病斑上生有微小黑色疱状物，是病菌分生孢子堆。后期病斑中间颜色变浅。因月季品种不一，有的病斑周围没晕圈，有的有黄色晕圈，有的晕圈可扩展至全叶。病叶易落。嫩枝、花梗上病斑长椭圆形，暗紫红色。受害植株病部坏死，叶子枯黄，造成早期落叶，出现光杆现象，严重削弱植株的生长势，影响开花。

[发病规律] 病菌在病残体及病枝上越冬，借风雨、昆虫传播。月季叶片沾水过夜有利于病原菌侵入。当温度在 26℃ 左右，出现多雨、多雾等造成叶面高湿的条件都有利病害发生。月季品种间抗性存在差别，种植单一染病品种容易引起病害蔓延，加重为害。露地月季 3 月底 4 月上旬出现病斑，4 月下旬进入高峰期，6 月下旬至 7 月初停止发展。此时，病叶大量脱落，8 月下旬恢复侵染，9～10 月中旬是秋季发病高峰期。

< 月季黑斑病·病斑 <

< 月季黑斑病·为害状 <

防治方法

◆ 冬季彻底清除病叶，剪除病枝，必要时进行重修剪。生长期及时修剪以利通风透光。增施有机肥，合理使用磷、钾肥，提高植株抗病性。

◆ 改进浇水方法，安装滴灌设施，直接将水施入土壤，调节浇水时间，避免叶片带水过夜。栽种抗病品种，调节种植密度，防止高度密植。

◆ 喷药保护，早春发芽前，喷 1 波美度石硫合剂。露地月季在 3 中旬开始预防，可用 75% 百菌清600 倍或 70% 甲基托布津可湿性粉剂 800 倍或 10% 苯醚甲环唑 2 000 倍或 80% 代森锰锌可湿性粉剂 600 倍或 80% 大生 800 倍液喷雾防治，7~10 天一次，连续 3~4 次。

47

月季花叶病毒病

[病原] 月季花叶病毒 Rose mosaic virus，简称 RMV；李坏死环斑病毒 Prunus necrotic ringspot virus 等多种病毒。
[为害] 蔷薇科等植物。

[症状]不同的月季、蔷薇种和品种表现出不同症状，主要表现为花叶，有的成环状斑或栎叶状花纹，有的为褪绿斑，还有的为黄脉和矮化。

[发病规律]带毒病株作繁殖材料和汁液接触均可传播。夏季强光和干旱有利于显症和扩展，也常出现隐症或轻度花叶症。

< 月季病毒病·为害状 <

< 月季病毒病·病叶 <

< 月季病毒病·为害状 <

< 月季病毒病·为害玫瑰 <

防治方法

◆ 选无病植株采取繁殖材料，发现病株立即拔除和烧毁。

◆ 生长季节防治传毒媒介昆虫（蚜虫）。

48

月季锈病

[病原] 短尖多孢锈菌 [*Phragmidium montivagum* (Pers.) Schlecht.] 为主要病原，属真菌担子菌亚门冬孢菌纲锈菌目柄锈菌科多孢锈菌属。

[为害] 玫瑰、蔷薇和月季。

[症状] 芽、叶片、嫩枝、叶柄、花托、花梗等都可受害，主要发生在芽和叶片上。春季萌芽期，病芽初期呈淡黄色，基部肿大，在 1 ~ 3 层鳞片内长出大量橘黄色粉状物，似朵小黄花。病芽不能生长，有的弯曲呈畸形，15 ~ 20 天后枯死。嫩叶受害后，先在叶正面上丛生黄色小点状孢子器，呈不规则黄色病斑状。后在叶背面生成橘黄色夏孢子堆，严重时叶面遍布斑点。秋季叶背面病斑上产生黑褐色粉状的冬孢子堆，秋季腋芽被病菌侵染后，经越冬多枯死。植株受害部位常隆起或过度生长或呈畸形状，感病植株提早落叶，生长衰弱。

[发病规律] 月季锈病病菌以菌丝体在病芽或发病部位越冬，或以冬孢子在枯枝病叶和落叶上越冬，主要以菌丝在月季病芽内越冬。该病菌为单主寄生锈菌，即生活史中的 5 个阶段都在同一寄主上发生。翌年春季 3 月下旬，病芽萌发时即开始发病，产生夏孢子，并向叶面上传播侵染。病叶上的冬孢子也能越冬，次年春萌发产生担孢子，担孢子萌发侵染幼叶嫩梢形成初浸染，再产生性孢子和锈孢子，锈孢子侵染叶又产生夏孢子。夏孢子可多次产生，

‹ 月季锈病·病叶 ‹

‹ 月季锈病·夏孢子 ‹

在生长季节借风雨传播，由气孔侵入，可发生多次再浸染，从而扩大侵染，潜育期最短 7 天。每年 4 月下旬叶片开始发病。5 月下旬至 7 月初、8 月下旬至 9 月下旬为发病盛期。锈孢子萌发的最适温度为 15~21℃。尽管大部分夏孢子在 9~25℃ 下均可萌发，但萌发的最适温度为 18~21℃。水分对锈孢子和夏孢子萌发也至关重要，一般孢子仅在有自由水的情况下才能萌发。因此，雨水多而均匀的年份和四季温暖的多雨雾地区有利该病的发生与流行，而在夏季高温或冬季寒冷地区则发生较轻。

< 月季锈病·嫩枝上的夏孢子 <

防治方法

◆ 选择抗锈病月季品种和无病母株。月季盆栽时，要及时换土。选择高燥肥沃沙壤土种植，避免密植，保持植株通风透光。合理施肥，合理使用氮肥，使用充分腐熟的肥料以促进植物健壮生长。

◆ 及时清除病残体，减少侵染来源，收集病残体，并集中销毁。在 3 月下旬~4 月上旬检查，发现病芽要立即摘除销毁。一般病芽率不到 0.5%，摘除后即可防止孢子扩散。

◆ 药剂防治。预防为主，于早春修剪后，喷洒 2~5 波美度石硫合剂，在 4 月上旬和 8 月下旬 2 次发病盛期前，再喷药 1~2 次，可控制病害发展。发病期喷 12.5% 腈菌唑乳剂 2 000 倍或 12.5% 烯唑醇可湿性粉剂 2 000 倍或 80% 代森锰锌可湿性粉剂 600 倍液，10~15 天喷一次，交替用药。

49

月季灰霉病

[病原] 灰葡萄孢（*Botrytis cinerea* Pers.），真菌界无性真菌类丝孢纲丝孢目丝孢科葡萄孢属。

[为害] 月季和多种园林植物。

[症状] 病害在叶缘和叶尖发生时，起初为水渍状淡褐色斑点，后转为黑褐色。花蕾发病，花蕾褐色枯萎，花不能开放，花瓣侵染后变褐色，变软下垂、腐败。在温暖潮湿的环境下，被侵染部位布满灰色霉层。

[发病规律] 以菌丝体或菌核潜伏于病残体上或土壤中越冬。第二年产生分生孢子，借风雨传播，从伤口侵入或从表皮直接侵入为害。高湿环境有利于病菌发生。温室中越冬不通风、湿度大，易发生灰霉病。露地栽培的月季黄梅季容易发病。盆栽时放置过密也易发病。凋谢的花和花梗不及时摘除时，易在此类衰败的组织上先发病，然后再传到健康的花和花蕾上。

< 月季灰霉病·为害叶片 <

< 月季灰霉病·为害花蕾 <

< 月季灰斑病 · 为害花瓣 <

◆ 加强养护管理，及时清除并销毁病叶，减少病原，生长季花后及时修剪花梗残花。

◆合理种植密度，提高月季的抗性。

◆ 休眠季节向植株喷洒 3 ~ 5 波美度石硫合剂。发病前喷洒 75% 百菌清 600 倍或 70% 甲基托布津可湿性粉剂 800 倍或 10% 苯醚甲环唑 2 000 倍或 80% 代森锰锌可湿性粉剂 600 倍或 80% 大生 800 倍液喷雾防治，7 ~ 10 天一次，连续 3 ~ 4 次。

50

荷花黑斑病

[别名]又名褐纹病。

[病原]链格孢 [*Alternaria alternate*（Fr.）Kiessler]，属真菌界丝孢纲丝孢目链格孢属。

[为害]为害睡莲、碗莲、王莲、芡实。

[症状]发病后叶片上产生圆形病斑，初期叶片上有浅黄色斑点，以后扩大成褐色斑，病斑大小不一，周围至中央淡褐色，周边暗褐色，常具同心环纹，并在其上有墨绿色霉状物，直径 5 ~ 15 毫米。在暴风雨多的时节发病更为严重，病斑连片扩大，使叶片枯死。发生严重时叶片焦黄，似火烧，不能开花，提早死亡，影响藕生产和荷花观赏。

[发病规律]病原体在叶片上越冬。翌年 5 ~ 6 月高温多雨时开始发病。多在 7 ~ 9 月发病严重，气温高、湿度大，多年连作的情况下，病害发生严重，孢子借气流和风雨传播，适宜孢子萌发的温度为 20 ~ 28℃，7 ~ 8 月高温多雨时发病较重。荷花生长势弱、氮肥施用过多或在夏季水温过高等情况下，病害严重。

< 荷花黑斑病·浮叶 <

< 荷花黑斑病·立叶 <

防治方法

◆ 秋末冬初彻底清除病残叶。5月中旬出现病叶和病株应及时拔除烧毁，以减少病原。

◆ 加强栽培管理，勿施过多氮肥，增施磷钾肥，注意通风透光。于发病期前，每 7 ~ 10 天喷 1 次 75% 百菌清 600 倍液或 80% 代森锰锌可湿性粉剂 800 倍液，连喷 3 ~ 4 次，可有效防止病害蔓延。发病初期用 10% 苯醚甲环唑 2 000 倍或 80% 大生 800 倍液喷雾防治，7 ~ 10 天一次，连喷 3 ~ 4 次，防治效果明显。

51

荷花斑枯病

[病原] 真菌界无性真菌腔孢纲球壳孢目叶点霉属的一种（*Phyllosticta* sp.）。

[为害] 荷花。

[症状] 主要为害立叶。发病初期，叶面出现褪绿斑点，以后逐渐扩大，病斑周围组织坏死，干枯后，变成淡褐色至深棕色。病斑上有细密或不明显的轮纹状的大块病斑，导致叶缘组织枯死。后期，病斑上散生黑色的小颗粒，即病原菌的子实体。

[发病规律]病菌以分生孢子在病残体上越冬。翌年5~9月发病，以分生孢子重复侵染，6~7月是发病高峰期，10月后病菌在病残体上形成分生孢子器越冬。20℃开始发病，26~30℃时多雨形成发病高峰。高温干旱季节病害受到抑制。偏氮肥发病率高。

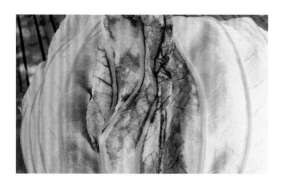

< 荷花斑枯病·叶背症状 >

< 荷花斑枯病·为害状 >

< 荷花斑枯病·病叶初期 >

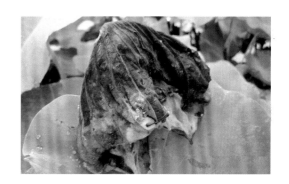

< 荷花斑枯病·病叶后期 >

防治方法

◆ 消灭病原：秋冬季及时清除田间病残体，在清明节前将荷梗尽早烧掉，以减轻翌年初侵染源。

◆ 合理施肥：钱叶期开始增加锌肥或喷施植物复合氨基酸肥3 000倍液补充微量元素，每15~20天一次。

◆ 科学控水：做到以水调温、调肥，深浅适宜，防止因水温过高或长期深灌加重病害。

◆ 化学防治：在5~9月，用50%多菌灵1 000倍液或10%苯醚甲环唑2 000倍或80%代森锰锌可湿性粉剂600倍或力克菌2 500倍液叶面喷施防治，交替用药，7~10天一次，连续3~4次。

52

桃叶珊瑚日灼病

[为害] 喜阴植物夏季炎热高温曝晒后引起部分叶片或整片叶片焦枯。

[症状] 初期为害以中上部叶片为主，从叶尖端开始发黑焦枯，焦枯部位可达叶片的一半甚至全部。发病时几乎整个种植区的桃叶珊瑚上部叶片均发黑焦枯，没有明显的发病中旬。

[发病规律] 桃叶珊瑚为喜阴、耐荫植株，不耐强光照，土壤板结、瘠薄、全光照机非隔离带等种植区易发病。

< **桃叶珊瑚日灼病·为害状** <

防治方法

◆ 合理配植植物，乔灌搭配。已种植区域，道路中央的机非隔离带可在板块中央点植落叶小乔木遮阳保护。

53

沿阶草炭疽病

[病原]多种致病病原菌单独或混合为害引起，为刺盘孢属真菌（Colletotrichum spp.），主要有百合科刺盘孢 [*Colletotrichum liliacearum* (Westend.) Duke.]；黑线刺盘孢 [*Colletotrichum dematium* (Pers.) Grove]；胶孢炭疽菌 [*Colletotrichum gloeosporioides* (Penz.) Penz *et* Sacc.]，属真菌界无性真菌黑盘孢目。

[为害]沿阶草、阔叶沿阶草等多种沿阶草类植物。

[症状]从叶尖或叶缘发生，病斑近圆形、半圆形，扩大后成段状或自叶尖向下蔓延，病斑由褐色发展成灰褐色至灰白色，有的有云纹，斑内产生小黑点，病斑周围有时有黄色晕圈。

[发病规律]病菌以菌丝或分生孢子盘在病叶和病残体上越冬，翌年春季开始侵染新叶，20～35℃为菌丝生长适宜温度。在阳光直射处受害严重，带伤叶片有利病菌侵入。夏季高温、暴雨季节发病严重。

< 沿阶草炭疽病·叶尖症状 <

< 沿阶草炭疽病·为害状 <

防治方法

◆ 冬季清园，清除枯叶层，剪除病叶。

◆ 冬季清园后及时喷药进行第一轮防治，翌年新叶初萌时进行第二次防治，药剂用3～5波美度石硫合剂或70%甲基托布津可湿性粉剂800倍或10%苯醚甲环唑2 000倍或70%炭疽福美可湿性粉剂300倍液喷雾防治。10～15天一次，连续2～3次，交替用药。

54

葱兰炭疽病

[病原] 致病菌有两种，一种是黑线刺盘孢 [*Colletotrichum dematium*（Pers.）Grove]；一种是兰科刺盘孢（ *Colletotrichum orchidearum* Allesch. ）。属真菌界无性真菌类黑盘孢目刺盘孢属。

[为害] 葱兰。

[症状] 主要为害葱兰叶片。发病初期在葱兰叶上产生红褐色针尖大小的病斑，线形叶从基部至叶尖端均匀分布。随后病斑逐步扩大，呈梭形，长1.5～3毫米。有时很多病斑聚集一起形成红褐色段斑，长达5～8毫米。病健交界清晰。常造成节状褪绿斑，最后叶片红褐色卷曲状枯死。葱兰片植发病时有明显的发病中心，发病严重时大部分叶片呈红褐色卷曲枯死，形似火烧状。

[发病规律] 以菌丝体及分生孢子在病叶上越冬，翌年春季开始发病，病菌主要借助风雨传播，以伤口入侵为主。菌丝生长适宜温度为23～30℃。夏季高温干旱病情减弱，土壤湿度大、积水、贫瘠，高氮低钾，种植密度过大利于病害发生。

[防治] 参考沿阶草炭疽病。

< 葱兰炭疽病·病斑 <

< 葱兰炭疽病·为害状 <

55

草坪白粉病

[病原]布氏白粉菌（*Erysiphe graminis* DC.ex Merat），属子囊菌亚门。

[为害]早熟禾、黑麦草、细羊茅和狗牙根。

[症状]主要侵染叶片和叶鞘，也为害茎干。受侵染的草坪初期呈灰白色，像是被撒了一层面粉，以正面较多，初期为白色，后变灰白色、灰褐色。霉斑表面着生一层粉状分生孢子，易脱落飘散，后期霉层中形成棕色到黑色的小粒点，即病原菌的闭囊壳。随着病情的发展，叶片变黄，早枯死亡。

[发病规律]病菌在病残体或枯叶上越冬，春季和秋季温度在 12～21℃时，在潮湿或雨后多云的天气发病，白天上层乔木遮阴的地块发病严重。

< 草坪白粉病·病叶尖端 <

< 草坪白粉病·病叶 <

< 草坪白粉病·为害黑麦草 <

< 草坪白粉病·为害狗牙根 <

防治方法

◆ 精细化养护，用集草袋的草坪机修剪。冬季追肥少施氮肥，增施磷钾肥。合理灌水，不要过湿过干。

◆ 发病初期化学防治，可用 12% 腈菌唑 2 000 倍或 10% 苯醚甲环唑 2 000 倍或 80% 代森锰锌可湿性粉剂 600 倍液，10 ~ 15 天一次，连续 2 ~ 3 次，交替用药。

56

草坪褐斑病

[别名]纹枯病。

[病原]立枯丝核菌（*Rhizoctonia solani* Küthn），属真菌界无性真菌类无孢菌群丝核菌属。

[为害]冷地型草坪，高羊茅、早熟禾、本特草、黑麦草；暖地型草坪结缕草、狗牙根等都可受害。

[症状]病菌侵袭所有的草坪及草坪草的所有部分。感病后的草坪呈现粗糙、圆形、稀疏或枯萎的斑块，清晨低割时草坪草斑块边缘可出现黑色的烟状圈，最后斑块呈淡褐色或稻草色，严重时引起整株死亡。发病初期，草坪中仅有少数叶片和植株发病变色，条件适宜后迅速扩大，草坪中形成枯斑，枯斑逐渐扩大，直径达 10 ~ 100 厘米，可相互连接，引起毁坪。后期有些枯斑中央部分植株恢复生长，有的形成"烟圈"状病斑。遇高湿度天气时，早晨病斑中出现白色菌丝；有时病株上可见到黑褐色菌核。

[发病规律] 丝核菌是兼性寄生性真菌，以菌核或病残体中的菌丝体在土壤中生活一段时间。温度适宜时，病菌从寄主叶、叶鞘或根部伤口侵入，修剪过的草的顶端是丝核菌侵入的主要部位。丝核菌在 5 ~ 35℃温度条件下均能正常生长，30℃为生长最适温度。病害发生期为 5 月下旬至 10 月上旬，高峰期为 6 月中下旬至 9 月。暖湿气候（30℃左右）和夏季雷暴雨后，十分有利于此病的发生。

< 草坪褐斑病·狗牙根病叶症状 <

< 草坪褐斑病·白色菌丝 <

< 草坪褐斑病·为害狗牙根 <

◆ 成坪后调整浇水时间，切勿高温时浇水。少施氮肥，增施磷钾肥。调整草坪高度，用带集草袋的草坪机修剪，清除枯草，以利通风透光。

◆ 发病初期使用 12.5% 力克菌 2 000 倍液，易发期使用 80% 大生可湿性粉剂 600 ~ 800 倍或 10% 苯醚甲环唑 2 000 倍或 80% 代森锰锌可湿性粉剂 600 倍液，10 ~ 15 天一次，连续 2 ~ 3 次，交替用药。

57

草坪蘑菇圈病

[病原] 由 60 多种采食腐烂有机物的土壤习居真菌的任何一种真菌引起，主要是环柄菇属（*Lepiota* spp.），属真菌界担子菌纲蘑菇目蘑菇属。

[为害] 所有过于潮湿的草坪和有机质含量高的草坪。

[症状] 发病初期在草坪上出现深绿色环状或弧状线条，环内禾草逐渐稀疏或死亡。草坪草的死亡主要是真菌群的生长造成草坪草脱水所致。

< 草坪蘑菇圈病·发病初期 <

< 草坪蘑菇圈病·子实体 <

草坪蘑菇圈病·子实体 <

< 草坪蘑菇圈病·为害状 <

防治方法

◆ 发病区的草坪及时铲除，深翻土壤暴晒后重新铺植健康草坪。

◆ 发病初期可用打孔机进行打孔后浇灌杀菌剂，药品选择参考草坪褐斑病。

草坪黏霉病

[病原] 多种黏菌引起，如灰绒泡菌 [*Physarum cinereum*（Batsch）Pers.]，属变形虫界黏菌类绒泡菌属。

[为害] 黑麦草、高羊茅、狗牙根。

[症状] 初期草坪上出现灰黑色油脂状实体黏性物，后期变成粉状，灰白色、红灰色、枯色到枯黄色，不会造成草坪草直接死亡，但子实体长期、大面积覆盖影响光合作用而使草坪草长势弱，易受其他病菌侵染。

[发病规律] 5月上旬即可发病，夏季高温高湿易发病。黏菌通过风雨、昆虫、流水、人类活动传播，在侵染草坪，上层乔木遮阴的潮湿处黏菌发病严重。

[防治] 一般不防治或与其他草坪病害兼防。

< 草坪黏霉病 <

< 草坪黏霉病 · 为害状 <

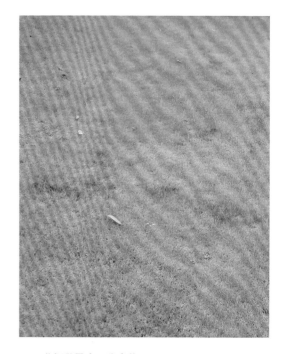

< 草坪黏霉病 · 为害状 <

59

扶芳藤白粉病

[病原]病菌是孢子菌属的一种（*Oidium* sp.），属真菌界无性真菌类丝孢纲丝孢目。

[为害]多种园林植物。

[症状]叶片、叶柄、嫩枝、花、果都能感病，感病部位出现白色至灰白色粉层，后期白粉层中产生黄色颗粒，逐渐加深成深褐色至黑色颗粒，也有的白粉层始终不产生黑色颗粒。有的植物感病后出现病叶皱缩扭曲、变形，嫩枝变粗、弯曲。受害组织褪绿变黄，有的后期变黑。

[发病规律]病菌以闭囊壳在病组织上越冬，或以菌丝在芽内和病组织上越冬。在生长季节，病菌以分生孢子反复侵染，扩大为害。白粉菌较耐干旱，相对湿度在 30% ~ 100% 内都可萌发。对温度适应范围也较大，温度超过 32℃时，大多数白粉菌活动能力下降。

< 扶芳藤白粉病·为害状 <

< 扶芳藤白粉病·病叶症状 <

防治方法

◆ 调节林木种植密度或通过修剪改善通风透光程度，降低林地湿度。调整密林下灌木种类和密度。化学防治可参考大叶黄杨白粉病。

60

爬山虎叶斑病

［病原］爬山虎叶点霉菌（*Phyllosticta allescheri* Sydow），真菌界无性真菌腔孢纲球壳孢目。

［为害］爬山虎、五叶地锦。

［症状］发病初期在叶片正面可见紫色小斑点，后扩散呈圆形、近圆形至不规则形病斑，病斑中央凹陷，淡褐色至褐色，边缘紫色，稍隆起，病健交界明显。病斑上散生黑色小粒点，即病原菌的分生孢子器。叶背病斑褐色，边缘暗紫色线纹清晰。病斑直径 2～8 毫米，多数为 5 毫米，叶片病斑最多可达 50 余个。发病后期多个病斑融合在一起形成大病斑，病斑中心易破碎脱落穿孔，严重时引起叶枯早落。

［发病规律］以菌丝体或分生孢子器在病残体上越冬，翌年产生分生孢子，借气流、雨水传播，经气孔、伤口或表皮直接侵入，进行初侵染和再侵染。病害 5 月上旬开始发生，6～7 月盛发，8 月以后逐渐稳定。

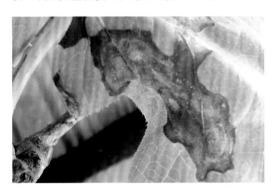

< 爬山虎叶斑病·病斑 <

< 爬山虎叶斑病·病斑分生孢子器 <

防治方法

◆ 冬季清园，清除寄主生长区枯枝落叶，五叶地锦摘除冬季宿存病叶。

◆ 化学防治：分两次，第一次在冬季清园后，第二次在 5 月上中旬。药剂选择 30% 吡唑醚菌酯悬浮剂 2 000 倍或 32.5% 苯甲·嘧菌酯悬浮剂 1 500 倍液防治，每次喷药间隔 10～15 天一次，连续 2～3 次，交替用药。

61

过路黄丝核菌立枯病

[病原]病原菌立枯丝核菌（*Rhizoctonia solani* J.G.kühn），属真菌界无性真菌类无孢菌群丝核菌属。

[为害]为害白花三叶草、过路黄、筋骨草、红花酢浆草、书带草等多种地被植物。严重时地被植物大批死亡，影响景观效果。立枯病还能蔓延扩大，引起附近多种灌木植物，如伞房决明、洒金珊瑚、结香等感染立枯病。

[症状]因寄主种类不同症状有差别。共同症状是植株患病初期水渍状、暗色，后期整个叶片、茎褐变枯死，植株倒伏坍塌，坍塌的受害植株呈明显的圆圈状。在清晨或湿度大时，受害植株上、土壤上出现大量白色菌丝。与白绢病相比，菌丝较透明且更易消失。

[发病规律]丝核菌是土壤习居菌，以菌核或病残体中的菌丝体在土壤生活一段时间，温度适宜时开始从植物伤口入侵。病菌适于高温高湿环境，15~35℃均能生长，30℃为最佳生长温度。5~10月均匀发生，发病高峰期为6月中旬至9月。连续出现雷暴雨天气会加速和加重为害。连续高温干旱则发病很轻或不发生。

< 过路黄丝核菌立枯病·病叶 <

< 过路黄丝核菌立枯病·为害状 <

过路黄丝核菌立枯病·菌核

过路黄丝核菌立枯病·为害书带草

防治方法

◆ 易感植物种植区要做到排水良好，土壤肥沃疏松透气不板结。

◆ 4月底5月初，病害初期立即彻底铲除病株后灌药，药剂量要大，能渗透到土壤，浇灌范围大于发病区域。药剂可选择32.5%苯甲·嘧菌酯悬浮剂1500倍或70%甲基硫菌灵可湿性粉剂1500倍或12.5%烯唑醇可湿性粉剂2000倍液。7~10天灌药一次，连续3~4次，交替用药。

参考文献

[1] 王炎. 上海林业病虫 [M]. 上海：上海科学技术出版社，2007.

[2] 徐公天，杨志华. 中国园林虫害 [M]. 北京：中国林业出版社，2007.

[3] 吴时英，徐颖. 城市森林病虫害图鉴（第二版）[M]. 上海：上海科学技术出版社，2019.

[4] 钱皆兵. 宁波林业害虫原色图谱 [M]. 宁波：中国农业科学技术出版社，2012.

[5] 徐公天. 园林植物病虫害防治原色图谱 [M]. 北京：中国农业出版社，2003.

[6] 蒋杰贤，严巍. 城市绿地有害生物预警及控制 [M]. 上海：上海科学技术出版社，2007.

[7] 戴玉成. 中国林木病原腐朽菌图志 [M]. 北京：科学出版社，2005.

[8] 何振昌. 中国北方农业害虫原色图鉴 [M]. 沈阳：辽宁科学技术出版社，1997.

[9] 彩万志，李虎. 中国昆虫图鉴 [M]. 太原：山西科学技术出版社，2015.

[10] 辽宁省林学会. 森林病虫图册 [M]. 沈阳：辽宁科学技术出版社，1986.

[11] 陈志一. 草坪生态工程学导论 [M]. 江苏科学技术出版社，2005.

[12] 何俊华，陈学新. 中国林木害虫天敌昆虫 [M]. 北京：中国林业出版社，2006.

[13] 黄学恒，林坤华，罗元明，等. 淡色缘脊叶蝉生物学特性及防治 [J]. 林业科技通讯，1993（01）：22-24.

[14] 周德尧. 青蛾蜡蝉 [J]. 生物学教学，2018，43（12）：82.

[15] 何永梅. 柑橘黑刺粉虱的识别与综合防治 [J]. 农药市场信息，2019（09）：58.

[16] 李秀平，高鹏. 悬铃木方翅网蝽的发生危害及防治技术 [J]. 农民致富之友，2019（03）：164.

[17] 杨惠，张诺妮，何恒果. 城市入侵害虫悬铃木方翅网蝽在四川的危害及风险评估 [J]. 四川林业科技，2019，40（06）：94-100，104.

[18] 任毅华. 观赏竹五种为害性蚜虫及竹舞蚜防治试验 [A]. 中国昆虫学会. 昆虫学研究进展 [C]. 中国昆虫学会：中国昆虫学会，2005：3.

[19] 胡作栋，张富和，王建有，等. 榆绵蚜的生物学研究 [J]. 西北农业大学学报，1998（04）：30-34.

[20] 覃金萍. 杭州新胸蚜诱导蚊母树成瘿的生理生化变化 [D]. 南宁：广西大学.

[21] 沈百炎，荆建玲，朱建国. 杭州新胸蚜生物学的初步研究 [J]. 植物保护，1993（02）：5-7.

[22] 朱承美，曲爱军，谷昭威，等. 山楂树新害虫——朴绵叶蚜生物学特性观察 [J]. 落叶果树，1997（02）：8-9.

[23] 李定旭，任静，杜迪，等. 栾多态毛蚜在不同温度下的实验种群生命表 [J]. 昆虫学报，2015，58（02）：154-159.

[24] 顾萍，周玲琴，徐忠. 上海地区栾多态毛蚜生物学特性观察及防治初探 [J]. 上海交通大学学报（农业科学版），2004（04）：389-392.

[25] 王念慈，李照会，刘桂林，等. 栾多态毛蚜生物学特性及防治的研究 [J]. 山东农业大学学报，1990（01）：47-50.

[26] 叶保华，王念慈，李照会，等. 白毛蚜生物学特性及防治研究 [J]. 山东林业科技，1992（04）：37-42.

[27] 张世权. 杨树两种毛蚜的生物学习性和防治 [J]. 林业科技通讯，1980（02）：26-27.

[28] 李志文. 秦皇岛地区夹竹桃蚜初步研究 [J]. 河北林学院学报，1991（04）：316-318.

[29] 李定旭，陈根强，郭仲儒. 樱桃瘿瘤头蚜的发生和防治 [J]. 昆虫知识，1999（04）：193-195.

[30] 王建强，成珍君. 樱桃瘿瘤头蚜的生物学特性及防治措施初步研究 [J]. 现代园艺，2017（11）：133-134.

[31] 陈琪，马力，朱捷，等. 莲缢管蚜生物学特性及防治研究概况 [J]. 长江蔬菜，2013（18）：116-118.

[32] 陆自强，朱建，闻淼，等. 莲缢管蚜生物学与种群消长规律的研究 [J]. 植物保护学报，1991（04）：357-361.

[33] 司升云，刘小明，周利琳，等. 莲缢管蚜的识别与防治 [J]. 长江蔬菜，2009（13）：34-35，59.

[34] 孙红绪，李云，陈文明，等. 枸杞瘿螨的诊断与防治 [J]. 长江蔬菜，2001（09）：20.

[35] 吕继宏，卢志足. 木樨瘤瘿螨生物学特性的观察 [J]. 森林病虫通讯，1991（03）：19-20.

[36] 匡海源，龚国玑. 中国瘿螨科四新种记述（蜱螨亚纲：瘿螨总科）[J]. 昆虫学报，1996（02）：208-213.

[37] 赖贝元，郭希淳. 为害枫杨的一种瘿螨 [J]. 昆虫知识，1966（04）：257.

[38] 王答龙. 几种杀螨剂防治红花酢浆草岩螨田间试验 [J]. 草原与草坪，2007（05）：60-61，64.

[39] 吕继宏，卢志足. 木樨瘤瘿螨生物学特性的观察 [J]. 森林病虫通讯，1991（03）：19-20.

[40] 张汉明，宁锋娟，王晓莉，等. 卷球鼠妇在蔬菜田的发生与防治 [J]. 西北园艺（蔬菜专刊），2008（05）：41-42.

[41] 万洪深，吴猛，刘缠民，等. 三种鼠妇形体特性的初步研究 [J]. 湖北农业科学，2010，49（10）：2500-2502.

[42] 张汉明，宁锋娟，王晓莉，等. 卷球鼠妇在蔬菜田的发生与防治 [J]. 西北园艺（蔬菜专刊），2008（05）：41-42.

[43] 宋明龙，刘喻敏，吴翠娥，等. 蔬菜田同型巴蜗牛发生及防治研究 [J]. 莱阳农学院学报，2002（01）：60-61.

[44] 郭利萍，曹春田，薛勇广. 大豆田灰巴蜗牛发生规律及综合防治技术研究 [J]. 现代化农业，2016（06）：46-48.

[45] 董阳辉，钱剑锐，何永喜. 双线嗜粘液蛞蝓发生规律与防治 [J]. 长江蔬菜，2007（09）：25-26.

[46] 日本纺织娘 [J]. 中学生物学，2008，24（12）：38.

[47] 曾建新. 浙江黑松叶蜂危害特征及风险分析 [J]. 生物灾害科学，2014，37（03）：244-246.

[48] 王缉健. 捕食浙江黑松叶蜂的能手——长足黄蚁 [J]. 广西林业，1991（01）：32-33.

[49] 宋盛英，王勇，欧政权，等. 贵州新记录种浙江黑松叶蜂生物学特性研究 [J]. 中国森林病虫，2008（03）：22-23，41.

[50] 苏胜荣，王晓东，范常吉. 黄山市樟叶蜂的发生和生物学特性研究 [J]. 江苏林业科技，2015，42（05）：33-35，57.

[51] 杨萌，杜开书，牛新月，等. 金龟子对中蜂为害的初步研究 [J]. 蜜蜂杂志，2018，38（11）：9-12.

[52] 王菊英，周成刚，乔鲁芹，等. 严重危害紫薇的新害虫——紫薇梨象 [J]. 中国森林病虫，2010，29（04）：18-20，8.

[53] 徐丽萍，李凯旋，檀根甲. 紫藤叶斑病病原鉴定 [J]. 安徽农业大学学报，2016，43（01）：119-122.

[54] 许利荣，史浩良，吴雪芬. 大叶黄杨斑蛾的发生及防治 [J]. 广西农业科学，2006（03）：263-265.

[55] 周润发，潘朝晖. 尺蛾亚蛾科6种西藏新记录种记述（鳞翅目：尺蛾科）[J]. 高原农业，2017，1（02）：172-177.

[56] 朱邦雄，肖宏英，彭先茂，等. 油桐尺蠖的生物学和防治 [J]. 昆虫学报，1986（02）：229-230.

[57] 林少和. 茶尺蠖的发生规律及防治方法 [J]. 福建农业科技，2003（01）：52-53.

[58] 朱俊庆，郭敏明，张爱兰. 木橑尺蠖生物学特性及防治研究 [J]. 茶叶科学，1985（01）：51-58.

[59] 周性恒，朱洪兵，李兆玉. 茶长卷蛾的生物学与防治 [J]. 南京林业大学学报（自然科学版），1993（03）：48-53.

[60] 陈连根，曹宏伟，胡永红，等. 曲纹紫灰蝶生物学特性初步研究 [J]. 江苏农业科学，2007（02）：75-77.

[61] 李密，李永松，何振，等. 橘褐天牛幼虫二维空间分布格局研究 [J]. 中国植保导刊，2018，38（09）：26-30.

[62] 吴东生，钟阿勇，谢芳，等. 桔褐天牛综合防治技术概述 [J]. 生物灾害科学，2017，40（01）：54-57.

[63] 章士美，沈荣武，薛荣富. 桔褐天牛的研究 [J]. 植物保护学报，1963（02）：167-172.

[64] 王学炷. 柑橘褐天牛研究初报 [J]. 昆虫知识，1965（01）：22-24.

[65] 刘新，牛广瀑，张忠清，等. 锈色粒肩天牛生物学特性及综合防治技术研究 [J]. 江苏林业科技，2002（03）：21-22.

[66] 徐志德，李德运，周贵清，等. 黑翅土白蚁的生物学特性及综合防治技术 [J]. 昆虫知识，2007（05）：763-769.

[67] 邱宁宏，桑维钧，詹宗文. 爬山虎叶斑病的发生及药剂防治试验 [J]. 北方园艺，2014（17）：127-129.

[68] 范卓敏，宋宇，赵钰. 北京紫竹院公园竹子主要害虫种类及防治措施 [J]. 世界竹藤通讯，2013，11（03）：27-30.

[69] 刘红彦，何文兰，张忠山. 小麦交链孢叶枯病研究进展 [J]. 麦类作物学报，1998（02）：58-61.

[70] 沈洁，徐薇玉，管丽琴. 狭叶十大功劳白粉病防治技术初报 [J]. 上海农业科技，2007（03）：104-105.

[71] 王助引. 草本咖啡豆害虫种类调查初报 [J]. 广西农业科学，1994（03）：136-137.

[72] 周爱东，徐小明，王岚，等. 镇江市香樟病虫害的发生和危害情况调查 [J]. 江苏林业科技，2018，45（01）：44-48.

[73] 古月. 十一月花卉主要病虫害案例诊断与处方 [J]. 花木盆景（花卉园艺），2008（10）：26-28.

[74] 陈劲礼，李新杰，李健明，等. 1%噻虫嗪·联苯菊酯颗粒剂的配方筛选及药效研究 [J]. 农药科学与管理，2016，37（7）：20-24.

[75] 李守勇，孙明高，赵永军. 杂交杨无性系春梢生长节律与田间生长性状相关性研究 [J]. 山东林业科技，2001（S1）：7-10.

[76] 潘成良，陈鸿鹏，刘志成，等. 3个杂交杨无性系生长节律的研究 [J]. 林业科技通讯，1994（01）：15，17.

[77] 王国良. 八角金盘疮痂型炭疽病初步研究 [J]. 浙江林业科技，2007（05）：64-67.

[78] 尹军霞，陈瑛. 核果类细菌性穿孔病的症状及综合防治 [J]. 中国森林病虫，2002（03）：25-27.

[79] 王润珍，费显伟，富新华. 李细菌性穿孔病在枝干上的发生规律及其防治 [J]. 北方果树，1998（02）：7-8.

[80] 张宗岩. 牡丹叶斑病的初步观察及防治 [J]. 中国园林，1991（04）：53-55.

[81] 李明桃. 草坪白粉病的发生规律及防治技术 [J]. 现代农业科技，2013（08）：123.

[82] 姬承东，李剑峰. 高尔夫草坪蘑菇圈真菌拮抗木霉菌株的筛选及其抑菌作用 [J]. 草原与草坪，2017，37（03）：81-85.

[83] 梁俊峰. 中国环柄菇属分类检索表 [J]. 菌物研究，2011，9（04）：219-223.

寄主——害虫索引

Y

烟草
润鲁夜蛾 224、浓眉夜蛾 224

盐肤木
珀蟷 072、网锦斑蛾 132

杨
娇膜肩网蟷 076、大青叶蝉 087、蝼蟓 084、斑衣蜡蝉 089、蟪蛄 086、朱砂叶螨 118、茶袋蛾 163、黄刺蛾 154、褐边绿刺蛾 155、中国绿刺蛾 160、丽绿刺蛾 159、扁刺蛾 157、丝棉木金星尺蛾 149、蝶青尺蛾 142、杨扇舟蛾 231、分月扇舟蛾 234、杨小舟蛾 230、杨二尾舟蛾 233、杨雪毒蛾 170、柳雪毒蛾 168、丽毒蛾 175、人纹污灯蛾 167、柳金刚夜蛾 213、柳一点金刚夜蛾 216、绿尾大蚕蛾 136、柳紫闪蛱蝶 249、同型巴蜗牛 126、亚洲玉米螟 297、阔胫玛绢金龟 303、铜绿异丽金龟 304、白星花金龟 299、黑绒鳃金龟 300、黄褐异丽金龟 302、斑喙丽金龟 305、小地老虎 308、大地老虎 307、东方蝼蛄 310、黑蚱蝉 085、日本绿螽斯 130、小袋蛾 165、棉大卷叶螟 182、柳沟胸跳甲 260、柳圆叶甲 261、薄翅锯天牛 269、桑天牛 273、星天牛 280、云斑天牛 284、扁锯颚锹甲 288、梨豹蠹蛾 290、日本木蠹蛾 291

杨梅
红带网纹蓟马 080、拟蔷薇白轮蚧 113、油桐尺蛾 138

一串红
朱砂叶螨 118、短额负蝗 128、大造桥虫 139、银纹夜蛾 229、双线嗜粘液蛞蝓 127、小地老虎 308、黄钩蛱蝶 248

意杨
白杨毛虫 055、樗蚕蛾 134、分月扇舟蛾 234、杨小舟蛾 230、杨二尾舟蛾 233、杨扇舟蛾 231、杨雪毒蛾 170、柳雪毒蛾 168、丽毒蛾 175、人纹污灯蛾 167、柳金刚夜蛾 213、柳一点金刚夜蛾 216、绿尾大蚕蛾 136、同型巴蜗牛 126、星天牛 280、薄翅锯天牛 269、亚洲玉米螟 297、阔胫玛绢金龟 303、铜绿异丽金龟 304

银杏
小线角木蠹蛾 292、扁刺蛾 157、小袋蛾 165、茶长卷蛾 178

樱花
蝼蟓 084、桃蚜 066、草履蚧 102、大袋蛾 164、茶袋蛾 163、黄刺蛾 154、褐边绿刺蛾 155、丽绿刺蛾 159、迹斑绿刺蛾 158、桑褐刺蛾 162、绿尾大蚕蛾 136、桃蛀螟 296、东方蝼蛄 310、樱桃瘤头蚜 068、黑蚱蝉 085、桃一点斑叶蝉 088、朱砂叶螨 118、网锦斑蛾 132、茶长卷蛾 178、咖啡木蠹蛾 289、梨豹蠹蛾 290、黑绒鳃金龟 300、黑翅土白蚁 311、桃红颈天牛 270

樱桃
小蜻蜓尺蛾 141、盗毒蛾 173、丽毒蛾 175、桃红颈天牛 270、桃蚜 066、樱桃瘤头蚜 068、中国绿刺蛾 160、苹毛虫 179、桃虎象 257、白星花金龟 299

迎春
朱砂叶螨 118、八点广翅蜡蝉 092、玫瑰巾夜蛾 222

油茶
幻带黄毒蛾 172、铜绿异丽金龟 304

油松
同型巴蜗牛 126

油桐
蝼蟓 084、薄翅锯天牛 269、铜绿异丽金龟 304、油桐尺蛾 138、黄星桑天牛 277

柚
柿广翅蜡蝉 091、黑刺粉虱 100、柑橘粉虱 101、马氏粉虱 102、红蜡蚧 108、柑橘潜叶蛾 202、玉带凤蝶 241、柑橘凤蝶 243、橘褐天牛 278、黑翅土白蚁 311

榆
大青叶蝉 087、蝼蟓 084、斑衣蜡蝉 089、纽绵蚧 112、茶袋蛾 163、黄刺蛾 154、丝棉木金星尺蛾 149、盗毒蛾 173、人纹污灯蛾 167、大红蛱蝶 246、星天牛 280、棣星天牛 276、东方蝼蛄 310、阔胫玛绢金龟 303、铜绿异丽金龟 304、白星花金龟 299、秋四脉绵蚜 041、麻皮蟷 071、黑蚱蝉 085、柑橘全爪螨 116、中国绿刺蛾 160、小袋蛾 165、榆风蛾 176、茶长卷蛾 178、苹毛虫 179、鹿蛾 180、鹰翅天蛾 196、陌夜蛾 206、鸟嘴壶夜蛾 223、小红蛱蝶 244、斐豹蛱蝶 247、黄钩蛱蝶 248、猫蛱蝶 250、榆紫叶甲 262、薄翅锯天牛 269、桑天牛 273、扁锯颚锹甲 288、日本木蠹蛾 291、黑绒鳃金龟 300、黄褐异丽金龟 302、双叉犀金龟 301

榆叶梅
木橑尺蛾 147、小线角木蠹蛾 292、禾谷缢管蚜 056、桃蚜 066

羽衣甘蓝
菜粉蝶 236、小地老虎 308、黏虫 204、桃蚜 066

玉兰
草履蚧 102、吹绵蚧 105、日本龟蜡蚧 110、红蜡蚧 108

玉簪
同型巴蜗牛 126

郁李
盗毒蛾 173、桃蚜 066、草履蚧 102、桃蛀螟 296、大袋蛾 164、茶袋蛾 163、黄刺蛾 154、桃一点斑叶蝉 088、朱砂叶螨 118、网锦斑蛾 132、茶长卷蛾 178

鸢尾
双线嗜粘液蛞蝓 127、同型巴蜗牛 126

元宝枫
黑蚱蝉 085、小线角木蠹蛾 292

圆柏
同型巴蜗牛 126、芫天牛 283

拉丁名索引